Wissenschaft und Philosophie
Science and Philosophy · Sciences et Philosophie

Reihe herausgegeben von

Jürgen Jost, Geometrische Methoden und Komplexe Systeme, Max-Planck-Institut für
Mathematik in den Naturwissenschaften, Leipzig, Deutschland

Martin Carrier, Institute for Interdisciplinary Studies of Science (I²SoS),
Universität Bielefeld, Bielefeld, Deutschland

Die Reihe will den Dialog und die konstruktive Auseinandersetzung zwischen Wissenschaft und Philosophie fördern. Diesem Ziel nähert sie sich von beiden Seiten: Zum einen sollen die Implikationen wissenschaftlicher Ergebnisse und Theorien für das philosophische Denken erkundet werden. Zum anderen soll eine philosophische Durchdringung und Analyse wissenschaftlicher Problemlagen, Konzepte und Theorien erreicht werden. Dabei werden verschiedenartige philosophische Ansätze verfolgt. Die Naturwissenschaften und die Mathematik werden besonders in den Blick genommen, aber die Reihe ist auch für andere Themenfelder offen.

Die Bände dieser Reihe versuchen, originelle Ideen und systematische Ansätze zu entwickeln, neue Lösungsversuche zu explorieren und allgemein souveränes und kritisches Denken zu fördern. Deshalb soll der Text bewusst für einen größeren Leserkreis verständlich sein, nicht nur für Fachleute.

The series aims to encourage a dialogue and a constructive debate between science and philosophy. It approaches this goal from both sides: On the one hand, the implications of scientific results and theories for philosophical thinking will be explored. On the other hand, a philosophical penetration and analysis of scientific problems, concepts and theories is intended. In this endeavour, different philosophical approaches are pursued. While the main focus is on the natural sciences and mathematics, the series is also open to other topics.

The volumes in this series seek to develop original ideas and systematic approaches, to explore new paths, and to generally promote independent and critical thinking. Therefore, the text should be understandable for a larger readership, not only for experts.

Cette série vise à encourager un dialogue et un débat constructif entre la science et la philosophie. Les perspectives de ces deux disciplines sont considérées tour à tour pour approcher cet objectif: d'une part, il s'agit d'explorer les implications des résultats scientifiques et théoriques pour la pensée philosophique. D'autre part, une considération philosophique et une analyse des problèmes, concepts et théories scientifiques sont réalisées. Différentes approches philosophiques sont abordées. Les sciences naturelles et les mathématiques sont particulièrement prises en compte, toutefois la série reste ouverte à d'autres sujets.

Les volumes de cette série tentent de développer des idées originales et des approches systématiques, d'explorer de nouvelles solutions et de promouvoir, d'une manière générale, un mode de pensée indépendant et un sens critique. Par conséquent, le texte devrait être compréhensible pour un plus grand nombre de lecteurs, et non pas seulement pour les experts.

Jürgen Jost

Leibniz und die moderne Naturwissenschaft

 Springer

Jürgen Jost
Geometrische Methoden und Komplexe Systeme
Max-Planck-Institut für
Mathematik in den Naturwissenschaften
Leipzig, Deutschland

ISSN 2524-7549   ISSN 2524-7557   (electronic)
Wissenschaft und Philosophie • Science and Philosophy • Sciences et Philosophie
ISBN 978-3-662-59235-9   ISBN 978-3-662-59236-6   (eBook)
https://doi.org/10.1007/978-3-662-59236-6

Die Deutsche Nationalbibliothek verzeichnet diese Publikation in der Deutschen Nationalbibliografie; detaillierte bibliografische Daten sind im Internet über http://dnb.d-nb.de abrufbar.

Planung/Lektorat: Annika Denkert

Springer ist ein Imprint der eingetragenen Gesellschaft Springer-Verlag GmbH, DE und ist ein Teil von
Springer Nature.
Die Anschrift der Gesellschaft ist: Heidelberger Platz 3, 14197 Berlin, Germany

Vorspann

Es gibt nicht unbeträchtliche Schwierigkeit bei meinem Versuch, mich Leibniz aus der Perspektive eines heutigen Naturwissenschaftlers zu nähern. Als Mathematiker liest man einen Text üblicherweise nicht unter dem Gesichtspunkt philologischer Genauigkeit, sondern versucht, die Leitgedanken zu erfassen und dann aus diesen Leitgedanken heraus die Einzelheiten selbständig zu rekonstruieren. Wenn das gelingt, hat man als Mathematiker einen Text verstanden. Und wenn man sich auf diese Weise einem älteren Autor nähert, so liest man sein Werk rückwärts, als eine mehr oder weniger geradlinige Entwicklung zu den Erkenntnissen des reifen Werkes. Ein solcher Zugang hat natürlich keinen Blick dafür, dass ein Philosoph seine Ansichten im Laufe seines Werkes ändern kann. Dass es vor dem kritischen Kant noch den vorkritischen Kant gegeben hat, mag man vielleicht noch hinnehmen. Dass aber Leibniz in seiner mittleren Periode Konzeptionen entwickelt hat, die dann im Spätwerk teilweise wieder aufgegeben oder systematisch verändert worden sind, ist für einen solchen Zugang schon schwerer zu akzeptieren.

Nun ist Leibniz allerdings ein großer Systematiker, neben Aristoteles vielleicht der größte, und daher mag ein systematischer Zugang nicht schon vom Ansatz her verfehlt zu sein, sondern kann vielleicht sogar wichtige Zusammenhänge erschließen, die aus einer isolierten Lektüre von Texten zu einem bestimmten Themenbereich nicht so leicht gewonnen werden können. Dabei war Leibniz zwar ein systematischer Denker, hat aber sein System niemals in einer großen Synthese dargestellt. Daher bleibt vielleicht gar nichts anderes übrig, als zu versuchen, Zusammenhänge zu rekonstruieren.

Es hat nicht an Versuchen gefehlt, das Leibnizsche System von einem seiner Enden oder Teile her zu erfassen, physikalisch, mathematisch, logisch, metaphysisch, theologisch, juristisch ... Meiner Ansicht nach verfehlt dies aber gerade einen, wenn nicht den wesentlichen Zug seines Denkens, nämlich all diese Zugänge zu einer höheren Einheit zu verweben, in welcher keiner von ihnen mehr die Priorität oder den Vorzug besitzt.

Eine weitere Gefahr besteht darin, vom heutigen Erkenntnisstand aus Einsichten in Leibniz hineinzulesen, die er noch nicht besessen hat und vielleicht auch noch gar nicht hat besitzen können. Dies lässt sich allerdings auch positiv wenden, insofern als manchmal erst von unserem Erkenntnisstand aus erkennbar wird, welche Einsichten schon im Keim in seinem Werk angelegt waren.

Die Antworten, die Leibniz gibt, ändern sich im Laufe seines Lebens, wie dies bei-spielsweise in den bedeutenden Untersuchungen von De Risi [61] und Garber [96] aus-gearbeitet ist und wie man auch in den wissenschaftlichen Biographien von Aiton [2] und Antognazza [5] nachvollziehen kann. Es erscheint daher nicht angemessen, ein Leib-nizsches System (re)konstruieren zu wollen, aber die fundamentalen Fragen, mit denen er gerungen und die er oft als erster identifiziert oder in ihrer Tiefe ausgelotet hat, blei-ben die gleichen. Und diese Fragen bleiben auch für die heutige Naturwissenschaft rele-vant, auch wenn sich natürlich nicht nur das Spektrum der Antworten, sondern auch der Kontext der Fragen gegenüber den Leibnizschen Versuchen verschoben hat.

Auch wenn sich die Leibnizschen Ansichten entwickelt und verändert haben, durch-zieht sein Werk doch eine bemerkenswerte innere Konsistenz. Es wird durch einige fundamentale Prinzipien geleitet, wie den Satz vom zureichenden Grunde, das Kontinu-itätsprinzip oder die Energieerhaltung, die miteinander verwoben sind oder werden, und in grandioser Weise Logik und rationales Denken, Mathematik, Physik, Philosophie und Theologie miteinander verknüpfen. Einerseits ist diese innere Konsistenz nun eine groß-artige intellektuelle Leistung, aber andererseits wird auch das ganze Gedankengebäude bedroht, wenn sich an einer Stelle ein Problem oder eine Inkompatibilität mit der physi-kalischen Wirklichkeit ergibt.

Es ist aber weniger das Ziel der nachfolgenden Analyse, Probleme oder Bruchstellen in Leibniz' System zu identifizieren und herauszuarbeiten, auch wenn die Analyse einige derartige Schwierigkeiten zutage fördern wird. Vielmehr soll ein umfassendes und kohä-rentes System in all seinen ineinandergreifenden Teilen und Aspekten nicht de-, sondern rekonstruiert werden. Die Gefahr, dass dies vielleicht weniger eine Rekonstruktion als eine Neu- und vielleicht sogar eine Fehlkonstruktion ergeben wird, ist schon benannt worden.

Es wird also im Nachfolgenden ein fiktiver Leibniz geschaffen. Dabei ist es nicht mein Ziel, einen Strohmann zu konstruieren, den ich dann triumphierend in Flammen aufgehen lassen kann, eine Porzellanfigur, die ich in tausend Stücke zerschlagen kann, oder eine Wachsgestalt, die unter meinen wuchtigen Schlägen nachgibt, sondern ich will einen Felsen in die Brandung der heutigen wissenschaftlichen Diskussion werfen, um zu sehen, welche ihrer Wellen sich an ihm brechen, welche über ihn hinwegspülen und wel-che ihn vielleicht sogar in ihren Strudel mitreißen.

Der Anlass dieses Werkes war ein Vortrag, den ich auf der Novembersitzung 2016 der Mainzer Akademie der Wissenschaften und der Literatur gehalten habe, um an Leibniz' 300. Todestag zu erinnern. Ich danke der Mainzer Akademie für diese Anregung, mich aus der Perspektive eines heutigen Naturwissenschaftlers mit dem Werk von Leibniz auseinanderzusetzen. Das vorliegende Werk ist natürlich wesentlich umfangreicher als das ursprüngliche Vortragsmanuskript – welches auch schon erheblich mehr Material enthielt, als ich tatsächlich vortragen konnte –, denn die Beschäftigung mit Leibniz hat für mich eine ungeheure Eigendynamik entfaltet.

In dem Abschn. 10.2 muss ich, um das Problem des absoluten Raumes, eines wesentlichen naturphilosophischen Streitpunktes zwischen Leibniz und Newton, aus der heutigen Erkenntnislage heraus fundiert behandeln zu können, auch die mathematischen Grundlagen der Allgemeinen Relativitätstheorie entwickeln. Dieser Abschnitt ist also mathematisch gehalten, was nicht allen Leserinnen und Lesern behagen wird. Da spätere Kapitel sich aber nicht mehr auf diesen Abschnitt beziehen werden und auch der das Kap. 10 beschließende Abschnitt wieder verbal gehalten ist, kann man den genannten Abschnitt notfalls auch überschlagen. Schließlich richtet sich dieses Buch an alle Personen, die an dem leibnizschen System oder allgemein an naturphilosophischen Fragestellungen interessiert sind.

Für die nachstehenden Ausführungen ist in vieler Hinsicht wesentlich, was ich von verschiedenen Freunden und Kollegen gelernt habe, durch ihre ausführlichen Antworten auf meine Fragen, aber auch umgekehrt durch ihre Einwände und Fragen, die sie an mich gerichtet haben. Ich möchte hier insbesondere Maria Rosa Antognazza, Richard Arthur, Martin Carrier, Vincenzo De Risi, Daniel Garber, Gottfried Gabriel, Stephan Luckhaus, Massimo Mugnai, Donald Rutherford, Justin Smith, Pirmin Stekeler-Weithofer, Wolfgang Wahlster nennen. Auch den viele Themen berührenden Diskussionen mit meinem verstorbenen Freund Olaf Breidbach habe ich wesentliche Einsichten zu verdanken. Sicherlich werden die Genannten keineswegs mit allem, was nachfolgend steht, übereinstimmen, und sie sind vor allem auch nicht für meine sachlichen Fehler verantwortlich.

Aus den vorstehend benannten Gründen hat dieses Werk sicher seine Mängel. Nun ist mir aber unversehens die Beschäftigung mit dem leibnizschen Denken zu einem Panorama der heutigen Naturwissenschaft geworden. Und da ich in den dargestellten Bereichen, von der Mathematik und der theoretischen Hochenergiephysik über Evolutions- und Molekularbiologie bis hin zu den Neurowissenschaften und der Psychologie, selber als aktiver Forscher tätig gewesen bin und auch konzeptionelle Aspekte mit führenden Vertretern der jeweiligen Disziplinen diskutiert habe, glaube ich, dass ich nicht nur den derzeitigen Forschungsstand besser überblicke, sondern auch tiefer in manche konzeptionelle Grundfragen eingedrungen bin als die meisten Naturphilosophen. Umgekehrt hat meine Beschäftigung mit dem leibnizschen Denken mir hoffentlich auch zu neuen Einsichten in einige dieser Fragestellungen verholfen, die über das hinausgehen, was die jeweiligen Fachspezialisten einsehen. Dies möge dem Buch seinen Sinn verleihen.

Inhaltsverzeichnis

Leibniz' System

Leibniz gründet sein System auf einige allgemeine Prinzipien

- Satz von der Identität (Satz vom Widerspruch)
- Satz vom zureichenden Grunde
- Kontinuitätsprinzip

Der Satz von der Identität ist das operationale Prinzip der leibnizschen Logik. Ein Subjekt ist durch seine Prädikate festgelegt, und ein ontologisches Subjekt, in der Terminologie und Begriffsbildung des Spätwerkes eine Monade, trägt zu jedem Zeitpunkt seine Vergangenheit und Zukunft in sich, ist also in seiner Entwicklung determiniert. Nach dem Satz von der Identität ist das Beweisbare wahr. Der Satz vom zureichenden Grunde gründet auf dem umgekehrten Postulat, dass das Wahre auch beweisbar ist, dadurch dass sein Grund (zumindest prinzipiell) angebbar ist. Nach dem Satz vom zureichenden Grunde ist das nicht Unterscheidbare identisch. Es gibt weder Axiome, denn alles lässt sich analytisch aus Definitionen herleiten, noch Naturkonstanten, da deren spezifische Werte nicht begründbar sind, noch Atome, da diese innerlich gleichartig und damit nicht voneinander unterscheidbar und somit alle identisch sein müssten. Die Natur ist in Raum und Zeit kontinuierlich; sie macht keine Sprünge, denn nur das Stetige kann durch Integration, also mit den Mitteln der leibnizschen Infinitesimalrechnung, aus dem Infinitesimalen gewonnen werden, und nur dies garantiert die Determiniertheit des Naturverlaufs.

Allerdings kann, wie Leibniz gegen Descartes argumentiert, nicht die Ausdehnung das konstitutive Prinzip physikalischer Körper sein, und eine fortgesetzte Unterteilung des Raumes führt in eine kantische Antinomie. Daher muss die Welt aus selbst nicht mehr räumlich zu fassenden körperlichen Substanzen konstituiert sein, die im Spätwerk dann zu Monaden werden.

In diesem Monadenbegriff bringt Leibniz auch eine sehr tiefe Beziehung zwischen Logik und Metaphysik zum Ausdruck. Leibniz sieht ein Problem in reinen Nominaldefinitionen,

© Springer-Verlag GmbH Deutschland, ein Teil von Springer Nature 2019
J. Jost, *Leibniz und die moderne Naturwissenschaft,* Wissenschaft und
Philosophie – Science and Philosophy – Sciences et Philosophie,
https://doi.org/10.1007/978-3-662-59236-6_1

wenn diese nicht die Möglichkeit des so Definierten sicherstellen. Auf diese Problematik wird er durch seine Analyse des cartesischen Gottesbeweises geführt; Descartes hatte in der Nachfolge von Anselm von Canterbury Gott als das höchste Wesen definiert, dem deswegen insbesondere auch das Prädikat der Existenz zukommen müsse. Leibniz wendet hiergegen ein, dass die Widerspruchsfreiheit einer solchen Definition nachgewiesen werden müsse, was Descartes aber unterlassen habe. Er fordert stattdessen sog. Realdefinitionen, die die Möglichkeit des Definierten erweisen. Hier besteht eine Beziehung zu dem leibnizschen Argument, dass nur das wirklich sein könne, was kompossibel, widerspruchsfrei miteinander verträglich sei, und in seinem unten noch zu besprechenden Optimalitätsprinzip wird postuliert, dass das maximal Kompossible das Wirkliche sei. Eine wichtige Möglichkeit einer Realdefinition besteht in einer kausalen oder generativen Definition, die ein inneres Konstruktionsprinzip abgibt, so wie das Entwicklungsgesetz einer mathematischen Folge oder Reihe in der Infinitesimalrechnung. Ein zentrales Element des leibnizschen Monadenbegriffs ist es nun gerade, dass jede Monade ihr eigenes Entwicklungsgesetz in sich trägt.

Weil die einzelnen Subjekte, die Monaden, schon in sich selbst bestimmt sind, sind die Relationen zwischen ihnen ideal. Diese Relationen konstituieren den Raum, der daher als ein Geflecht von Relationen nicht unabhängig von den Substanzen existiert und somit relativ ist. Insbesondere ist in dieser Konzeption die Vorstellung eines leeren Raumes widersinnig, und dies ist ein weiterer Grund, warum es für Leibniz keine Atome geben kann. Die newtonsche Vorstellung einer Gravitation, die über den leeren Raum hinweg wirkt, ist absurd. Zwar hat die Physikgeschichte in gewisser Weise Leibniz' Einwänden gegen die newtonschen Konzepte recht gegeben, aber seinerzeit setzte sich die newtonsche Theorie als das Paradigma einer einheitlichen mathematischen Beschreibung der Erscheinungswelt durch, nachdem vor allem Euler sie mit den Werkzeugen der leibnizschen Infinitesimalrechnung, welche der konkurrierenden newtonschen Version insbesondere wegen ihres besser durchdachten Formalismus überlegen war, mathematisch durchgebildet hatte.

Leibniz versuchte auf seiner relationalen Raumvorstellung eine neuartige Raumlehre, seine Analysis situs, aufzubauen, eine Vorform der heutigen mathematischen Disziplin der Topologie, wobei ihm selber allerdings noch keine konkrete Ausgestaltung gelang.

Und die grundlegenden physikalischen Objekte, die körperlichen Substanzen, die dann im Spätwerk im Monadenbegriff aufgingen [107], sind selbst nicht mehr räumlich, und insbesondere im Unterschied zu Descartes nicht durch ihre Ausdehnung bestimmt, sondern durch ihre innere Wirkkraft, die leibnizsche *vis viva,* bestimmt, in heutiger Terminologie ihre Energie. Physikalisch sind sie daher als Kraftquellen zu denken, also durch ein anderes Prinzip als dasjenige der räumlichen Ausdehnung, denn nur durch ihre innere Kraft können sie physikalische Wirkung entfalten. Im grundlegenden Unterschied zur newtonschen Physik werden für Leibniz physikalische Körper nicht durch äußere Kräfte getrieben, sondern durch ihre innere Energie bewegt.

Und da nach dem Satz vom zureichenden Grunde es keine Wirkung ohne Ursache geben kann und daher die Wirkung stets gleich der Ursache sein muss, bleibt diese Energie erhalten. Mit diesem Prinzip, welches eine der fundamentalen Einsichten in der Geschichte der Physik darstellt, und der dahinter stehenden Konzeption von Raum und Materie, stellt sich Leibniz sowohl gegen Descartes als auch gegen Newton. Gegen die cartésische Reduktion der Materie auf Ausdehnung wird eine im Inneren dynamische Natur der Materie postuliert, die in ihrer *vis viva* zum Ausdruck kommt. Gegen das newton-lockesche Prinzip, dass die Phänomene das Gegebene und die Prinzipien das Gesuchte sind, werden physikalische Phänomene aus Prinzipien abgeleitet. Dass Newton mit seinem Konzept des absoluten Raumes selbst seiner Gravitationstheorie ein wesentliches Prinzip zugrunde legt, und dass der spektakuläre Erfolg seiner Erklärung der Phänomene die Problematik dieses Konzeptes trotz der leibnizschen Einwände lange Zeit verdrängt hat, steht auf einem anderen Blatt, wird aber unten im Kap. 6 natürlich noch aufgegriffen.

Ein wesentliches Ziel der Naturphilosophie des 17. Jahrhunderts und insbesondere auch derjenigen Leibniz', und wohl der grundlegende Unterschied zur Philosophie der Scholastik, ist die theoretische Begründung und formale Erfassung eines einheitlichen und in sich kausal geschlossenen Wirkungszusammenhangs der Welt. Da aber für Leibniz die Relationen zwischen den Substanzen ideal sind – und übrigens auch nicht besonders erfolgreich durch die leibnizsche Logik von Subjekt und Prädikaten erfassbar sind, so die Kritik von Russell [208] an Leibniz' System –, muss die Abstimmung auf andere Weise, durch die leibnizsche prästabilierte Harmonie, erfolgen. Jede Monade spiegelt in sich das gesamte Universum wieder, oder genauer zu jedem Zeitpunkt dessen gegenwärtigen Zustand. Insofern drückt jede Monade die ganze Welt aus, enthält eine *repraesentatio mundi,* eine Darstellung der Welt. Diese Widerspiegelung ist mehr oder weniger unvollkommen, verworren, aber weil die gleichzeitig existierenden Monaden miteinander kompatibel sein müssen, ergibt sich die universelle Harmonie des Weltzusammenhangs. Jede Monade trägt ihr eigenes Entwicklungsgesetz in sich, ihre Vergangenheit und ihre Zukunft, ist aber auf diese Weise mit dem gesamten Weltgeschehen verknüpft. Es ergibt sich ein dialektisches Wechselspiel zwischen der individuellen Substanz und dem Weltganzen, siehe [118, 119, 154]. Die aktive Kraft der Substanz treibt ihre eigene Entwicklung voran, während ihre passive Kraft die Einflüsse aller anderen aufnimmt.

Hier stoßen wir auf einen Punkt, in welchem die Theorie von Leibniz entgegengesetzt zu derjenigen von Kant ist, und für die heutige, durch Kant geprägte philosophische Interpretation kann dies durchaus verwirrend sein. Für Kant war das Ding an sich kausale Ursache der Wahrnehmung, kann aus dieser aber nicht erschlossen werden. Für Leibniz dagegen war das Wissen über das Ding an sich gegeben, drückte sich aber nicht kausal in der Wahrnehmung aus. Das System der Perzeptionen ist für Leibniz nur eine Erscheinung, aber eine wohlbegründete, ein *phaenomenon bene fundatum.*[1]

Diese Abstimmung zwischen den Monaden vollzieht sich also nicht direkt physikalisch kausal, sondern ideal. Und sie vollzieht sich instantan, und insbesondere nicht wie in der Einsteinschen Relativitätstheorie mit endlicher Geschwindigkeit. Die prästabilierte Harmonie

---

[1]Der leibnizsche Begriff der Perzeption ist aber allgemeiner als das zu verstehen, was im heutigen Sprachgebrauch mit Wahrnehmung bezeichnet wird. Perzeption ist eine allgemeine Fähigkeit von Monaden.

zeichnet dabei die wirkliche Welt vor den möglichen aus. In einer Welt können nur logisch miteinander verträgliche, kompossible Objekte gleichzeitig existieren. Unsere wirkliche Welt ist dann durch das Optimalitätsprinzip ausgezeichnet, dass in ihr die größtmögliche Anzahl miteinander verträglicher Objekte, oder genauer, Monaden, verwirklicht ist. Vorgänge vollziehen sich in dieser Welt nach dem Extremalprinzip der kleinsten Wirkung, wobei Leibniz wieder eine wichtige Entdeckung der Naturphilosophie und Mathematik des 18. Jahrhunderts vorweggenommen hat, das Aktionsprinzip von Maupertuis und Euler, welches dann zusammen mit der Energieerhaltung zu einem der Grundpfeiler der modernen Physik geworden ist.[2] Dies berührt auch das Verhältnis von Notwendigkeit und Kontingenz und verknüpft dadurch in tiefliegender Weise die leibnizsche Logik mit seiner Physik und Naturphilosophie. Die wirkliche Welt ist also in diesem Sinne nicht notwendig, sondern wird aus den möglichen Welten durch ein Optimalitätsprinzip ausgewählt, und zwar von Gott, womit wir dann bei der theologischen Komponente von Leibniz' Denken wären. Jedenfalls wird hierdurch auch das Verhältnis von Notwendigkeit und Determiniertheit des Naturgeschehens und menschlicher Freiheit subtil. Der ontologische Gottesbeweis schließt von der Gesamtheit aller Möglichkeiten auf die Individualität eines notwendigen Seins – so hat Kant es ausgedrückt. Der leibnizsche Gott braucht im Gegensatz zum newtonschen Gott nicht mehr auf die Welt einzuwirken, weil er sie von Anfang so klug eingerichtet hat, als beste aller möglichen Welten, dass in ihr nichts verloren gehen kann und sie von selbst weiterläuft. Dies bringt nun Leibniz in gefährliche Nähe zu Spinoza, der ihn auch heimlich fasziniert hat, von dem er sich aber aus theologischen und politischen Gründen distanzieren musste.[3] Aber durch seine Ontologie einer Vielzahl selbständiger, nur durch ein ihnen äußerliches Prinzip ideal gekoppelter Monaden grenzt Leibniz sich sowohl vom cartesianischen Dualismus als auch vom spinozistischen Monismus ab.

Das Konzept der Monade soll aber wohl letztlich zu vieles gleichzeitig leisten und sowohl die hinter den physikalischen Erscheinungen liegenden, selbst nicht mehr räumlichen Entitäten identifizieren, als auch die Träger von Leben und Bewusstsein erfassen. Dadurch, dass in den Monaden auch die Einheit des Bewusstseins verortet wird, soll sowohl der cartesianische Dualismus zwischen der ausgedehnten und der denkenden Substanz als auch der Monismus Spinozas überwunden werden, welcher die gesamte Wirklichkeit als Emanation einer einzigen Substanz auffasste. Leibniz setzte diesen in seinem Monadenbegriff die

---

[2]Dieses Extremalprinzip wird von Leibniz in einem Brief formuliert, den Samuel König der Berliner Akademie vorlegte, allerdings nur in einer Abschrift, die dann auf Betreiben von Euler als Fälschung deklariert wurde (s. [98]) und deren Authentizität bis heute nicht einwandfrei geklärt werden konnte (s. [28, 99] zum aktuellen Stand der Debatte), auch wenn seinerzeit führende Leibnizexperten wie Cassirer von der Echtheit überzeugt waren. Insofern ist also die hier vorgenommene Zuschreibung historisch nicht völlig abgesichert, auch wenn sich für mich das Prinzip sehr natürlich aus dem leibnizschen System ergibt. S. auch Kap. 2. Auf die umfangreiche, bis heute anhaltende und teilweise sehr erbittert geführte Diskussion zu dieser Frage will ich hier aber nicht weiter eingehen. Ich werde hierauf aber in einer kommentierten Ausgabe von Eulers Variationsrechnung zurückkommen.
[3]Für das Verhältnis von Leibniz zu Spinoza s. z. B. die klassische Studie [90] von G. Friedmann. Für die Spinozarezeption im Allgemeinen vgl. [124].

Vorstellung entgegen, dass es eine Vielzahl von individuellen Monaden gebe, die letztendlich das einzig Reale ausmachten und deren Wechselwirkungen und Relationen daher nicht mehr selbst real, sondern ideal aufgefasst werden müssten. Diese Wechselwirkungen und Relationen konstituieren die Welt der Erscheinungen, welche also somit ideal wird. Die Monaden sind, wie Leibniz es ausdrückt, fensterlos, und die Abstimmung zwischen ihnen erfolgt nicht von innen heraus, sondern durch die prästabilierte Harmonie. Dies umgeht dann auch das Problem der endlichen Ausbreitungsgeschwindigkeit physikalischer Wirkungen.

Jedenfalls erzwingt der leibnizsche Monadenbegriff, dass Raum und Zeit völlig andersartige Rollen haben, zumindest in der unten dargelegten und den weiteren Ausführungen zumeist zugrunde gelegten Interpretation 1. Wie wir noch genauer darlegen werden, bedingen Identität einer Monade in der Zeit und ihre zeitliche Entwicklung einander, weil die Monade ihr Entwicklungsgesetz in sich trägt und dies gerade ihre Identität ausmacht. Monaden sind dagegen nicht räumlich zu denken, sondern sind im Gegensatz zu räumlichen Objekten unteilbar. Erst in ihren Beziehungen zu anderen Monaden werden Monaden räumlich. In gewisser Weise hat jede Monade ihre eigene Zeit, während Raum erst bei den Relationen zwischen verschiedenen Monaden in Erscheinung tritt. Trotzdem gibt es wesentliche Analogien zwischen der Zeit als Ordnung der Sukzession und dem Raum als Ordnung der Koexistenz. In der unten dargestellten Interpretation 2 ist der Gegensatz zwischen Raum und Zeit ohnehin gemindert.

Wenn Leibniz sich der Biologie zuwendet, wird die Situation allerdings etwas komplexer. Hier gibt es für Leibniz Hierarchien von Monaden. Eine dominante Monade kontrolliert die ihr subordinierten. So kann ein Lebewesen als eine Einheit gefasst werden, die mehr ist als die ihr untergeordneten Bestandteile. Hierauf werden wir in Kap. 13 eingehen. Die dominante Monade muss dann in sich auch die Entwicklung der von ihr dominierten Monaden enthalten. Da diese aber wiederum auch ihr eigenes Entwicklungsgesetz in sich tragen, muss die Koordination wieder durch die prästabilierte Harmonie, also ideal, erfolgen. Insbesondere erschöpfen sich Relationen zwischen Monaden nicht in reinen Lagebeziehungen. Hieraus zeigt sich wieder, dass die leibnizschen Monaden keinesfalls als räumliche Objekte zu denken sind.

Mit der Determiniertheit des Naturgeschehens, wie Leibniz sie aus dem Satz vom zureichenden Grunde und der Autonomie der Monaden ableitet, ist für ihn menschliche Freiheit durchaus verträglich. Erstens beruht diese Determiniertheit auf für einen endlichen Geist kontingenten Tatsachen (hierin unterscheidet sich Leibniz von dem Anspruch Laplace'), die für ihn also nicht vollständig einsehbar sind. Dies ist nur der Intuition Gottes möglich. Zweitens besteht Freiheit für ihn darin, der Einsicht in das Richtige gemäß zu handeln. Freiheit ist also keine Willkür. Da nun Gott alles einsieht und dementsprechend handelt, ist er die völlig freie Monade. Dabei entsprechen die Naturgesetze (und damit für Leibniz letztendlich die Gesetze der Logik) nicht Gottes Willkür, wie Descartes postuliert hatte, sondern Gott erkennt sie und handelt daher ihnen entsprechend. Wir werden auf das Verhältnis von Determiniertheit und Freiheit noch einmal im Abschn. 12.2 zurückkommen.

Der Monadenbegriff ist oft kritisiert und lächerlich gemacht worden. Schon das von Leibniz aufgegriffene Wort „Monade" klingt heutzutage etwas komisch.[4] Leibniz' Epigone Christian Wolff, der den Monadenbegriff zum Zentrum eines rational durchkonstruierten Systems machte und durch dieses Systems seinerzeit einer der einflussreichsten und wirkungsmächtigsten Denker der Aufklärung wurde, ist letztendlich zum intellektuellen Prügelknaben der Philosophiegeschichte geworden. Leibniz- und Kantforscher sind sich bei allem Misstrauen, mit dem sie sich üblicherweise begegnen, zumindest darin einig, dass in einen längeren Text über ihren jeweiligen Helden zumindest einige abfällige Bemerkungen über Wolff gehören. Jedenfalls ist durch Wolff dann auch die leibnizsche Philosophie in Misskredit geraten.

Die Naturphänomene sind also für Leibniz kontinuierlich in Raum und Zeit, während die hinter der Erscheinungswelt liegenden Monaden, die die eigentliche Wirklichkeit darstellen, ihrer Natur nach diskret sind. Und da sie diskrete Einheiten sind, sind und bleiben sie mit sich selbst identisch. Es gibt keine Sprünge oder Übergänge zwischen ihnen, sondern sie tragen ihr eigenes Entwicklungsgesetz als Teil ihrer Identität in sich. Sie können allerdings nicht in endlich vielen Schritten erschlossen werden, sondern nur in unendlich vielen Schritten approximiert werden, so wie eine mathematische Reihe gegen ihren Grenzwert konvergiert, diesen aber nie erreicht. Da der menschliche Verstand aber im Unterschied zum Verstand Gottes nur mit endlich vielen Schritten operieren kann, erschließen sich jenem die Monaden nicht vollständig.

Leibniz versucht dann, mathematische Konzepte und Methoden für alle drei Aspekte zu entwickeln, die Infinitesimalrechnung für die kontinuierliche Welt der Erscheinungen in Raum und Zeit, die Analysis situs für das System der Relationen zwischen den dahinterliegenden diskreten Monaden, und die Logik für das Verständnis dieser Monaden selbst. Auf diese Weise verbindet er sonst als gegensätzlich empfundene Zugänge, geht aber gleichzeitig entscheidend über diese hinaus. Die mathematisch-geometrische Erfassung der physikalischen Wirklichkeit war ein Leitmotiv von Descartes, Grundlage seiner mechanischen Naturphilosophie. Leibniz dringt hier mit seiner dynamischen Konzeption des Naturgeschehens und seiner hierauf zugeschnittenen Analysis wesentlich tiefer als die eher statische, allenfalls kinetische, geometrisch gedachte, aber jedenfalls quantitativ konzipierte Theorie des Descartes. Die logische Erfassung der Wirklichkeit war dagegen die aristotelisch-scholastische, rein qualitativ argumentierende Zugangsweise, welche Descartes hatte überwinden wollen. Auch hier macht Leibniz außerordentliche Fortschritte, die ihn letztendlich weit über die aristotelische Syllogistik hinausführen. Und in die Geometrie führt Leibniz dann ganz neuartige strukturelle Gesichtspunkte ein, die vielleicht im Rückblick schon einen Keim für die Entwicklung der nichteuklidischen Geometrie und der modernen Topologie tragen, obwohl Leibniz selbst noch nicht so weit vorgedrungen ist (vgl. die detaillierten Analysen in [60, 62]).

In seinen logischen Untersuchungen entwickelt er nicht nur eine Quantorenlogik und arbeitet systematisch die Modalitäten der Notwendigkeit und der Möglichkeit heraus,

---

[4]Die korrekte Betonung liegt übrigens auf der ersten Silbe, *Mónade*.

sondern er entdeckt auch grundlegende Prinzipien der Strukturgleichheit bei materialer Verschiedenheit, also das mathematische Konzept der Isomorphie in heutiger Terminologie. Er will auf dieser Grundlage eine universelle Charakteristik *(characteristica universalis)*, eine Universalsprache, entwickeln, die alle formalen Argumente in einen einheitlichen Kalkül überführen und damit entscheidbar machen kann. Diese Universalsprache ist ein System von Zeichen, mit dessen Hilfe die Beziehungen zwischen Objekten strukturerhaltend abgebildet werden sollen. Den Dingen werden also Zeichen zugeordnet, derart, dass den Beziehungen zwischen den Dingen Beziehungen zwischen diesen Zeichen entsprechen sollen. Die Beziehungen zwischen diesen Zeichen führen zu Rechenregeln, mit denen wissenschaftliche Fragen, in diesen formalen Kalkül übersetzt, dann durch Rechnungen automatisch entschieden werden konnten. Leibniz konnte allerdings keine vollständige Durchführung dieses grandiosen Programms gelingen, obwohl er schon zu wesentlichen Prinzipien der modernen Logik vorgedrungen ist.

Es hatte viele Versuche gegeben, den Geheimnissen der Wirklichkeit durch eine universelle Sprache, konzipiert als ein formales Schema der Kombinatorik von Begriffen, auf die Spur zu kommen. Besonders bekannt und einflussreich war das System des katalanischen Spätscholastikers Ramond Lull. Zur Zeit von Leibniz entwickelten beispielsweise George Dalgarno und John Wilkins derartige Systeme, und auch das System von Athanasius Kircher war wesentlich durch solche Überlegungen geleitet.[5] Man vgl. z.B. die Darstellung der Geschichte solcher Systeme in [73]. Dies war natürlich alles sehr spekulativ. Leibniz sah tiefer. Ihm war klar, dass die formalen Kombinationsregeln den inhaltlichen Beziehungen zwischen den Begriffen entsprechen mussten. Daher war, so stellte Leibniz es sich vor, als Grundlage eine systematische Enzyklopädie, ein Katalog mit den Eigenschaften sämtlicher Begriffe, zu entwickeln, und dies konnte nur als ein wissenschaftliches Großprojekt mit vielen Mitarbeitern durchgeführt werden. Die Verwirklichung eines solchen Projektes gelang Leibniz allerdings nicht, auch wenn er sich intensiv um die finanziellen und organisatorischen Strukturen bemühte. Die Kombinatorik musste dann den so dargestellten Beziehungen zwischen den Eigenschaften isomorph sein. Dazu entwickelte Leibniz eine Begriffslogik, die die Kombination von Eigenschaften in Formeln der Art $A = BC$

---

[5]Als junger Mann hatte Leibniz noch mit Kircher (1602–1680) über eine universelle Charakteristik korrespondiert, aber im Laufe der Jahre wurde er immer skeptischer gegenüber Kirchers Spekulationen, die das gesamte Wissen als miteinander geheimnisvoll verschlungenes Ganzes zu erfassen suchten. Als wohl größter Meister der medialen Repräsentation seiner Zeit hatte der Jesuitenpater Kircher sein universelles Motto „omnia in omnibus" (oder auch „unum ex omnibus & omnia ex uno") in opulent ausgestatteten Büchern und einer groß angelegten und systematisch durchkonzipierten Sammlung im Collegium Romanum in Rom illustriert [150]. Der Besuch dieser Sammlung galt seinerzeit als ein Höhepunkt jeder Romreise. Aber als Leibniz 1689 in Rom weilte, interessierte er sich anscheinend weniger für diese große, nach dem Tode Kirchers allerdings verfallende Sammlung als für die Briefe von Descartes, die sich im Nachlass der zum Katholizismus konvertierten und kürzlich in Rom verstorbenen schwedischen Königin Christina befanden, oder für die Informationen über China, die er von den jesuitischen Missionaren erhalten konnte. Leibniz war da wohl schon intellektuell weit über Kircher hinaus.

übersetzte, die sich strukturell wie die Multiplikation natürlicher Zahlen verhielten. Eine solche Formel entsprach also der Zerlegung einer Zahl in Faktoren, und die grundlegenden Einheiten waren dann die Primzahlen, also diejenigen Zahlen, die nicht weiter in Faktoren zerlegt werden können. Diese entsprachen dann den grundlegenden Eigenschaften. Da Begriffe allerdings nicht nur positiv, also durch das Vorhandensein bestimmter Eigenschaften, sondern auch negativ, durch die Abwesenheit anderer Eigenschaften, charakterisiert sein können, musste Leibniz dann zwei Systeme von zueinander teilerfremden Faktorisierungen verwenden, eines für die positiven, und eines für die negativen Eigenschaften. Dies wird im Abschn. 8.1 noch genauer dargestellt. Der wesentliche Punkt an dieser Stelle ist, dass Leibniz im Gegensatz zu seinen Vorläufern, wenn man ihn denn in die Traditionslinie von Lull stellen will, den Unterschied zwischen inhaltlicher Bestimmtheit und struktureller Gleichheit (Isomorphie) klar gesehen hat. Dies stellt eine in ihrer Bedeutung vielleicht noch nicht hinreichend gewürdigte Erkenntnis dar. Überhaupt wird die angesprochene Traditionslinie in der neueren Leibnizforschung wohl eher vernachlässigt. Beispielsweise findet sich in dem von führenden Leibnizexperten verfassten, umfassenden Handbuch [6] kein einziger Verweis auf Lull, Kircher und derengleichen. Dadurch kann aus dem Blick geraten, dass die Originalität von Leibniz nicht etwa darin besteht, dass er ein System universeller Harmonie oder eine universelle Charakteristik konzipiert hat, denn dass haben andere schon vor ihm getan, sondern dass er anscheinend als Erster klar gesehen hat, dass ein solches System, um aus ihm Aussagen über die wirkliche Welt ableiten zu können, auf präzisen strukturellen Entsprechungen zwischen dem jeweiligen Gegenstandsbereich und dem formalen System beruhen muss. Diese können nicht einfach postuliert werden, sondern müssen durch sorgfältige Untersuchungen aufgewiesen werden. Die Bedeutung von Leibniz liegt also nicht sowohl darin, dass er ein heutzutage vielleicht eher fremdartig anmutendes System einer universellen Harmonie aufgestellt hat, denn das war, wie dargelegt, zu seiner Zeit ein vielfältig ausgestalteter Ansatz, sondern vielmehr darin, dass er die Notwendigkeit einer tieferen und grundsätzlicheren Begründung (in seiner Konzeption als einer prästabilierten statt nur universellen Harmonie) erkannt hat und dadurch zu seinerzeit neuartigen Konzeptionen struktureller Art gelangt ist, die grundlegend für die moderne Wissenschaft sind. – Auch die Überlegungen von Kepler waren wesentlich durch Vorstellungen einer allgemeinen Weltharmonie geleitet worden. Insbesondere hatte er, von einem solchen Denken geleitet, zunächst spekuliert, dass sich das Planetensystem durch die Geometrie der platonischen Körper erklären ließe (s. [149]). Als großer und für Spätere vorbildlicher Naturwissenschaftler hatte er dieses System dann aber wieder verworfen, als es sich mit den astronomischen Beobachtungsdaten nicht in Einklang bringen ließ. Stattdessen erkannte er durch jahrelange Berechnungen auf der Basis der astronomischen Daten von Brahe, dass die Planetenbahnen (genauer diejenige des Mars) nicht kreisförmig, sondern elliptisch waren [148] (s. auch die maßgebliche Keplerbiographie [43]). Kepler drang also von einem ursprünglich eher statisch-geometrisch konzipierten Modell zu einem dynamischen, auf Kraftwirkung beruhenden Ansatz vor, indem er die Sonne als Kraftzentrum in einen der beiden Brennpunkte der Ellipsenbahn stellte. Dies war entscheidend für Newtons Gravitationstheorie. Leibniz äußerte sich über Kepler stets mit großem Respekt [1, 36].

Jedenfalls hat Leibniz auch seine Infinitesimalrechnung als eine Anwendung dieses Prinzips oder Verwirklichung seines Programms einer universellen Charakteristik gesehen.

Durch solche Überlegungen wird er auch auf das Binärsystem geführt, also die Arithmetik, mit der heutzutage Computer rechnen [binär]. Das Binärsystem operiert mit nur zwei Symbolen, 0 und 1, und hat die Rechenregel $1 + 1 = 10$. Hierbei bedeutet 10 nicht etwa „Zehn", sondern „Zwei". Mit anderen Worten erfährt hier ein gängiges Symbol, 10, eine neue Interpretation, und ein solcher Umgang mit den formalen Aspekten von Symbolen ist charakteristisch für das logische Denken von Leibniz.[6]

Wie erwähnt, ist das Binärsystem der Code, mit dem die heutigen datenverarbeitenden Computer operieren. In diesem Zusammenhang ist bemerkenswert, dass Leibniz auch eine, seinerzeit natürlich noch mechanische, Rechenmaschine konstruiert hat, die nicht nur addieren und subtrahieren, sondern auch multiplizieren und dividieren konnte [242]. Dies setzt in gewisser Weise Leibniz' Programm fort, geistige Operationen durch einen formalen Kalkül zu automatisieren, denn automatisierte Operationen können dann auch mechanisiert werden. So hat Leibniz den logischen Kalkül der Begriffe im Sinne eines strukturellen Isomorphismus in die Multiplikation ganzer Zahlen übersetzt und damit letztendlich mechanisierbar gemacht.

Seine erste Rechenmaschine, die er im Jahre 1673 in London vorstellte, arbeitet noch mit dem Dezimalsystem, und zur maschinellen Umsetzung der Rechenoperationen hatte Leibniz das Prinzip der Staffelwalze ersonnen.[7] Später skizzierte er auch eine binäre

---

[6]Als Leibniz durch seine Korrespondenz mit dem jesuitischen Chinamissionar Bouvet die alte chinesische Weissagungslehre des I Ging [79, 251] (s. z. B. [101] oder [215] für die sinologische Darstellung) (Yi Jing in der heute gebräuchlichen Pinyin-Umschrift) kennen lernte (s. [Sinica,China]), welche ebenfalls mit der Kombinatorik von nur zwei Symbolen, kurzen und langen Strichen, arbeitet, ergab sich eine überraschende Parallele zu seinem Binärsystem. Übrigens sah Leibniz den wesentlichen Aspekt der westlichen Überlegenheit über die chinesische Kultur und Philosophie, für die er einen großen Respekt bezeugte (s. auch [Chinois]), in der Entwicklung der abstrakten Mathematik [Sinica,China].

[7]Allerdings hatte schon vorher Wilhelm Schickard (1592–1635) 1624 eine Rechenmaschine konstruiert, die alle vier Grundrechenarten beherrschte, um die astronomischen Berechnungen von Johannes Kepler zu unterstützen. Diese Maschine ging allerdings im Dreißigjährigen Krieg verloren und war Leibniz wohl nicht bekannt. Sie funktionierte auch ganz anders als die leibnizschen Rechenmaschine, mit Neperstäbchen für die Multiplikation (nach dem schottischen Mathematiker John Napier (oder Neper, 1550–1617), und die Zwischenergebnisse der Multiplikation mussten per Hand in das Additionswerk übertragen werden, s. [87]. Auch Blaise Pascal (1623–1662) hatte im Jahr 1642 eine Rechenmaschine konstruiert, die allerdings nur addieren und subtrahieren konnte. Nachdem Leibniz nach seiner eigenen späteren Aussage zuerst unabhängig Ideen zur Konstruktion einer Rechenmaschine entwickelt hatte, stieß er auf die Pascaline, aber die leibnizsche Maschine funktionierte völlig anders als diejenigen von Schickard und Pascal, und die leibnizsche Konstruktion greift wesentlich weiter als diejenigen seiner Vorgänger, zu denen auch noch der Engländer Samuel Morland (1625–1695) gerechnet werden muss. Der ökonomische, technische und soziale Kontext der Konstruktion solcher Maschinen, wie auch derjenigen von Charles Babbage (1791–1871) im

Rechenmaschine, die mit Kugeln arbeitete. Bei jedem Übertrag, wie bei $1 + 1 = 10$, fiel eine Kugel in ein Loch, welches die 0 repräsentierte, während die zweite Kugel als 1 weiterrollte [243]. Erst im heutigen Rückblick erschließt sich die weitreichende Bedeutung dieser leibnizschen Ideen.

Genauso wie alle physikalischen Substanzen in Relation stehen, so stehen auch alle Wissensbereiche in Beziehung. Das Weltbild einer Monade ist wie eine perspektivische Projektion der Welt, und so verhält es sich auch mit den Wissensgebieten.

Harmonie kann als strukturelle Kompatibilität interpretiert werden. Ein und dieselbe Weltstruktur wird homomorph, also strukturerhaltend bei materialer Verschiedenheit, auf die verschiedenen Monaden oder Wissensgebiete projiziert. Die einzelnen Monaden spiegeln jeweils die gesamte Welt wieder, allerdings nur unvollständig und verschwommen, genauso wie bei einer perspektivischen Projektion manche Aspekte verloren gehen. Die Gesamtstruktur kann dann aus ihren Projektionen auf die individuellen Monaden wie ein dreidimensionales Bild aus tomographischen Schnitten rekonstruiert werden, um anachronistisch ein Bild aus der heutigen Informatik zu verwenden. Leibniz selbst benutzt das Bild der Ansicht einer Stadt aus verschiedenen Richtungen.

Das leibnizsche System, wie es sich heute darstellt, ist auch das Werk seiner Interpreten. Drei der auch heute noch wichtigsten Interpretationen, diejenigen von Cassirer [44], Couturat [53] und Russell [208], erschienen fast zeitgleich am Beginn des 20. Jahrhunderts. Auch wenn sich diese drei Werke in der Bedeutung der leibnizschen Logik für das Verständnis seines Systems einig sind, kommen sie zu unterschiedlichen Bewertungen. Dabei diagnostiziert Russell wesentliche Probleme, Inkonsistenzen und Widersprüche in Leibniz' System. Daher werde ich an einigen Stellen auf die russellsche Kritik eingehen müssen.[8]

---

19. Jahrhundert, wird in [126] analysiert. In [228, 242] werden die Funktionsprinzipien der drei Maschinen von Schickard, Pascal und Leibniz ausführlich rekonstruiert und erläutert. Gemeinsam ist natürlich allen Maschinen, dass sie das Problem der Zehnerübertragung gelöst haben, wenn auch auf jeweils andere Weise. Allerdings sind mehrfache Zehnerüberträge, wie bei $99999 + 1$, für alle Maschinen wegen der dafür erforderlichen Kräfte problematisch. (Letzteres ist natürlich für die heutigen elektronischen Rechenmaschinen kein Problem mehr; dort besteht ein Problem darin, dass das durch das Löschen der nicht mehr benötigten Eingaben und Zwischenergebnisse Abwärme erzeugt wird. Jedenfalls limitieren, wie auch immer eine arithmetische Operation physikalisch realisiert wird, letztendlich physikalische Gesetze die maschinelle Umsetzung.) – Die Maschine von Leibniz geht jedenfalls in konzeptioneller Hinsicht weit über diese Vorgänger hinaus [242].

[8] Russell [208] kritisiert auch Leibniz' Persönlichkeit. Weil er vorwiegend an Geld und Ruhm interessiert gewesen sei, habe er seine eigentliche Philosophie weitgehend vor der Öffentlichkeit verborgen gehalten und nur geschönte Versionen publiziert, mit denen er sich bei Fürsten anbiedern und bei Prinzessinnen einschleimen wollte. Russell unterschlägt dabei, dass es ein wesentliches, und vielleicht sogar das zentrale Anliegen von Leibniz war, die verschiedenen christlichen Konfessionen miteinander zu versöhnen und durch diplomatische Iniativen Krieg zu vermeiden und überhaupt das Glück der Menschheit zu mehren. Nun war Russell selber genauso wie Leibniz sowohl ein bedeutender Philosoph als auch ein engagierter Pazifist (insbesondere verdient seine Haltung im 1. Weltkrieg wie auch später zum Vietnamkrieg großen Respekt), und vielleicht konnte er es nicht ertragen, dass ein anderer vor ihm diese Rolle noch großartiger als er selbst ausgefüllt hatte. Überhaupt hat Russell allerdings systematisch versucht, die Persönlichkeiten anderer Philosophen herabzusetzen.

Aber es gibt ein grundsätzliches Problem der Leibnizinterpretation, welches ich, der ich kein Leibnizforscher bin, nicht lösen kann. Es gibt zwei Möglichkeiten der Auslegung. Wir könnten Couturat [53] und Russell [208] folgen und als das Primäre und eigentlich und ausschließlich Reale die körperliche Substanz, die Entelechie, die fensterlose Monade, oder wie immer Leibniz das ausgedrückt hat, ansehen, die ihr eigenes Entwicklungsgesetz, ihre Vergangenheit und ihre Zukunft in sich trägt, logisch als ein durch seine Prädikate vollständig bestimmtes Subjekt, physikalisch als durch ihre innere Kraft in sich und auf sich wirkend, biologisch präformiert und sich entfaltend. Dann werden die Beziehungen zu anderen Monaden sekundär, ideal, also für die Monade nicht mehr real, und eine von außen kommende, letztlich durch Gott in seiner weisen Voraussicht eingesetzte prästabilierte Harmonie reguliert dann den Weltablauf, damit es keine Widersprüche zwischen den einzelnen Monaden gibt, sondern nur miteinander verträgliche Monaden zu jedem Zeitpunkt gleichzeitig existieren können. Die Zeit ist dann als eigene Zeit für die jeweilige Monade real, die Zeiten der verschiedenen Monaden werden durch die prästabilierte Harmonie koordiniert, und der Raum als Geflecht der Beziehungen zwischen den Monaden ist ideal. Eine andere und vielleicht schönere (aber darum noch nicht unbedingt richtigere) Interpretation besteht darin, die Einheit der Welt in den Vordergrund zu rücken. Alles Sein ist logisch und kann daher mit logischen Mitteln erfasst werden. Gurwitsch [103] nennt dies Panlogismus (wobei er unter diesem Begriff etwas anderes als Couturat [53] versteht). Das Verhältnis zwischen den einzelnen Monaden und dem Weltganzen ist ein dialektisches ([118, 119, 154]). Jede Monade spiegelt in sich das Ganze der Welt wieder, wenn auch unvollkommen, und wirkt umgekehrt in der Welt. Dadurch ergibt sich von selbst die universelle Harmonie und muss nicht gesetzt werden. Zu den Prädikaten, die die Monade logisch als Subjekt bestimmen, würde also auch ihre Perzeption der Welt gehören, und physikalisch und biologisch würde dies in ihr Entwicklungsgesetz einfließen. In gewisser Weise spiegelt die Monade sich selbst dann auch indirekt wieder, weil sie die anderen Monaden widerspiegelt, die wiederum sie widerspiegeln.

I.F. werde ich diese beiden Auslegungen gelegentlich als Interpretation 1 und Interpretation 2 bezeichnen. Meistens werde ich meinen Darstellungen eine etwas modifizierte Version von Interpretation 1 zugrunde legen.

Wenn wir uns den modernen Naturwissenschaften zuwenden, wird, so verblüffend dies auch klingen mag, für die Physik und bestimmte Aspekte der Kognitionstheorie Interpretation 1 die günstigere sein, für die Biologie dagegen Interpretation 2. Wir werden in Kap. 10 sehen, dass in der einsteinschen Relativitätstheorie die physikalischen Körper nicht mehr über die Entfernung hinweg newtonsche Kräfte aufeinander ausüben und somit nicht mehr in direkte Wechselwirkung treten, sondern durch ihre innere Energie den Raum um sich herum konstituieren und dass umgekehrt die Krümmung des Raumes die Bewegungsbahnen physikalischer Körper bestimmt. Solange ein Körper bei seiner Bewegung auf kein Hindernis stößt, bewegt er sich einfach auf einer Geodäten der Raum-Zeit, ohne die Präsenz anderer Körper zu spüren. Der freie, also schwere- und kräftelose Fall ist das Paradigma der einsteinschen Theorie, in scharfem Kontrast zur Attraktion zweier Körper über den leeren

Raum hinweg, dem Paradigma der newtonschen Theorie. Auch wenn die Endlichkeit der Lichtgeschwindigkeit als Grundpfeiler der einsteinschen Theorie die leibnizschen Konzepte der Kompossibilität und der prästabilierten Harmonie ins Wanken bringt, sind die Relationen zwischen den Substanzen in dieser Theorie im Grunde doch sehr leibnizsch.

Wie wir in Kap. 15 darlegen werden, können auch zwei verschiedene bewusste Systeme nicht in direktem Kontakt stehen, in dem Sinne, dass sie ihre Inhalte als bewusste austauschen, sondern sie können nur indirekt, über Perzeptionen und sich in einem anderen Medium vollziehende Kommunikationen, miteinander wechselwirken. Nach der derzeit in der Kognitionstheorie beliebten Philosophie des Konstruktivismus (der allerdings seine Ursprünge eher bei Kant als bei Leibniz hat), muss ein Gehirn sich aus seinen sehr unvollständigen Wahrnehmungen, die zudem nur in dem internen Kode der neuronalen Feuermuster zur Verfügung stehen und daher kein direktes Abbild der Außenwelt darstellen, ein Modell der Außenwelt konstruieren, und im Grunde überlagern sensorische Inputs nur eine eigentlich weitgehend autonom ablaufende innere Dynamik. Allerdings gibt es auch viele Kognitionsforscher, die im Gegensatz hierzu die Kognition als grundsätzlich verkörpert ansehen, also als nicht allein im Gehirn angesiedelt, sondern zu einem großen Teil in die Umwelt ausgelagert. Auch entsteht Bewusstsein vielleicht erst in der Interaktion mit anderen, in denen man selbst sich widerspiegelt. Dies wäre dann wiederum ganz im Sinne von Interpretation 2.

In der Biologie ist dagegen von vorneherein das Wechselspiel zwischen System und Umwelt konstitutiv, s. Kap. 13. Hier entfaltet sich in der Ontogenese, der Individualentwicklung, nicht etwa ein im Genom kodierter Bauplan in autonomer Weise, sondern es gibt ein komplexes Wechselspiel von interner und externer Information, von einem inneren Entwicklungsprogramm und dazu komplementären externen Strukturen. Man kann versuchen, dies als dialektisch zu bezeichnen. Zwar kann dies viele Missverständnisse, die es in der Philosophie der Biologie gibt, zurückweisen, aber ansonsten ist damit wohl noch nicht viel Inhaltliches gewonnen. Neuere informationstheoretische Ansätze führen hier weiter. Diese könnten durchaus als Verfeinerung des in Interpretation 2 zum Vorschein kommenden Ansatzes aufgefasst werden.

Die Chemie allerdings passt nicht in dieses Bild. Zwar wendet sich die heutige Philosophie der Chemie (s. z. B. [112, 209, 218, 238, 239]) vor allem gegen die analytische, an der Physik orientierte Wissenschaftstheorie, deren grundlegende Objekte konkrete in Raum und Zeit situierte Einzeldinge sind, und betont, dass Gegenstand der Chemie stattdessen Stoffe und ihre Umwandlungen sind und daher die Reaktionsdispositionen der Stoffe das Wesentliche sind, aber auch mit dem leibnizschen Monadenkonzept kommt man hier wohl nicht viel weiter. Dass aber Stoffe weniger durch ihre manifesten Eigenschaften als durch ihre Fähigkeiten, mit anderen Stoffen zu reagieren, charakterisiert werden, ist durchaus im Sinne des relationalen leibnizschen Denkens.

Nach dem kurzen Kap. 2 zur wissenschaftsgeschichtlichen Einordnung werden dann die verschiedenen Komponenten des leibnizschen Systems analysiert. Weil in Leibniz' System die verschiedenen Teile eng miteinander verwoben sind, werden dabei weder Verweise auf andere Abschnitte noch Wiederholungen zu vermeiden sein.

Verortung

2

Im Zeitalter der Aufklärung, zu dessen wichtigsten Vertretern Leibniz gehört, durchkreuzen sich verschiedene geistige Stränge, altes intellektuelles Erbe, welches teilweise erst später überwunden wurde, und neue, zukunftsweisende Ansichten. Zu dem alten Erbe gehört insbesondere die Verknüpfung von Erkenntnistheorie, Ontologie und Moralphilosophie, von Sein und Sollen, von dem Wahren und dem Guten, vom wahren Wissen und richtigen Handeln. Dies ist uns fremd geworden, bildet aber einen zentralen Bezugspunkt des leibnizschen Denkens. Grundlegend Neues ist dagegen aus der hiermit durchaus verwobenen Gegenüberstellung von Geist und Sinnlichkeit, von Vernunft und Erfahrung, von Rationalismus oder Intellektualismus und Empirismus, von der mathematisch-geometrischen und der experimentellen Methode in den Naturwissenschaften, von Vernunft und Trieben in der Anthropologie hervorgegangen,[1] und in dieser Diskussion ist das leibnizsche System nicht nur ein wesentlicher Bezugspunkt, sondern enthält auch viel Zukunftsweisendes. Nun spielten diese Gegensatzpaare auch schon früher eine zentrale Rolle, und sie lassen sich beispielsweise durchaus hilfreich für die Analyse des Verhältnisses von platonischer und aristotelischer Philosophie verwenden, aber in Renaissance und Aufklärung sind sie in eine fruchtbare Wechselwirkung getreten. Der große Erfolg der physikalischen Systeme von Kopernikus, Galilei, Kepler oder Newton ergibt sich weniger aus der Entgegensetzung, als aus einer neuen und produktiven Wechselwirkung und Synthese von mathematischen Strukturen und experimentellen Beobachtungen. Um diese Synthese musste jedes Mal neu gerungen werden. Offensichtliche Erfahrungen, wie dass die Sonne sich um die Erde dreht oder eine rollende Kugel immer irgendwann zur Ruhe kommt, mussten zugunsten theoretischer Systeme verworfen werden, aber umgekehrt mussten auch Systeme wie die cartesische Physik, deren Vorhersagen keiner experimentellen Überprüfung stand hielten, aufgegeben werden. Der reine Empirismus von Bacon oder Locke blieb stumpf ohne rationale Strukturen, in die

---

[1]Die These, dass die Gegenüberstellung von Geist und Sinnlichkeit die Leitfrage der Aufklärung war, ist fundiert von Kondylis [155] entwickelt worden.

© Springer-Verlag GmbH Deutschland, ein Teil von Springer Nature 2019
J. Jost, *Leibniz und die moderne Naturwissenschaft*, Wissenschaft und
Philosophie – Science and Philosophy – Sciences et Philosophie,
https://doi.org/10.1007/978-3-662-59236-6_2

die Erfahrungen eingeordnet und mittels derer sie gewichtet und bewertet werden konnten, und ohne mathematisch formulierte Naturgesetze. Umgekehrt waren die Stoßgesetze des Descartes falsch, weil sie aus rein theoretischen Prinzipien abgeleitet waren und offensichtlich der Erfahrung widersprachen. Erst wenn man die Natur genau beobachtete, viel genauer als es die Alten getan hatten, konnte man ihre Prinzipien erraten, aber die dann gefundenen Strukturen waren mathematisch tiefer und reichhaltiger, als es sich die Alten hatten träumen lassen, und die Exploration und geistige Durchdringung dieser Strukturen führte dann wiederum zu einem vertieften Verständnis der Empirie.

Leibniz war nun im Unterschied zu Brahe, Kepler, Galilei oder Newton weder ein herausragender Naturbeobachter (er war übrigens stark kurzsichtig) noch ein erfolgreicher Experimentator, auch wenn er ein großes Interesse an allen Arten von empirischen Befunden zeigte und diese ernst nahm. Aber sein systematisches Denken führte ihn zu Einsichten in die Physik, die an Tiefe und Bedeutung durchaus mit denen der von Beobachtungen und Experimenten ausgehenden Naturforscher vergleichbar sind. So konnte er nicht nur das eigentliche Problem der cartesischen Stoßgesetze, nämlich ihre fehlende innere Konsistenz, aufdecken, sondern auf dieser Grundlage auch das fundamentale physikalische Prinzip der Energieerhaltung formulieren. Solche Überlegungen führte ihn auch zu einem Wirkungsprinzip als grundlegendem physikalischen Prinzip, was übrigens zu einer ebenso berühmten wie unerfreulichen Kontroverse führte (s. Kap. 1), als Maupertuis und Euler später ebenfalls solche Prinzipien entwickelten und von dem Wolffianer Samuel König darauf aufmerksam gemacht wurden, dass Leibniz ein solches Prinzip schon viel früher formuliert hatte. Leibniz hat somit zwei der grundlegenden Prinzipien der modernen Physik als erster formuliert, dass bei allen physikalischen Vorgängen die Energie erhalten bleibt und die Wirkung oder Aktion, definiert als Produkt aus der leibnizschen *vis viva* und der Zeit, oder äquivalent als Produkt aus Masse, Weglänge und Geschwindigkeit, ein Extremum (typischerweise ein Minimum) annimmt.

Schon Kepler hatte postuliert, dass die Natur Einfachheit liebe und dass sie das, was sie mit einfachen Mitteln erreichen könne, nicht durch kompliziertere bewerkstellige,[2] und er war von grundlegenden Harmonieprinzipien ausgegangen. Solchen Harmonieprinzipien hatte Leibniz dann eine metaphysische Begründung gegeben und sie umgekehrt zur Grundlage seiner Physik und Philosophie gemacht.[3] Daraus lassen sich Optimalitätsprinzipien nicht nur als Extremalprinzipien für Naturvorgänge, wie geschildert, entwickeln, sondern auch als Einfachheits- oder Symmetrieprinzipien für die Naturgesetze, und dies ist über Kepler und Leibniz hinaus ein grundlegendes Motiv der physikalischen Forschung geblieben.

Außerdem führten seine philosophischen Überlegungen Leibniz dazu, die Relativität von Raum und Zeit zu postulieren. Diese Ansichten schärfte er dann in der berühmten Debatte mit Newtons Anhänger Clarke. Auch wenn Leibniz sich in dieser Debatte nicht durchsetzen konnte und sein philosophisches System ihn auch zu Folgerungen führte, die die nachfolgende Entwicklung der Physik nicht bestätigen konnte, hat er doch einige der

---

[2]S. z. B. [34, S. 57], u. die Einleitungen von F. Krafft in [148, 149].
[3]Für die Rezeption von Kepler durch Leibniz s. [1, 36].

wichtigsten physikalischen Prinzipien erkannt, allerdings lange bevor diese in der Physik tatsächlich wirkungsmächtig geworden sind. Dies soll im Folgenden genauer ausgeführt werden, wobei aber auch einige systematische Probleme der leibnizschen Naturphilosophie evident werden.

Die wissenschaftsgeschichtliche Bewertung sollte allerdings auch den folgenden Aspekt einbeziehen. Die newtonsche Vorstellung einer Anziehungskraft, die instantan durch den leeren, aber als absolut gedachten Raum zwischen verschiedenen Körpern wirkt, die als Massenpunkte idealisiert werden können, war trotz aller leibnizschen Einwände seinerzeit eine Konzeption, die einen entscheidenden Fortschritt in der Physik über die cartesischen Vorstellung einer nur durch Ausdehnung charakterisierten Materie darstellte, deren Bewegung sich in Wirbeln in direktem physischen Kontakt vollzieht. Trotz ihrer naturphilosophischen Schwächen, die in der Vorstellung des newtonschen Raumes und seiner Entgegensetzung von Raum und Materie begründet lagen, wurde die newtonsche Theorie für fast 200 Jahre zum Ideal einer physikalischen Theorie, bis die Feldtheorien von Faraday und Maxwell[4] und die geometrischen Überlegungen von Riemann schließlich Alternativen aufzeigten. Physikalischer Fortschritt beruht nicht notwendig auf vertieften philosophischen Einsichten. Leibniz, dem wesentlich tieferen philosophischen Denker, gelang es nicht, innerhalb seines Gedankensystems eine tragfähige Alternative zur newtonschen Gravitationstheorie zu entwickeln, auch wenn ihn seine der newtonschen Version überlegene Fassung der Infinitesimalrechnung durchaus zu bedeutenden Einzelresultaten führte (für Einzelheiten s. [22], und für die Entwicklung seiner Planetentheorie s. [1, 36]). Im 18. Jahrhundert wurde insbesondere von Euler mit den Werkzeugen der leibnizschen Infinitesimalrechnung diejenige Fassung der newtonschen Theorie entwickelt, die sich dann allgemein durchsetzte. Wobei Euler allerdings einerseits aus religiösem Eifer die leibnizsche Philosophie ablehnte (und daher vehement und auch mit wenig fairen Mitteln gegen die Wolffianer agitierte, s. [98]) und andererseits wie Leibniz auch versuchte, die Gravitation durch eine Variante der cartesianischen Wirbeltheorie, also letztendlich durch direkten physikalischen Kontakt in einem Kontinuum statt durch eine Fernwirkung im leeren Raum zu erklären.

Die leibnizschen Ideen, auch wenn lange Zeit wegen der fehlenden Verfügbarkeit der leibnischen Werke im Detail kaum bekannt, sind in Philosophie und Wissenschaft virulent geblieben.[5] In der Philosophiegeschichte sind sehr verschiedene Folgerungen gezogen worden. Leibniz ist als Nominalist und als Rationalist klassifiziert, aber auch als Vorläufer,

---

[4]Boscovich, einer der Vorläufer dieser Feldtheorien, sah eine Ähnlichkeit zwischen seinem System punktförmiger, aufeinander bezogener und harmonisch miteinander wechselwirkender Kraftquellen und Leibniz' System.

[5]Die erste, 1768 in Genf erschienene Ausgabe der Werke Leibniz' durch L. Dutens hat für die nachfolgende Rezeption eine wichtige Rolle, da sie viele wichtige Texte von Leibniz zum ersten Mal allgemein verfügbar und bekannt machte. Allerdings hatte Dutens keinen Zugang zu den in Hannover aufbewahrten leibnizschen Handschriften. Ein Jahrhundert später erschienen dann die wesentlich besseren Ausgaben der philosophischen und der mathematischen Schriften [G., GM] durch C. Gerhardt. Diese Ausgaben haben zwar auch viele Denker nachhaltig beeinflusst, kamen aber in vieler Hinsicht zu spät. Zur Editionsgeschichte ist der Überblick am Ende von [2] hilfreich.

oder stärker, Vordenker des Deutschen Idealismus reklamiert worden [120]. Jedenfalls greift Leibniz sehr verschiedenartiges Gedankengut auf, aristotelische Vorstellungen substantieller Formen [95], neoplatonische Harmonielehren [256], aristotelische Syllogistik neben scholastischer Kombinatorik [205], nominalistische Prinzipien von Ockham, cartesianische und spinozistische Gedanken, mit denen er sich konstruktiv auseinandersetzt, mathematische Anregungen von Pascal [224] und Huygens, juristische und theologische Denkweisen [5], etc., aber er benutzt all dies in kreativer Weise, um sein eigenes systematisches Gedankengebäude zu entwickeln.

Gegen die cartesische Homogenität der Materie, gegen die spinozistische allumfassende Substanz, wie gegen die atomistischen Vorstellungen, vertreten insbesondere durch Gassendi und Newton, von der Gleichartigkeit ihrer fundamentalen Bestandteile postuliert Leibniz mit seinem Monadenbegriff die Individualität des Seins. Auf diese Weise gewinnt das Sein ein großes Potential an Entfaltungsmöglichkeiten, nur eingeschränkt durch die gegensätzliche Verträglichkeit, die gemeinsame Möglichkeit, die leibnizsche Kompossibilität. Auch wenn, wie unten dargelegt wird, der leibnizsche Monadenbegriff noch nicht die wesentlichen Prinzipien des Lebens erfasst, waren seine Vorstellungen doch eine gute Ausgangsposition für die sich seinerzeit noch zögerlich entfaltende Biologie. Nicht umsonst hat sich Buffon, eine der zentralen Gestalten auf dem umwegreichen Weg zur Evolutionstheorie, auf Leibniz berufen. Auch Schellings Prinzip der Selbstorganisation passt gut mit Leibniz' Denken zusammen.

Geistesgeschichtlich fügt sich dies gut in den Kampf gegen den cartesischen Dualismus ein, der, wie Kondylis [155] es sieht, weite Teile der Aufklärung kennzeichnet. Leibniz' Stellung ist hier allerdings subtil. Um dies erfassen zu können, ist auch ein Verständnis der Position der katholischen Kirche und der anderen christlichen Konfessionen erforderlich. „Position" wird hier im Singular gebraucht, denn erstens war es gerade das systematische Bestreben von Leibniz, die konfessionellen Unterschiede durch seine Philosophie und Theologie zu überwinden, und zweitens merkten die christlichen Denker, dass der wesentliche intellektuelle Feind nicht die anderen Konfesssionen, sondern der sich abzeichnende Atheismus und Materialismus waren. Aber vielleicht sollten wir doch von „Positionen" in der Mehrzahl reden, denn die christliche Position hat sich in vieler Hinsicht entscheidend gewandelt. Als im Mittelalter durch arabische Gelehrte vermittelt die aristotelische Philosophie in Westeuropa einsickerte, sträubte sich die etablierte Kirche zunächst vehement gegen diese philosophische Lehre. Dann aber setzte ein Umdenken ein, eingeleitet und exploriert im Wesentlichen in den Orden der Dominikaner und Franziskaner. Man erkannte, dass die aristotelische Philosophie sich sehr gut zur philosophischen Unterstützung des christlichen Glaubens und seines Gottesbegriffs verwenden ließe – wobei dieser Gottesbegriff allerdings auch eine deutliche Veränderung erfuhr. Die Rezeption der Philosophie des Aristoteles prägte die gesamte Scholastik und fand ihren Höhepunkt im Werk des Thomas von Aquin. Dies durchdrang auch die Naturphilosophie. Die Werke Gottes waren für den Menschen unbegreiflich – auch wenn Thomas und die anderen Scholastiker eigentlich eine ganze Menge begriffen hatten –, und es war daher nutzlos, nach physikalischen Gesetzmäßigkeiten (im Sinne von Galilei, Kepler, Newton etc.) zu suchen, sondern man sollte sich lieber mit empirischen Einzelheiten befassen. Insbesondere wurde Bewegung nicht quantitativ und kausal, sondern qualitativ und final erklärt. Die grundlegende aristotelische Unterscheidung zwischen Substanz und Form ermöglichte es, Bewegung teleologisch, als etwas auf ein Ziel hin Ausgerichtetes zu denken. Der fallende Körper strebt seinem natürlichen Ruheort auf der Erdoberfläche zu. Seine Bewegung führt er dabei als Impetus mit.[6] Die Substanz als solche, also die Materie, ist passiv und träge. Das aktive Bewegungsprinzip steckt in der Form. Physikalische Bewegung wird daher unter zielgerichtete Formveränderung subsumiert und ihr damit auch physikalische Eigengesetzlichkeit verweigert. Als sich dann die katholische Kirche durch die Reformation mit neuen Herausforderungen konfrontiert sah, verfestigte sich die aristotelisch-scholastische Position in der Gegenreformation, insbesondere nun durch den Jesuitenorden betrieben. So wurde auch die Erklärung des Wunders der Eucharistie als eine Substitution der Form bei unveränderter Substanz kanonisiert. Und dann kam der Jesuitenzögling Descartes und warf das ganze Gedankengebäude über den Haufen. Er eliminierte teleologische Prinzipien, verwarf die Unterscheidung zwischen Substanz und Form, identifizierte Materie mit Ausdehnung, postulierte angeborene Ideen als Grundlage seines Rationalismus und trennte Geist und Materie strikt voneinander – sein Dualismus. Die Wechselwirkung zwischen den beiden war dann allerdings der Schwachpunkt seines Systems. Das Tier war eine reine Maschine, aber beim Menschen sollte sich eine solche Wechselwirkung zwischen Geist und Materie über die Zirbeldrüse vollziehen, nach den seinerzeitigen anatomischen Kenntnissen des Descartes die einzige nichtpaarige Struktur im Gehirn. Da die Materie das Ausgedehnte war, konnte es kein Vakuum geben, und daher auch keine Atome im leeren Raum. Die physikalische Ausgestaltung führte allerdings auf nicht behebbare Schwierigkeiten bei der Erklärung von Stoßvorgängen. Dies wird dann für Leibniz den entscheidenden Ansatzpunkt bilden, um die cartesische Physik auszuhebeln. Auch philosophisch argumentierte Leibniz gegen Descartes, dass das „Ich denke" durch ein „Vielfältiges wird von mir gedacht" ergänzt werden müsse. Dies begründet die unhintergehbare Erfahrung des von mir Verschiedenen, das sich nicht als eine Einheit, sondern als eine Vielheit darstellt.[7]

Jedenfalls erhob Descartes aber den Anspruch, Bewegung aus intrinsischen mechanischen Prinzipien zu erklären und dadurch zu einer rein mechanischen und völlig rationalen Erklärung aller Naturvorgänge vordringen zu können. Bei den Theologen löste all dies aus den geschilderten Gründen Entsetzen aus, auch wenn Descartes selbst in seiner Philosophie eine kraftvolle philosophische Begründung des christlichen Glaubens sah. Aber für die Theologen kam es noch schlimmer. Die sich formierenden Gegenpositionen zu Descartes drängten alle in Richtung Monismus. Spinoza identifizierte die Materie schlichtweg mit Gott als der Einen Substanz. Dies war mit dem christlichen Gottesbegriff nicht mehr kompatibel.

---

[6]Die These von Pierre Duhem [70], die scholastischen Impetustheoretiker wie Oresme seien als Vorläufer Galileis anzusehen, ist von Anneliese Maier [171–176] eindrucksvoll widerlegt worden. Darauf baut auch [65] auf.

[7]S. [G.], Bd. IV, S. 357, und die Ausführungen in [118, Bd. III, S. 377].

(Allerdings konnte auch er mit seinem geometrisch-deduktiven Argumentationsstil keine reife Bewegungslehre entwickeln.) Spinozas Philosophie entfachte daher einen Sturm der Empörung, im Detail in [124] beschrieben. Aber die Entwicklung ging weiter. Es zeichneten sich immer stärker materialistische Tendenzen ab. Gegenüber Descartes wurde die Materie aufgewertet, nicht mehr als reine Ausdehnung aufgefasst, in ihrer Individualität und Potentialität betont. Und je wirkmächtiger die Materie wurde, insbesondere im Lichte der aufkommenden (allerdings in ihrem Verständnis noch sehr rudimentären) Biologie auch Leben und dann vielleicht auch Geist hervorbringen konnte, desto weniger brauchte man Gott. Auch wenn Leibniz sich wie viele andere gegen den Materialismus gesträubt hat, war er für diese Aspekte einer der maßgeblichen Denker, vielleicht der wichtigste überhaupt. Viele aufgeklärte Theologen suchten jetzt jedenfalls eine Allianz mit dem Cartesianismus. Nach dem Occasionalismus des Jesuiten Malebranche griff Gott pausenlos in das Weltgeschehen ein, um es von einem Zustand zum nächsten zu überführen, denn gerade eine solche Zustandsveränderung konnte die kraftlose cartesische Materie nicht aus sich selbst hervorbringen. Denn mit den aristotelischen Formen hatte Descartes auch jede innere Potentialität und Kraft der Materie verworfen. Gott führte jetzt weniger die Welt auf ein Ziel hin, als dass er sie ständig am Laufen hielt. Kurz gefasst ergab sich für Leibniz die unbefriedigende Situation, dass weder die aristotelisch-scholastischen noch die cartesischen Vorstellungen überzeugten und insbesondere keine von ihnen eine sowohl empirisch korrekte als auch rational-systematische Physik hervorbringen konnten. In einem Rückblick auf sein Leben beschreibt der alte Leibniz eine Episode aus seiner Jugend, als er als Fünfzehnjähriger bei einem Spaziergang im Leipziger Rosental der Frage nachging, ob er die aristotelischen substantiellen Formen beibehalten sollte. Schon die biographische Tatsache, dass ihm im hohen Alter diese Jugendszene noch lebendig vor Augen stand, deutet darauf hin, dass es sich hier um ein Schlüsselerlebnis für seine geistige Entwicklung gehandelt hat.

Natürlich war Leibniz nicht der einzige, der diese Probleme erkannte und mit ihnen rang. Kopernikus verwarf zwar das ptolemäische System, aber es ist bezeichnend, dass dieses, und nicht die in der Scholastik mit diesem konkurrierende aristotelische Kosmologie, seinen Ausgangs- und Bezugspunkt bildete. Die Begründer der modernen Physik und Astronomie, Galilei und Kepler, bezogen sich auf Plato für die Möglichkeit einer geometrischen und mathematischen Erfassung der Natur. In England wandten sich die Platoniker von Cambridge gegen das cartesische-dualistische System, obwohl sie durchaus einige seiner Aspekte in ihre eigenen platonisch-monistischen Systeme einbauten. Newton verwarf dann auch die cartesische Gleichsetzung von Materie und Ausdehnung, also Raum. Bei ihm gewann der Raum die Oberhand, als Sensorium Gottes, als das, in dem sich die isolierten materiellen Objekte durch ihre Trägheit in ihrer galileischen Bahn hielten oder durch ferne Kräfte aus dieser abgelenkt wurden. Da sich diese Kräfte aber verbrauchten, musste Gott zwar nicht ständig, wie bei dem Cartesianer Malebranche, aber doch regelmäßig in das Weltgeschehen eingreifen. Die Welt kann für Newton und insbesondere auch für seinen Zeitgenossen Locke nicht allein rational systematisch abgeleitet werden, sondern die Naturgesetze müssen induktiv aus empirischen Beobachtungen erschlossen werden, bleiben aber, und dies ist die Grundlage für die großartigen physikalischen Erfolge von Newton, mathematisch formulier- und analysierbar. Sie sind einer Behandlung zugänglich sowohl mit den klassischen geometrischen Methoden von Euklid und Archimedes als auch mit den analytischen Werkzeugen der Infinitesimalrechnung, die Newton zwar als erster entwickelt, aber nicht veröffentlicht und in seinen epochalen „Principia mathematica philosophiae naturalis" gegenüber den geometrischen Methoden zurückgestellt hatte. Der Empirismus von Newton und Locke wurde dann von vielen aufgeklärten Theologen begeistert aufgegriffen, weil er im Unterschied zu der cartesischen Naturmaschine ein Eingreifen nicht nur zuließ, sondern sogar erforderte. Wie Leibniz war auch Newton ein tief gläubiger Christ, und er sah sein physikalisches Werk als eine großartigen Beitrag zur Verherrlichung Gottes an. Ironischerweise waren zwar einerseits die theologischen Konzeptionen von Leibniz und Newton nicht miteinander kompatibel, führten aber andererseits gemeinsam letztendlich in den Atheismus oder zumindest in den Deismus; diese Entwicklungslinie ist insbesondere in [156] nachgezeichnet. Der wesentliche Unterschied zwischen den Vorstellungen von Newton und Leibniz, der auch für weite Teile der nachfolgenden Darlegungen konstitutiv ist, besteht darin, dass Newton dem Raum als Sensorium Gottes Primat über die Materie einräumt, die sich durch gleichartige Massenpunkte ohne weitere innere Struktur idealisieren lässt, welche sich durch ferne Kräfte, die durch den leeren Raum hinweg wirken können, beeinflussen lassen. Leibniz dagegen geht in seinem Monadenbegriff von der Individualität und Potentialität der Materie aus, die die eigentlichen Elemente der Wirklichkeit bilden; der Raum besteht für ihn alleine im System der Relationen zwischen diesen an sich autonomen Monaden. Diese Relationen sind phänomenal und ideal, werden durch Verträglichkeitsbedingungen zwischen den gleichzeitig existierenden Monaden eingeschränkt und durch prästabilierte Harmonie abgesichert. Gott hat das Weltgeschehen von Anfang an so weise eingerichtet, dass er nicht mehr weiter einzugreifen braucht. Für Leibniz ist dies eine großartigere Konzeption Gottes als diejenige von Newton, für den Gott eine nicht völlig perfekte Welt geschaffen habe, aber für Newton und seinen Anhänger Clarke macht der leibnizsche Gott sich eigentlich selbst überflüssig. In der nachfolgenden Entwicklung hat er dies in gewisser Weise auch tatsächlich getan, während der newtonsche Gott nur dessen fehlender Einsicht in Erhaltungsprinzipien seine Existenz zu verdanken hatte und daher ebenfalls von der späteren Physik eliminiert werden konnte. Wie es so ging, entfalteten die negativen, gegen die Position des Gegners gerichteten Argumente in der Debatte zwischen Leibniz und Newton-Clarke eine wesentlich größere Überzeugungskraft als die positiven, auf die Verteidigung der jeweils eigenen Position zielenden. So hatte der Kampf zweier intellektueller Giganten, die beide Gott auf ihre jeweils eigene Art verteidigen wollten, letztendlich zur Folge, dass dieser seinem k. o. entgegentaumelte.

In gewisser Hinsicht nimmt Leibniz eine besondere Zwischenstellung zwischen der rationalistischen mathematisch-mechanischen Naturphilosophie des Descartes und dem Empirismus ein. Leibniz ging, wie dargelegt, von der Individualität und Potentialität der Materie aus, versuchte diese aber durch eine Kombination einer gegenüber der cartesischen wesentlich ausgefeilteren und tiefer konzipierten Mathematik, einer grandiosen Erweiterung der aristotelischen Syllogistik und einer neuartigen Raumlehre einzufangen. Den Empirismus dagegen führten die Einsicht in oder zumindest das Postulat der Individualität und Potentialität der Materie schließlich zu einer antiintellektualistischen Position, die Mathematik wie Logik als ungeeignet zur Erfassung der tieferen Strukturen der Wirklichkeit ansah [155]. Das, was Leibniz verbinden wollte, fiel auseinander. Auch wenn der mechanische und mathematische Ansatz seinerzeit nicht wirklich mit den Fragestellungen der Biologie zurechtkam, sehe ich das trotzdem insgesamt als einen Rückschritt des 18. gegenüber dem 17. Jahrhundert an, trotz Kant. Aber vielleicht ist es auch bezeichnend, dass Kant in seiner Zeit praktisch konkurrenzlos war, ähnlich wie Leonhard Euler die Mathematik des 18. Jahrhunderts dominierte. Jedenfalls bildete sich dann langsam eine historisch und evolutionär orientierte Perspektive heraus, nicht nur in der Biologie, sondern auch beispielsweise in der Sprach- oder der Wirtschaftswissenschaft, wie insbesondere von Foucault [85] herausgearbeitet. Auch für diese Perspektive finden sich vielfältige Ansatzpunkte bei Leibniz, beispielsweise in seinen geologischen Theorien oder den von ihm systematisch entwickelten Methoden der historischen Quellenforschung. Nur hat Leibniz eben nicht den Gegensatz zwischen einem mathematisch-logischen und einem historisch-evolutionären Zugang empfunden. Anachronistisch gesprochen stellte sich ihm nicht die Alternative zwischen Plato und Darwin, zwischen den ewigen und unveränderlichen Ideen, die sich möglicherweise unvollkommen verwirklichen und deren schattenhafte Abbilder wir daher nur sehen können, die aber das eigentlich Wirkliche ausmachen, und der durch Konkurrenz und Zufall getriebenen und daher im Detail nicht vorhersehbaren Entwicklung komplexer Strukturen aus einfachen Vorgängern und – im Lichte der heutigen Biologie – deren Aufbau aus standardisierten Bausteinen.

Allgemeiner geht es um das Verhältnis zwischen der Individualität und Einzigartigkeit der einzelnen Konstituenten der Welt oder der die Welt gestaltenden Agenten, oder in der leibnizschen Konzeption, der Monaden einerseits und der Erkennbarkeit der Welt andererseits. Wenn alles individuell und verschieden ist, wie können wir dann die Wirklichkeit überhaupt noch erkennen? Kant hat bekanntlich den radikalen Schluss gezogen, dass uns die Wirklichkeit, oder in seiner präziseren Terminologie das Ding an sich, grundsätzlich nicht zugänglich ist, sondern dass der Inhalt unserer Erkenntnis auf dessen synthetischer Vorstrukturierung beruht. Wir können unsere Sinnesdaten nur mittels der von uns selbst vorausgesetzten Kategorien ordnen. Leibniz hat eine grundsätzlich andere Antwort gegeben. Wir können die Wirklichkeit erfassen, weil und insofern sie regelmäßig und strukturiert ist, allgemeinen Gesetzen und Prinzipien genügt. Und zur Erfassung und Erschließung dieser allgemeinen Gesetze und Prinzipien entwickelt er allgemeine Methoden, seine Logik, seine Infinitesimalrechnung, seine Analysis situs. Physikalische Symmetrien sind eine Art von Regelmäßigkeiten, strukturelle Isomorphien eine andere. Dies steht für Leibniz nicht im Widerspruch zur Individualität und Einzigartigkeit der Monaden. Leibniz macht hierzu den wichtigen Unterschied zwischen Vernunft- und Tatsachenwahrheiten. Erstere sind für uns prinzipiell vollständig erkennbar, letztere nur approximativ oder asymptotisch, und sie erscheinen uns daher kontingent. Hume hat dagegen eingewandt, dass der Grund dafür, dass es überhaupt solche kontingenten Wahrheiten gibt, selber nicht mehr kontingent sein kann. Leibniz argumentierte mit dem unendlichen Verstand Gottes, der simultan überschauen könne, was sich für einen endlichen Verstand nur wie in der Mathematik als eine unendliche Reihe erfassen lässt, die zwar konvergieren kann, aber ihren Grenzwert nie erreicht. Wenn man Gott aus dem Spiel lässt, stellt die Begründung von Tatsachenwahrheiten allerdings tatsächlich ein Problem dar. Diesen humeschen Einwand wollte Kant dann durch eine systematische Verschiebung entkräften und hat dazu sein Konzept des Synthetischen a priori eingeführt.

Hier soll aber noch ein anderer Gesichtspunkt angesprochen werden, der Leibniz' Denken vielleicht näher als die grundsätzlich andere Position von Kant gelegen hätte. In der heutigen Komplexitätstheorie geht man davon aus, dass jede Struktur sowohl regelmäßige als auch kontingente Elemente aufweist. Die Erfassung der strukturellen Regelmäßigkeiten ermöglicht eine Kompression, eine Vereinfachung der Beschreibung. Die Kolmogorovkomplexität ist die Länge der kürzestmöglichen Beschreibung [49, 96, 153, 162, 227]. Dass diese nicht nur von der beschriebenen, sondern auch von der beschreibenden Struktur, in technischer Terminologie von der Wahl einer universellen Turingmaschine abhängt, bringt ein reflexives Element ins Spiel, welches hier aber unberücksichtigt bleiben soll (technisch bedeutet dies, dass die Kolmogorovkomplexität nur bis auf eine additive Konstante bestimmt ist, die von der Wahl einer solchen Maschine abhängt). Völlig kontingente, oder wie man heute sagt, zufällige Strukturen sind nicht komprimierbar. Sie erfordern eine vollständige Beschreibung aller Details, und ihre Kolmogorovkomplexität ist entsprechend hoch. Völlig regelmäßige Strukturen sind dagegen leicht und kurz beschreibbar, denn es reicht die Angabe der Regel, ohne dass man auf weitere Einzelheiten eingehen müsste. Ihre Kolmogorovkomplexität ist daher sehr niedrig. Das Interessante liegt zwischen diesen Extremen. Um eine solche Struktur aus ihrer komprimierten Beschreibung tatsächlich zu rekonstruieren, ist noch Aufwand erforderlich. Hier geht es im Unterschied zu der leibnizschen Welt der Monaden um endliche, diskrete Strukturen, aber das Unendliche kommt trotzdem durch die Hintertür wieder herein, denn ob eine Beschreibung einer Struktur schon tatsächlich die einfachste, kürzestmögliche ist, ist nicht immer entscheidbar. Bei manchen Fragen kann man nicht von vorneherein entscheiden, ob eine Turingmaschine, die diese Frage beantworten soll, nach endlicher Zeit zum Ergebnis kommt, oder immer weiterläuft. – Aber im Kontext der leibnizschen Philosophie lassen sich grandiosere Fragen als diejenige nach der effizientesten Beschreibung einer bestimmten endlichen Struktur stellen. Inwieweit erlauben die strukturellen Gesetzmäßigkeiten, inhärenten Isomorphien und physikalischen Symmetrien der Wirklichkeit eine komprimierte Beschreibung, die sie für einen endlichen Verstand erfassbar macht? Aber die moderne Komplexitätstheorie kann darauf wohl nur die Antwort geben, dass diese Frage nicht entscheidbar ist.

Begriffe, Modelle und Strukturen

Bevor wir nun zu den konkreteren Aspekten der leibnizschen Naturphilosophie kommen und deren spannendes Verhältnis zu rezenten naturwissenschaftlichen Vorstellungen ausloten, soll noch ein Versuch eingeschoben werden, mittels einer allgemeinen Überlegung eine spezifische Charakteristik des leibnizschen Denkens herauszuarbeiten, auch auf die Gefahr hin, dass dies dessen Reichhaltigkeit verfehlt.

Philosophisches Denken ist traditionell ein *Denken in Begriffen.* Aus der Analyse von Begriffen oder oder genauer meist Begriffspaaren, wie das Sein und das Nichts, das Eine und das Viele, Sein und Werden, Geist und Materie, Wirklichkeit und Möglichkeit, das Absolute und das Individuelle, das Allgemeine und das Spezifische, das Endliche und das Unendliche etc. werden Systeme entwickelt. Das ist wohl auch heute noch eine gängige philosophische Praxis. Man denke nur an Heidegger. Auch Russell [208] wirft Leibniz vor, dass seine universelle Charakteristik zwar ein großartiges System sei, aber die eigentliche Problemstellung der Philosophie verfehle, die eben in der Analyse der grundlegenden Begriffe liege.

Das physikalische Denken ist dagegen ein *Denken in Modellen.* Solche Modelle wollen die in der jeweiligen Situation dominanten Aspekte unter Vernachlässigung anderer Einzelheiten in mathematischen Formeln erfassen, aus denen dann Vorhersagen abgeleitet werden, die empirisch überprüft werden können. Das klassische Beispiel ist die newtonsche Physik. Man stelle sich die Sonne und die Planeten als punktförmige Teilchen vor, die sich wechselseitig mit einer Kraft anziehen, die ihrer Masse proportional ist und mit dem Quadrat der Entfernung abnimmt. Dies ist natürlich eine drastische Vereinfachung des physikalischen Sachverhaltes, denn die Himmelskörper haben komplexe innere Strukturen, aber durch dieses Modell lassen sich die Bewegungen der Planeten ziemlich gut beschreiben und daher auch vorhersagen, wenn man einmal von den Schwierigkeiten einer exakten mathematischen Behandlung von Drei- und Mehrkörperproblemen und den in der einsteinschen Relativitätstheorie entwickelten Korrekturen absieht. Physikalische Modelle vereinfachen also eine komplizierte Sachlage und machen sie dadurch mathematisch erfassbar. Gemäß der newton-lockeschen Philosophie des Empirismus werden solche Modelle induktiv gefunden

© Springer-Verlag GmbH Deutschland, ein Teil von Springer Nature 2019
J. Jost, *Leibniz und die moderne Naturwissenschaft,* Wissenschaft und
Philosophie – Science and Philosophy – Sciences et Philosophie,
https://doi.org/10.1007/978-3-662-59236-6_3

und nicht deduktiv aus allgemeinen Prinzipien abgeleitet, auch wenn dies in der Geschichte der Physik nicht immer so gelaufen ist. Jedenfalls hat Newton dies wohl mit seinem berühmten „hypotheses non fingo" ausdrücken wollen. Im Verständnis der meisten Physiker erhebt ein solches Modell nicht den Anspruch, eine zugrundeliegende Wirklichkeit abzubilden, sondern macht nur Prognosen über die Ergebnisse von Messprozessen. Und wenn diese Prognosen nicht eintreffen, muss das Modell verworfen werden, so fordert es zumindest die reine Lehre.

Neben dem philosophischen Denken in Begriffen und dem physikalischen Denken in Modellen gibt es aber noch eine weitere Möglichkeit, das *Denken in Strukturen*. Dies ist für die Mathematik charakteristisch, und – so meine These – erfasst auch am besten das leibnizsche Denken. Strukturen abstrahieren auf andere Weise als Modelle. Sie gehen nicht von konkreten messbaren Sachverhalten aus und suchen keine mathematischen Relationen zwischen verschiedenen Messergebnissen, sondern entwickeln allgemeine Möglichkeiten von Beziehungen zwischen Elementen, unabhängig davon, ob und wie diese Elemente und deren Beziehungen realisiert werden. Im Unterschied zu Modellen können Strukturen daher nicht falsifiziert werden. Allenfalls können interne Widersprüche auftreten, und sollte dies passieren, so wird die entsprechende Struktur verworfen. In der mathematischen Praxis ist das aber nicht die Regel. Die Mathematik schlägt Strukturen vor und entwickelt deren innere Gesetzmäßigkeiten. Physikalische Modelle können mathematische Strukturen verkörpern oder umgekehrt den Anlass zur Entwicklung neuer Strukturen liefern. Aber, und das ist das Wichtige, ein- und dieselbe Struktur kann auf sehr verschiedene Weisen realisiert sein. Oder umgekehrt formuliert, verschiedene und möglicherweise sehr unterschiedlich erscheinende Sachverhalte können strukturell gleichartig sein. Dann spricht man von einer Isomorphie. Und dies hat Leibniz wohl erstmals in seiner vollen Tiefe erfasst. Eine charakteristische Stelle, in der dieses Verständnis verbal zum Ausdruck gebracht wird, findet sich in Leibniz' Brief an Arnauld vom 9.10.1687 ([G], Bd. 2, S. 112): „Eine Sache drückt eine andere aus, wenn es eine konstante und *geregelte* Beziehung zwischen dem gibt, was man von der einen und von der anderen Sache aussagen kann." (Hervorhebung von mir). Leibniz spricht in diesem Zusammenhang von Repräsentation oder Expression eines Sachverhaltes durch einen anderen. Wie so etwas material oder formal repräsentiert ist, spielt dabei keine Rolle. Wenn die Beziehung vollständig ist, wenn also sämtliche Aspekte der einen auch in der anderen Sache verwirklicht sind, und umgekehrt, so handelt es sich, wie schon gesagt, um eine Isomorphie, und die Beziehung ist ein Isomorphismus. Wenn sich nur ein Teil der Struktur der einen in der anderen Sache wiederfindet, so besteht ein Homomorphismus. Richtig entfaltet worden ist dies allerdings erst in der Mathematik des 19. und insbesondere des 20. Jahrhunderts.[1] Aber mir scheint, dass Leibniz in oftmals genialer Weise strukturelle Gleichheiten bei materialer Verschiedenheit identifizieren konnte, und zwar auch in einer Weise, die über das rein Formale und Mathematische hinausgeht. Und dadurch konnte er Physik, Logik und Philosophie in seinem System miteinander verbinden, weil er nämlich

---

[1] Dass Leibniz durch seine strukturelle Überlegungen schon wesentliche Einsichten der modernen Mathematik besessen hat, wird insbesondere von Serres [224] herausgearbeitet.

übergreifende allgemeine Gesetzmäßigkeiten erfassen konnte. Und so konnte er gleichzeitig juristisch, mathematisch und theologisch denken.

Hierdurch gelingt Leibniz auch ein entscheidender Schritt über den Nominalismus von Hobbes hinaus. Hobbes argumentierte, dass Begriffe auf beliebigen und willkürlichen Konventionen beruhen. Für Leibniz sind Bezeichnungen tatsächlich willkürliche Konventionen, aber die Beziehungen zwischen den Zeichen sind es nicht, denn sie sollen die Relationen zwischen den bezeichneten Sachen abbilden. Dies ist eine zukunftsweisende Einsicht des leibnizschen strukturellen Denkens.

Aber es geht noch tiefer. Für Leibniz waren, zumindest beispielsweise in der Interpretation von Gurwitsch [103], Logik und Sein strukturell gleich. Die Wirklichkeit war logisch und darum für den menschlichen Geist zumindest partiell erfassbar (und in Gott intuitiv vollständig erfasst). Die Logik war also für Leibniz nicht wie bei Kant ein Erkenntnisprinzip, mit dem wir die Erscheinungen strukturieren können, sondern der grundlegende Aspekt der Wirklichkeit. Für Leibniz können wir also die Welt erkennen und erfassen, weil sie logisch aufgebaut ist. Für Kant dagegen haben wir die Logik entwickelt, um die Vielfalt der Erscheinungen zu ordnen, allerdings, im Gegensatz zu den Empiristen, nicht aus diesen Erscheinungen induktiv abgeleitet. Logik ist also sowohl für Leibniz als auch für Kant a priori, aber in einem sehr verschiedenen Sinne.

Auf dieser Basis wollte Leibniz die Wirklichkeit durch seine *characteristica universalis* systematisch erfassen. Eine grandiose Konzeption einer Isomorphie. Und in seiner Ontologie spiegeln die einzelnen Monaden die Welt unvollkommen wider, wie bei einer perspektivischen Projektion. Also ein Homomorphismus, der kein Isomorphismus mehr ist. In diesem Sinne lässt sich die leibnizsche universelle oder prästabilierte Harmonie als Ausdruck struktureller Beziehungen fassen.

Materie

4

Die aristotelische Unterscheidung von Substanz und Form war auch für Leibniz ein wichtiger Ausgangspunkt. Letztendlich ist Leibniz aber zu einer Lösung gelangt, die zwar sowohl aristotelische als auch neoplatonische Elemente enthält, allerdings in wesentlicher Hinsicht über beide hinausgeht.

Schon Plato hatte die Identität von Sein und Dynamis postuliert, also das Seiende durch seine Wirkung erfassen wollen, Existenz als etwas angesehen, von dem Tätigkeit ausströmt. Natürlich ist Sein hier abstrakter gedacht als physikalische Materie, und auch unter Dynamis, von Schleiermacher ([194]247e) übersetzt mit Vermögen, Kraft, versteht Plato etwas viel Allgemeineres als die physikalische Kraft von Newton oder von Leibniz, aber die Verbindung von Materie mit innerer Kraft bei Leibniz fügt sich in diese Gedankenlinie ein, die übrigens auch in der Spätscholastik bei Lull [169] wieder aufgegriffen wird.[1] Die christliche Philosophie versucht, Sein und Wirken in ihrem Gottesbegriff zur Deckung zu bringen, und dies ist auch ein wesentliches Motiv der leibnizschen Philosophie. Aber Leibniz will eine solche Einheit von Sein und Wirken nicht nur in Gott verwirklicht sehen, sondern auch in jeder individuellen Monade (um hier schon einen zentralen Begriff des Spätwerkes zu gebrauchen), zu deren Wesensbestimmung ihr Entwicklungsgesetz und damit ihre Tätigkeit gehört. Russell [208] wendet allerdings ein, dass eine monadische Philosophie notwendigerweise atheistisch sein müsse, und postuliert daher einen grundlegenden Widerspruch in Leibniz' Philosophie. In modernen physikalischen Vorstellungen von einer Entstehung des Universums aus dem Nichts, genauer durch eine Quantenfluktuation des Vakuums (s. Abschn. 11.2), wird, wenn es erlaubt ist, dies philosophisch zu wenden, sogar der Dynamis, dem Wirken, Vorrang gegenüber dem Sein eingeräumt.

Nun lässt sich etwas Seiendes entweder durch seine Wirkung oder durch seine Relationen mit anderem Seiendem erfassen. Insofern als eine solche Wirkung einer inneren Kraft, einem Vermögen, einem inneren Entwicklungsgesetz entspricht, wird ein Seiendes eine

---

[1]Zu Leibniz' Lullrezeption s. [73, 205].

© Springer-Verlag GmbH Deutschland, ein Teil von Springer Nature 2019
J. Jost, *Leibniz und die moderne Naturwissenschaft,* Wissenschaft und Philosophie – Science and Philosophy – Sciences et Philosophie, https://doi.org/10.1007/978-3-662-59236-6_4

leibnizsche Monade. Diese Monaden konstituieren die Realität, während die Relationen mit anderen Monaden von Leibniz, so zumindest gemäß der obigen Interpretation 1, nur ideal verstanden werden und auch die Wirkung auf andere Monaden nur durch die universelle Harmonie vermittelt wird, die die einzelnen Monaden in den Weltzusammenhang einbindet.

Descartes setzte ganz anders als Plato und Aristoteles an und betrachtete nicht mehr den allgemeinen Begriff des Seins, sondern die konkretere physikalische Materie. Er sah Ausdehnung als konstitutives Prinzip dieser Materie an. Leibniz hat dies abgelehnt, und die leibnizsche Physik entwickelt sich aus einer Kritik der cartesischen Naturphilosophie, wie dies auch die newtonsche Physik tut, welche letztere dann allerdings einen ganz anderen Weg als die leibnizsche einschlagen wird, wie noch genauer auseinandergelegt werden wird. Die cartesische mechanistische Naturphilosophie, die alles durch Größe, geometrische Form und Bewegung erklären will und der auch der junge Leibniz angehangen hatte, führt, wie Leibniz herausarbeitet, zu wesentlichen Problemen. Wenn die Materie gleichförmig und homogen ist, so können keine Unterscheidungen zwischen Körpern getroffen werden und die Identität eines Körpers zu verschiedenen Zeiten kann nicht festgestellt werden. Dann könne man, so das leibnizsche Argument, auch keinen Unterschied zwischen Ruhe und Bewegung feststellen. Wenn die Welt so uniform wäre, wie Descartes es sich vorstellte, könnte also nichts identifiziert oder unterschieden werden, und es gäbe daher auch keine Veränderung. Daher muss es individuierte Entitäten geben; im leibnizschen Spätwerk werden dies die Monaden. Allerdings konstituieren diese zwar die Materie, sind aber selbst nicht mehr materiell zu denken.

Es ist auch unklar, wie ausgedehnte Körper aus ausdehnungslosen Punkten konstituiert werden können. Körper müssen also eine innere Kraft besitzen, die leibnizsche *vis viva,* mit der sie Wirkungen entfalten können. Dies wird im nächsten Kap. 5 genauer analysiert, ebenso wie auch die leibnizsche Unterscheidung zwischen primärer und sekundärer Materie.

Das leibnizsche Konzept der Monade wurde insbesondere in der seinerzeit bekannteren Form, die Wolff ihm gegeben hatte, im 18. Jahrhundert oftmals erbittert bekämpft, so insbesondere von Leonhard Euler. Als man aber um 1920 um ein neues Verständnis der Materie im Lichte der Allgemeinen Relativitätstheorie und der frühen Quantenmechanik rang, wurde der leibnizsche Ansatz eines Agens, das in der Raumzeit dynamisch wirkt, das aber selbst nicht raumzeitlicher Natur ist, wieder aktuell, allerdings nunmehr im Kontext von Feldtheorien (s. die Ausführungen von Giulini und Scholz in ihrer Neuausgabe von [249]).

Wir wollen nun darlegen, wie das Problem der Materie in der modernen Elementarteilchenphysik, wenn vielleicht auch noch nicht gelöst, so doch konzeptionalisiert wird. Schon in der Heisenbergschen Unschärferelation verschwimmen die Bestandteile der Atome, die Elektronen, Protonen und Neutronen und werden zu Objekten, die gleichzeitig Eigenschaften von Teilchen und von Feldern haben. So können sich physikalische Teilchen als Felder verhalten, und umgekehrt können Kräfte und Felder auch durch Austauschteilchen repräsentiert werden. In der modernen Quantenfeldtheorie betrachtet man quantisierte Felder, die das Universum erfüllen. Wenn ein solches Feld angeregt wird, breiten sich diese Anregungen wellenartig aus. Weil Teilchen dann Elementaranregungen solcher Felder sind, kann man sowohl eine Teilchen- als auch eine Feldbeschreibung verwenden, aber jede von ihnen bedarf der anderen, um ein vollständiges Bild zu gewinnen. Bekanntlich zeigen sich quantenmechanische Objekte je nach experimenteller Situation manchmal als Felder und manchmal als Teilchen oder, genauer gesagt, hinterlassen Spuren, die als von Feldern oder von Teilchen stammend gedeutet werden können. Dies liegt daran, dass es eine fundamentale Größe gibt, das Plancksche Wirkungsquantum, unterhalb derer keine Unterteilungen mehr möglich sind. Hierauf werden wir im Kap. 7 zurückkommen. Und wir werden gleich noch ansprechen, dass innere Symmetrien eine fundamentalere Beschreibungsebene als Teilchen liefern. Teilchen bleiben nützliche Hilfskonstruktionen, aber die Vorstellung eines Teilchens beinhaltet immer die Gefahr, dass klassische Eigenschaften unterstellt werden, die quantenmechanisch nicht mehr gegeben sind.

Kohärente Zustände vieler Teilchen treten dann als klassische Oszillationen auf. Wechselwirkungen werden durch Austauschfelder beschrieben, deren elementare Anregungszustände dann wieder Teilchen genannt werden, wie die Photonen für den Elektromagnetismus oder die Gluonen für die starke Wechselwirkung, die die Kernbindungskräfte beschreibt.[2] Denn auch wenn dies sehr große Energien benötigt, können die Kernbausteine, die Protonen und Neutronen, in noch elementarere Bestandteile, die Quarks, zerlegt werden. Die großen Energien sind deswegen erforderlich, weil die Bindungsenergie dieser Quarks enorm hoch ist. Nach der Einsteinschen Formel $E = mc^2$ tragen sie daher auch riesige Massen. Es sind also keineswegs mehr die Newtonschen idealisierten Punktmassen als Träger der Gravitation, denn die Massen ziehen nicht entfernte Objekte an, sondern halten mit kurzreichweiten Bindungskräften den Atomkern zusammen. Und wie dargelegt, können diese durch Austauschteilchen, die Gluonen, beschrieben werden, mit den erläuterten Einschränkungen, die mit dem Teilchenbild verbunden sind.

Auf das Verhältnis von Masse und Energie wird bei der Diskussion der Leibnizschen physikalischen Ideen zurückzukommen sein. Im physikalischen Hochenergieexperiment manifestieren sich Quarks nur indirekt über Zerfalls- und Streuprozesse. Mathematisch werden sie nicht als Teilchen im Sinne der klassischen Mechanik, sondern über ihre inneren Symmetrien beschrieben (s. z. B. [84]). Auch ist die Identität der einzelnen Partikel im klassischen Sinne nicht mehr gegeben, da ständig Austauschprozesse stattfinden. Die durch die Quantenfeldtheorie beschriebenen Situationen der Elementarteilchen sind also durch außerordentlich hohe Bindungsenergien gekennzeichnet, und es werden ständig Teilchen erzeugt und vernichtet. Auf diesen Skalen verschwimmt also die Identität der Teilchen, und wir

---

[2]Es gibt dann zwei Arten von Teilchen, die fermionischen oder Materieteilchen, die dem Paulischen Ausschlussprinzip genügen, und die bosonischen oder Austauschteilchen, die keiner solchen Einschränkung unterworfen sind. Das Konzept der Supersymmetrie besteht in dem Vorschlag, eine grundlegende Symmetrie zwischen diesen beiden Typen anzusetzen. Zu jedem Materieteilchen gehört dann als Superpartner ein Austauschteilchen, und umgekehrt. Bislang gibt es aber für diesen theoretisch sehr schönen Vorschlag keine experimentelle Bestätigung.

blicken in einen ontologischen Abgrund, denn der Identitätssatz, ein zentraler Ausgangspunkt der leibnizschen Philosophie, scheint seine Gültigkeit zu verlieren.

Andererseits wird hier aber, wie wir unten noch genauer darlegen werden, das Leibnizsche Postulat der Identität des Nichtunterscheidbaren relevant, das er aus dem Satz vom
zureichenden Grunde abgeleitet hat, welcher eine grundlegende Rolle in seiner Ontologie
und Metaphysik spielt.

Vollends löst sich der klassische Teilchenbegriff in der Stringtheorie (s. z. B. [133, 134,
195]) auf, wo es als ultimative Bestandteile der physikalischen Welt keine Teilchen mehr
gibt, sondern nur noch verschiedene Anregungszustände von Objekten, die mathematisch
als Schleifen gedacht, wenn auch physikalisch nicht so vorgestellt werden können.

Jedenfalls, so vielleicht ein Fazit der vorstehenden Darlegungen, berührt sich das konzeptionelle Gerüst der modernen Hochenergiephysik in zwei wesentlichen Aspekten mit
leibnizschen Grundgedanken. Erstens werden hinter den Erscheinungen nicht mehr materiell zu denkende Grundeinheiten gesucht, aus denen sich dann die Materie konstituiert.
Materielle Erscheinungen sind dabei für die Physiker emergent, für Leibniz phänomenal und
ideal. Zweitens werden hinter den vergänglichen materiellen Substanzen Einheiten gesucht,
die selbst unvergänglich sind und sich nur in immer neuen Konstellationen zu materiellen
Objekten zusammenfügen. Anfangs waren dies die Atome. Gegen diese hat Leibniz schwer-
wiegende Einwände erhoben, und auch im physikalischen Experiment haben sie sich trotz
ihres Namens nicht als unzerlegbare Einheiten bestätigt. Leibniz postulierte Monaden, die
heutigen Physiker sehen Quarks oder glauben an Strings. Bei aller sachlichen Verschiedenheit zwischen diesen Konzepten besteht allerdings Übereinstimmung darin, dass sie nicht
einfach als elementare materielle Bausteine zu verstehen sind, sondern sich nur wesentlich
abstrakter erschließen lassen, beispielsweise über Darstellungen ihrer Symmetriegruppe.
Die Quarks oder Strings sind durch abstrakte innere Eigenschaften bestimmt und nicht
durch ihre räumliche Ausdehnung. Die materielle Welt kommt nach heutigen physikalischen Vorstellungen erst durch den Bruch bestimmter Symmetrien zustande. Hier berührt
sich dann die Elementarteilchenphysik mit der Kosmologie. Bei sehr hohen Energien wie in
der Anfangsphase des Kosmos direkt nach dem Urknall sind die Symmetrien nicht gebro-
chen, die Feldkräfte sind noch nicht geschieden,[3] und es gibt noch keine materielle Welt in
unserem Sinne. Erst durch die Expansion aus der Anfangssingularität heraus diffundiert die
Energie, und die verschiedenen Feldkräfte können sich trennen und ihre komplexe Wirkung
zum Aufbau der Welt entfalten. Aus dem Einen entsteht das Viele, indem es sich verteilt.
Aber zunächst zurück zu Leibniz.

---

[3]Zumindest kann die heutige theoretische Elementarteilchenphysik die elektromagnetische Wechselwirkung zunächst mit der schwachen, für Zerfallsprozesse relevanten und dann auch mit der starken,
die Bindungskräfte im Atomkern hervorrufenden Wechselwirkung vereinigen. Die ultimative Vereinigung dieser drei Kräfte mit der vierten, der Gravitation, ist noch hypothetisch. Vereinigung bedeutet
hier, dass bei genügend hohen Energien diese Kräfte in einer einzigen Kraft zusammenfallen. Diese
vereinigende Kraft besitzt besonders viele Symmetrien, von denen dann die geschiedenen Kräfte nur
einen jeweils spezifischen, kleinen Anteil abbekommen.

Wie auch Cassirer in [44], Kritischer Nachtrag, in seiner Replik auf [208] herausarbeitet, ist der leibnizsche Substanzbegriff nicht etwa in der traditionellen Weise eines Dinges zu verstehen, dem bestimmte Eigenschaften, seine Prädikate, notwendiger- oder kontingenterweise zukommen. Vielmehr trägt eine Monade ihr Entwicklungsgesetz in sich, oder um es pointierter zu formulieren, besteht sie eigentlich aus diesem Entwicklungsgesetz, so wie eine mathematische Reihe. Sie ist also nicht nur dynamisch wirkmächtig, sondern ist eigentlich als ein dynamischer Prozess zu verstehen. Dies führt uns direkt in das nächste Kap. 5.

Dynamik

Die leibnizsche Dynamik – übrigens ein Begriff, den Leibniz selber eingeführt hat – enthält, auch wenn sie im Schatten der newtonschen Dynamik stand, einige auch für die heutige Physik grundlegende Prinzipien. Ihre Stärke lag nicht sowohl in der erfolgreichen Modellierung spezifischer Vorgänge als in der Aufdeckung wesentlicher Grundprinzipien aus philosophischen Erwägungen, wie natürlich auch in der Bereitstellung des wichtigsten Werkzeugs der mathematischen Physik, der Infinitesimalrechnung. Leibniz hatte bekanntlich diese Infinitesimalrechnung unabhängig von der etwas früheren, aber nicht publizierten Fassung Newtons entdeckt und durch die Entwicklung eines dem newtonschen überlegenen Formalismus und Symbolismus im Wesentlichen in der heute noch benutzten Form eingeführt,[1] auch wenn viele Details erst später von Jacob und Johann Bernoulli, Leonhard Euler und anderen durchgebildet worden sind.

Seine Vorstellungen zur Dynamik hat Leibniz in einer Reihe von Schriften entwickelt. Am bekanntesten ist sein *Specimen Dynamicum*. Für detaillierte Analysen sei auf [68, 95, 102] verwiesen.

Leibniz' Dynamik nimmt ihren Ausgangspunkt von einer Kritik der cartesischen Physik. Die Stoßgesetze des Descartes und sein Prinzip der Impulserhaltung, bei der nur der Betrag, aber nicht die Richtung der Geschwindigkeit auftritt, sind sowieso offensichtlich empirisch falsch – aber das braucht vielleicht einen echten Philosophen nicht zu stören. Wenn das Wesen von Körpern nur in ihrer Ausdehnung besteht, könnten Körper andere beliebig große in Bewegung setzen. Insbesondere fehlen Erhaltungssätze, die ein Perpetuum mobile verhindern. Der von Malebranche zur Rettung des cartesischen Systems entwickelte Occasionalismus, nach dem Gott ständig in das Weltgeschehen eingreifen muss, um den

---

[1] Das grundlegende Werk zur Infinitesimalrechnung, welches Leibniz zu seinen Lebzeiten nicht veröffentlichen konnte, liegt nun in einer lateinisch-deutschen, von E. Knobloch herausgegebenen Ausgabe [Quadratur] vor.

© Springer-Verlag GmbH Deutschland, ein Teil von Springer Nature 2019
J. Jost, *Leibniz und die moderne Naturwissenschaft,* Wissenschaft und
Philosophie – Science and Philosophy – Sciences et Philosophie,
https://doi.org/10.1007/978-3-662-59236-6_5

derzeitigen Zustand in den nächsten zu überführen, ist für Leibniz intellektuell unbefriedigend und der Würde Gottes nicht angemessen.

Die physikalische Wirklichkeit als Welt der Erscheinungen muss durch metaphysische Prinzipien erklärbar sein und aus selbst nicht mehr ausgedehnten Kraftfoci konstituiert werden. In der mittleren Zeit sind dies die körperlichen Substanzen, im Spätwerk die Monaden.[2]

Leibniz unterscheidet zwischen primärer und sekundärer Materie, zwischen den passiven und den aktiven Aspekten. Zu den passiven Aspekten gehören Undurchdringlichkeit und Trägheit. Undurchdringlichkeit ist etwas anderes als Ausdehnung, denn auch der Raum ist ausgedehnt, aber nicht undurchdringlich. Undurchdringlichkeit verhindert, dass eine Raumstelle durch mehr als ein Objekt ausgefüllt wird. Umgekehrt schließt Leibniz auch aus dem Satz vom zureichenden Grunde, dass jede Raumstelle ausgefüllt sein muss, dass es also kein Vakuum gibt. Trägheit ist der Widerstand gegen Veränderungen, wobei wir allerdings auf die damit verknüpften physikalischen Aspekte noch zurückkommen müssen. Neben diesen passiven Eigenschaften der Materie gibt es für Leibniz noch ein aktives Prinzip, insofern als jeder Körper eine innere Wirkkraft hat.

Eine solche Kraft, von Leibniz als intrinsische Größe konzipiert, ist seine *vis viva*, mv^2, wobei m die Masse und v die Geschwindigkeit des betrachteten Körpers ist, in heutiger Terminologie seine (kinetische) Energie.[3] Wie Leibniz aus den galileischen Fallgesetzen schließt, muss diese *vis viva*, und nicht die von Descartes postulierte Größe $m|v|$, erhalten bleiben. Hier ist $|v|$ der Betrag der Geschwindigkeit; das cartesische Erhaltungsprinzip ist daher nicht die Impulserhaltung mv, in der v eine Vektorgröße mit drei Komponenten ist, d. h. auch die Richtung einbezieht, in der der Körper sich bewegt. v^2, also die Größe, die in Leibniz' *vis viva* auftritt, ist nach den Regeln der Vektorrechnung dagegen eine skalare Größe, nämlich eine Kurzform für $|v|^2$. Tatsächlich bleiben beim elastischen Stoß sowohl die (skalare) Energie mv^2 als auch der (vektorielle) Impuls mv erhalten, nicht aber die von Descartes postulierte Größe $m|v|$. Leibniz folgert die Erhaltung von mv^2 daraus, dass andernfalls ein Perpetuum mobile möglich wäre, was aber dem Satz vom zureichenden Grunde widersprechen würde, nach dem immer Wirkung = Ursache sein muss.

Bei der Leibniz bekannten Analyse des Pendels durch Huygens findet nach heutigen Konzepten ein regelmäßiger Wechsel zwischen kinetischer und potentieller Energie statt. Am tiefsten Punkt der Bahn besitzt das Pendel nur kinetische Energie, an den Umkehrpunkten dagegen nur potentielle Energie. Für Leibniz wurde wohl die am Tiefpunkt realisierte kinetische Energie an den anderen Punkten der Bahn in eine innere Energie des Pendels umgewandelt. Beim (inelastischen) Stoß ging Leibniz von einer Umwandlung der Bewegungsenergie der Objekte in Bewegungsenergie der inneren Bestandteile, in heutiger Terminologie, der Moleküle über. Allerdings glaubte Leibniz ja nicht an Atome, und daher auch nicht an Moleküle, sondern er war der Ansicht, dass sich die Strukturen auf immer

---

[2]Die dahinterstehende Entwicklung der Konzepte von Leibniz ist von Garber [95] herausgearbeitet worden, soll hier aber nicht thematisiert werden.

[3]In der heutigen Physik ist die kinetische Energie $\frac{1}{2}mv^2$, aber der Faktor $\frac{1}{2}$ soll hier nicht begründet werden.

kleinere Skalen fortsetzen, so wie die Mikroskopiker auch in einem Wassertropfen noch eine
Vielzahl von kleinen Lebewesen entdeckt hatten, und man glaubte, dass sich dieser Prozess
weiter fortsetzen würde, dass man also in diese kleinen Lebewesen noch kleinere entdecken
könne, wenn nur geeignete technische Beobachtungsapparaturen zur Verfügung stünden. So
sollte sich wohl für Leibniz die makroskopische Bewegungsenergie beim Stoß in mikroskopische innere Bewegungsenergie der Bestandteile übertragen, und dies ließe sich im Prinzip
zu immer kleineren Skalen fortsetzen, worauf wir im Abschn. 7.2 zurückkommen werden.
Und heute stellt sich das als eine Umwandlung in Wärme dar.

Leibniz' Prinzip betraf die Erhaltung der mechanischen Energie.[4] Ein allgemeines Prin-
zip, das auch nichtmechanische Energieformen umfasst, wurde erstmals von J.R. Mayer
1842 formuliert [181] und dann insbesondere von Joule und Helmholtz weiterentwickelt.
Ebenso wie Leibniz führt Mayer die Energieerhaltung auf das Kausalitätsprinzip, also die
Gleichheit von Ursache und Wirkung, zurück. Man vgl. die historische Darstellung in [193].
Bei diesen letzteren Prinzipien wird Energie, übrigens ein Terminus, der in der heutigen
Bedeutung erst 1807 von T. Young eingeführt wurde, verstanden als die Fähigkeit, Arbeit
zu verrichten. In diesem Kontext ist insbesondere die Herausbildung des Verständnisses von
Wärme als Bewegung und die Gleichsetzung von physikalischer Arbeit und Wärme wesent-
lich. Leibniz war aber schon auf der richtigen Spur, als er postulierte, dass die bei einem Stoß
anscheinend verlorene Energie als innere Bewegungsenergie der die Körper konstituierenden
Partikel, in heutiger Terminologie deren Moleküle, erhalten bliebe. Die entscheidende Ein-
sicht der kinetischen Theorie der Materie des 19. Jahrhunderts bestand darin, diese innere
Bewegungsenergie der Moleküle als Wärme zu deuten. – Der tiefe Zusammenhang zwischen physikalischen Erhaltungssätzen und Invarianzen der Bewegungsgesetze wurde von
E. Noether [189] aufgedeckt. Insbesondere folgt die leibnizsche Energieerhaltung aus der
Zeitinvarianz der Gesetze der Mechanik. Interessanterweise operiert Leibniz auch mit dieser
Zeitinvarianz. Analog zu den Argumenten zur Relativität des Raumes, die wir in Kap. 10
diskutieren werden, argumentiert Leibniz, dass es keinen Unterschied machen würde, wenn
die Zeit um eine Stunde angehalten und dann alles wie bisher weiterlaufen würde. Denn alle
physikalischen Gesetze sind invariant unter einer derartigen Zeitverschiebung. Und Leibniz zieht dann sein Prinzip des zureichenden Grundes heran, um daraus auf die Relativität
der Zeit zu schließen. Und wie dargelegt, verwendet er dieses Prinzip ebenfalls, um die
Energieerhaltung herzuleiten. Den tieferen Zusammenhang zwischen diesen beiden fundamentalen Ideen hat er aber wohl noch nicht gesehen. Allerdings bin ich mir hier nicht sicher,
denn bei ihm gibt es durchaus einen tiefen Zusammenhang zwischen der Relativität der Zeit
und der Energieerhaltung durch den Satz vom zureichenden Grunde.

In dem leibnizschen Konzept der *vis viva* liegt auch der entscheidende Unterschied zum
newtonschen Kraftbegriff, der Kraft als äußere Einwirkung statt innerem Prinzip konzipierte.

---

[4] Foucault [86] zeichnet die Analogie zwischen Leibniz' physikalischem Prinzip der Energieerhaltung
und seinen politischen Theorien angesichts des sich durch den Westfälischen Frieden etablierenden
Gleichgewichtes der europäischen Mächte.

Newton konzipierte physikalische Objekte als passiv, nur der Wirkung äußerer Kräfte unterliegend, während für Leibniz sich die physikalische Wirklichkeit aus dem Wechselspiel aktiver Entitäten konstituierte. Für Newton werden Körper durch äußere Kräfte bewegt (oder genauer gesagt, aus ihrer inneren Trägheit herausgerissen), während sie bei Leipzig einen inneren Bewegungstrieb besitzen. (Für eine genauere Analyse der unterschiedlichen Kraftkonzepte von Newton und Leibniz sei auf [248] verwiesen.) Natürlich unterschieden sich dann auch die Massebegriffe von Leibniz und Newton. Leibniz entwickelte sein Massekonzept schon in den Jahren 1676–1678; für ihn war Masse ein anders gelagertes Konzept als Volumen, und es enthielt eine Art von Trägheitsbegriff, und es drückte die innere Kraft der Materie aus. Für Newton war Masse dagegen die Quantität der Materie, das Volumen, das übrigbleibt, wenn man die leeren Zwischenräume zwischen den Bestandteilen wegnimmt.[5] Auch Descartes hatte die Masse schon als eine Art von Volumenmaß aufgefasst. – Die berühmte einsteinsche Formel $E = mc^2$ [74, 75] stellt jedenfalls auch im leibnizschen Sinne einen fundamentalen Zusammenhang zwischen Masse und Energie her; dass allerdings hier die Lichtgeschwindigkeit c hereinkommt, geht natürlich über die leibnizschen Konzeptionen hinaus.[6]

Die *vis viva* begründet die zeitliche Dynamik einer solchen Substanz. Diese zeitliche Dynamik wird mittels der Leibnizschen Analysis aus dem infinitesimalen Moment durch Integration gewonnen, in moderner Terminologie als Lösung einer Differentialgleichung mit gegebenen Anfangswerten. Diese Differentialgleichung kann dabei durch ein Extremalprinzip gewonnen werden, dass nämlich die Aktion (auch Wirkung genannt)

$$\int mv^2(t)dt \tag{5.1}$$

---

[5]man vgl. hierzu insbesondere die Korrespondenz zwischen Newton und Cotes.

[6]Die formale Ähnlichkeit der einsteinschen Gleichung mit der von Leibniz verwendeten Beziehung $E = \frac{1}{2}mv^2$ für die kinetische Energie eines fallenden Körpers nach Galilei sollte nicht darüber hinwegtäuschen, dass es sich bei letzterer Gleichung um die Möglichkeit der Gewinnung von Bewegungsenergie mittels der schweren Masse eines Körpers handelt, die dabei erhalten bleibt, während es bei Einstein um eine Äquivalenz und damit um die Möglichkeit der Umwandlung von Masse in Energie geht. Der Zusammenhang ist der folgende. Die einsteinsche Formel für die relativistische Energie ist $E = \frac{mc^2}{\sqrt{1-\frac{v^2}{c^2}}}$. Bei einer Geschwindigkeit v, die klein gegenüber der Lichtgeschwindigkeit c ist, wird dies etwa $mc^2 + \frac{1}{2}mv^2$. Die Energie setzt sich dann also aus der kinetischen Energie $\frac{1}{2}mv^2$ und der Massenenergie mc^2 zusammen, wobei letztere den dominanten Beitrag leistet, allerdings unter alltäglichen Bedingungen nicht ausgenutzt werden kann und daher auch nicht in Erscheinung tritt. Die kinetische Energie erreicht aber die Größenordnung der Massenenergie, wenn in modernen Teilchenbeschleunigern Protonen oder andere Teilchen unter Einsatz sehr hoher Energien auf sehr hohe Geschwindigkeiten beschleunigt werden. Und wenn solche beschleunigten Teilchen dann auf andere Partikel prallen, können die Energien hinreichend groß sein, um diese in ihre Bestandteile zu zerlegen.

bei dem tatsächlich realisierten Verlauf ein Extremum (typischerweise ein Minimum) annimmt. Eine physikalische Bahn ist also dadurch charakterisiert, dass auf ihr diese Aktion kleiner als auf allen anderen möglichen Vergleichsbahnen wird, die ebenfalls hätten durchlaufen werden können, um vom Anfangs- zum Endpunkt der Bewegung zu gelangen. Wegen der Beziehung $v(t) = \frac{ds(t)}{dt}$, dass also die Geschwindigkeit v die Ableitung des durchlaufenen Weges s nach der Zeit t ist, während die Masse m konstant, also zeit- und wegunabhänig ist, lässt sich dieses Aktionsfunktional auch umschreiben zu

$$\int mv^2(t)dt = \int m\left(\frac{ds(t)}{dt}\right)^2 dt = \int m\frac{ds(t)}{dt}ds = \int mv(s)ds, \qquad (5.2)$$

wobei wir hier übrigens eine der großartigen symbolischen Leistungen der leibnizschen Infinitesimalrechnung ausgenutzt haben, dass nämlich der Formalismus so beschaffen ist, dass die Kettenregel sich automatisch ergibt.

Gott, der die Welt einmal in Gang gesetzt hat, braucht sich nicht weiter darum zu kümmern, da sie sich nach ihren intrinsischen Entwicklungsgesetzen entwickelt. Insofern ist diese Entwicklung determiniert, da sie sich durch Integration aus den Anfangszuständen entfaltet. Diese Determiniertheit erfordert also eine stetige Entwicklung. Dies ist Leibniz' Kontinuitätsprinzip. Im Unterschied zur Newtonschen Welt, die im Laufe der Zeit Bewegungsenergie verliert, benötigt die Leibnizsche Welt kein ständiges Eingreifen Gottes. Gott hat vielmehr die Anfangszustände so ausgewählt, dass die Welt sich zur besten aller möglichen entfalten kann.

Charakteristischerweise kann man das Leibnizsche Argument in zwei Richtungen führen. In der einen Richtung folgt aus dem physikalischen Prinzip der Energieerhaltung eine Optimalität der Welt, in der diese gilt, und damit ein Indiz für die Voraussicht Gottes. Umgekehrt folgt aus der theologischen Annahme eines Gottes, der die bestmögliche Welt in Gang gesetzt hat, dass in dieser Welt nichts verloren gehen kann und daher die Gesamtenergie erhalten bleiben muss.

Die theologischen Konsequenzen der unterschiedlichen Konzeptionen von Newton und Leibniz sind natürlich seinerzeit intensiv analysiert und debattiert worden.[7] Die meisten christlichen Denker favorisierten dabei das newtonsche System, weil es Gott ein aktives Eingreifen in das Weltgeschehen erlaubte, oder zumindest dachte man damals, Newtons physikalisches System naturphilosophisch derart interpretieren zu dürfen. Leibniz wurde dagegen häufig in die Nähe Spinozas gerückt, was für die Rezeption seines Werkes sehr gefährlich war, galt doch Spinoza als der radikale Atheist oder Deist und Materialist schlechthin. Leibniz' Epigone Wolff kostete dieser Vorwurf, obwohl er sich in seinen Schriften gegen diese Nähe zu Spinoza vehement zu wehren versuchte, seine Professur in Halle und beinahe sogar sein Leben, als sein Widersacher, der Pietist Joachim Lange, bei dem preußischen König Friedrich Wilhelm 1723 das Edikt erwirkte, dass Wolff als Atheist Halle binnen 24 h

---

[7]Für eine wissenschaftsgeschichtliche Einordnung (die allerdings nicht unumstritten geblieben ist) sei [156] genannt.

und Preußen binnen 48 h bei Strafe des Stranges zu verlassen habe. Wolff musste daher unter Zurücklassung seiner schwangeren Frau fliehen, fand aber gastliche Aufnahme und eine neue Professur im hessischen Marburg. Die Vertreibung Wolffs, des seinerzeit einflussreichsten und wirkungsmächtigsten Intellektuellen Deutschlands, löste die erregteste und bedeutendste intellektuelle Debatte dieser Zeit aus, die in viele weitere europäische Länder ausstrahlte. Eine der ersten Amtshandlungen von Friedrich Wilhelms Sohn und Nachfolger Friedrich II. war dann die Rückholung von Wolff. Allerdings konnte Wolff dann doch nicht den erhofften geistigen Einfluss in Preußen ausüben, weil nicht er, sondern Voltaire das Ohr Friedrichs hatte. (Wir verweisen auf [32, 124] für detaillierte Darlegungen der Wolff-Affaire.) Voltaire war Anhänger von Newton und Locke, und seine wesentliche intellektuelle Leistung (neben seinen unbestrittenen literarischen und rhetorischen Beiträgen zur Aufklärung) bestand darin, deren Ansichten in Frankreich und Kontinentaleuropa bekannt zu machen und zu propagieren und damit maßgeblich zur Anglomanie der 1730er und 1740er Jahre beizutragen. Allerdings waren im Unterschied zu Newton ironischerweise weder Voltaire noch Friedrich II. religiös.

In seinen Überlegungen vollzieht Leibniz einen Paradigmenwechsel in der Analyse des Stoßes. Descartes, Huygens und die anderen Physikern dieser Zeit gingen vom Grundmodell des *vollkommen elastischen* Stoßes aus (s. z. B. [17, 65, 94]), realisiert durch harte Kugeln, beispielsweise Billiardkugeln, die aufeinanderprallen und dabei instantan Geschwindigkeit und Richtung ändern; die diesbezügliche Größe v verhält sich also unstetig, sprunghaft. Beim inelastischen Stoß führen dann, diesem Paradigma zufolge, sekundäre Effekte dazu, dass Geschwindigkeit verloren geht. Genauso rollen die galileischen Kugeln auf einer glatten Ebene bei Abwesenheit von Reibung immer weiter, ohne zur Ruhe zu kommen. Erst der sekundäre Effekt der Reibung bremst sie ab. Für Leibniz dagegen ist das Grundmodell der *inelastische* Stoß. Zwei inelastische Kugeln, die zusammenstoßen, verformen sich stetig und bauen dadurch eine Spannung auf, die sie schließlich wieder in einem ihrem ursprünglichem ähnlichen (aber beim inelastischen Stoß möglicherweise nicht gleichen) Zustand zurücktreibt und ihre Bewegungsrichtung und Geschwindigkeit ändert. Dabei vollzieht sich alles stetig, und was an Gesamtgeschwindigkeit verloren geht, wird in innere Bewegungsenergie der Bestandteile der Kugeln, ihre Moleküle würde man heute sagen, übertragen, wie schon oben dargelegt. Wie ebenfalls schon im Abschn. 2 ausgeführt, glaubte Leibniz allerdings nicht an Atome oder Moleküle, sondern war der Ansicht, dass die Energie einfach auf immer kleinere Skalen übertragen wird.[8] Daher geht keine Energie (*vis viva*) verloren,

---

[8]Das Prinzip des Energietransfers in kleinere Skalen stellt das grundlegende Prinzip der von A.N. Kolmogorov entwickelten Theorie der Turbulenz dar (s. z.B. [91]). In einer turbulenten Strömung gibt es nach dieser Theorie eine Hierarchie von Skalen, und Energiekaskaden übertragen Energie aus größeren Skalen in kleinere, bis auf einer von der Viskosität der jeweiligen Flüssigkeit abhängigen Skala eine Dissipation der Energie stattfindet. Anschaulich lösen sich Wirbel in immer kleinere auf, wobei die Energie erhalten bleibt. Dieser Mechanismus ist gut mit den leibnizschen Ideen verträglich. Allerdings geht dies nur hinunter bis zur Größenordnung $\eta = \left(\frac{\nu^3}{\epsilon}\right)^{1/4}$, wobei ν die kinematische Viskosität und ϵ die Energiedissipationsrate ist. Kolmogorov hat diese Länge aus physikalischen

sondern wird nur in eine andere Form überführt. Der elastische Stoß ist dann nicht mehr das Grundmodell, sondern nur noch ein idealer Grenzfall des inelastischen Stoßes, bei dem sich dies so schnell vollzieht, dass es instantan erscheint, aber bei realen Stößen nie so sein kann.

Jedenfalls beruhen alle Stoßphänomene darauf, dass physikalische Körper undurchdringlich sind. Für die leibnizche Physik stellt sich daher die Frage, wie dies zustande kommt. Da für Leibniz, wie erläutert, das materielle Substrat selbst nicht mehr materiell als etwas Ausgedehntes ist, kann man dies nicht einfach durch die Kompaktheit der Materie erklären, die den Raum so dicht und lückenlos besetzt, dass nichts anderes mehr hineinpasst.

Solche Gedanken sind dann von Kant weiterentwickelt worden [89]. Nach Kant schaffen sich physikalische Substanzen ihren Raum, indem sie durch Abstoßungskräfte verhindern, dass andere Objekte ihnen zu nahe kommen. Diese Kräfte wachsen mit der Nähe. Durch solche Kräfte versuchen also Körper, sich auszudehnen und zu verhindern, dass andere in ihren innersten Bereich eindringen. In der kantischen Interpretation stellt sich ein Gleichgewicht von Anziehungskräften (Leibniz hielt allerdings den Newtonschen Gravitationsbegriff für problematisch) und Abstoßungskräften ein, mit denen sich die Monaden ihre Umgebung schaffen. Die Details der Vorstellungen von Leibniz oder Kant sollen hier aber nicht weiter ausgeführt werden. – In gewissem Sinne sind diese Überlegungen kompatibel mit modernen Vorstellungen. In der heutigen Physik geht man zwar im Unterschied zu Leibniz von einer atomaren Beschaffenheit physikalischer Körper aus, aber es sind auch nicht diese Atome als exklusiven Raum erfüllende Elemente, sondern ihre kurzreichweitigen Abstoßungskräfte, die die gegenseitige Durchdringung von Körpern verhindern. Diese abstoßenden Kräfte sind in der Nähe um viele Größenordnungen stärker als die anziehenden Kräfte der Gravitation.

In einem solchen dynamischen Ansatz verliert der Raum dann seine konstitutive Rolle für die Materie. Wie wir unten noch genauer ausführen werden, ist für Leibniz der Raum die abstrakte Möglichkeit der Beziehung zwischen solchen Substanzen. Er ist also rein relational und in diesem Sinne relativ, aber im Leibnizschen Sinne insofern absolut, als er in diesem Sinne universell ist. Ein leerer Raum wäre widersinnig, da der Raum relational und nicht substantiell gedacht ist.

Aus dem Satz vom zureichenden Grunde folgert Leibniz Invarianzeigenschaften des Raumes, dass er nämlich homogen, isotrop und skalierungsinvariant sein muss. Hierdurch wird er euklidisch, auch wenn sich hier einige subtile mathematische Probleme verbergen, mit denen Leibniz gerungen hat, die aber erst im 19. Jahrhundert gelöst werden konnten. Leibniz versucht in diesem Kontext, eine allgemeine Raumlehre, die Analysis situs, zu entwickeln, die von Größenverhältnissen absieht und rein relational ist. Einige seiner Ideen inspirierten im 19. Jahrhundert die Entwicklung der Topologie und der Linearen Algebra (s. z. B. [136]), auch wenn Leibniz selber noch keine konkreten Resultate in dieser Hinsicht erzielt, sondern eher ein vages Programm formuliert hatte.

Dimensionsüberlegungen gewonnen. Auf das Problem der Längenskalen werden wir unten bei der Diskussion der Quantenmechanik im Kap. 7 zurückkommen.

Das Kontinuitätsprinzip gilt nicht nur in der Zeit, sondern auch im Raum. Daher ist die von Leibniz entwickelte Infinitesimalrechnung universell anwendbar. Nach dem Kontinuitätsprinzip sind physikalische Objekte beliebig unterteilbar, wobei Leibniz aber schon klar ist, dass sein Kontinuitätsprinzip darüber hinausgeht, indem es die physikalischen Erscheinungen durch Integration aus infinitesimalen Größen gewinnt.

Substanzen wechselwirken also im Raum, und zwar nimmt jede Einflüsse aller gleichzeitig vorhandenen auf. Es können daher jeweils zu einem gegebenen Zeitpunkt nur solche Substanzen existieren, die miteinander kompatibel, also gleichzeitig möglich, kompossibel sind. Für dieses Konzept ist es daher wichtig, dass solche Einflüsse instantan erfahren werden. Es müsste also eine sofortige Wirkungsübertragung geben. Da die Lichtgeschwindigkeit, wie von Rømer 1676 nachgewiesen, endlich ist (und sich nach dem Variationsprinzip von Fermat das Licht den kürzesten Weg sucht, zu dem es auch Zeit braucht)[9], und weil Leibniz die über den leeren Raum vermittelte universelle Schwerkraft Newtons ablehnt, kann dies allerdings nicht direkt physikalisch geschehen, sondern muss auf einer prästabilierten Harmonie beruhen. – Dieser Punkt wird auf andersartige Weise aus der leibnizschen Logik und Metaphysik erhellen. – Heute würde man das vielleicht so interpretieren, dass Information zwischen Monaden ohne direkte physikalische Wechselwirkungen instantan ausgetauscht wird. Informationsaustausch wäre also insbesondere nicht von Licht- oder anderen physikalischen Signalen abhängig. Dies erscheint merkwürdig, aber um dies tiefer zu verstehen, müssen wir einsehen, dass Leibniz den Raum und damit die Wechselwirkungen zwischen Monaden ideal und nicht material gedacht hat. Dies wird aus den untenstehenden Ausführungen noch genauer erhellen, aber ich will trotzdem an dieser Stelle schon diesen auch für die Bewertung der physikalischen und biologischen Konzeptionen Leibniz' entscheidenden Punkt herausstellen. Monaden als die eigentlichen Träger der Wirklichkeit entfalten sich nach ihrer inneren Logik in der Zeit, stehen aber ideal und durch die universelle Harmonie vermittelt in räumlichen Beziehungen. Diesen grundlegenden Gegensatz zwischen zeitlicher Entwicklung und räumlicher Beziehung wollte übrigens beispielsweise Herder in seiner Auswertung des leibnizschen Systems auflösen [113, 114]. Dieser Unterschied ist, wie Couturat [53] und Russell [208] herausgearbeitet haben, aber in der leibnizschen Logik von Subjekten und ihren Prädikaten angelegt, denn Leibniz überträgt dies in seine Ontologie von Monaden und den in ihnen angelegten Eigenschaften, nämlich ihrer Lebensgeschichten. Insofern sind zeitliche Entfaltung und räumliche Beziehung grundsätzlich voneinander geschieden, und schon aus diesem Grund hätte Leibniz keine einsteinsche Relativitätstheorie konzipieren können, die Raum und Zeit vereinheitlicht, auch wenn für Leibniz Raum und Zeit beide relativ waren. Dieser Wesensunterschied zwischen Raum und Zeit scheint auch bei Kant noch fortzuwirken. Und auch für ein Verständnis biologischer Entwicklung als Wechselspiel von inneren genetischen Anlagen und komplementären äußeren Einflüssen und Signalen eignet sich dies nicht, wie im Kap. 13 genauer ausgeführt werden wird. Es soll aber auch hier betont werden, dass ein solches Konzept der Entfaltung innerer

---

[9]Die Vorstellungen von Leibniz und seinen Zeitgenossen zur Ausbreitung des Lichtes und die Beziehung zu Variationsprinzipien werde ich in [142] genauer analysieren.

Eigenschaften, die sogenannte Präformationslehre, für die Entwicklung der Biologie hilf-
reicher war als die konkurrierenden vitalistischen Vorstellungen, mit denen sich Leibniz in
seiner Debatte mit Stahl auseinandersetzte (s. auch [203] für eine etwas andere Analyse).

Raum und Zeit nehmen also für Leibniz grundsätzlich verschiedene Rollen ein. Die
Monade entfaltet sich in der Zeit durch das Entwicklungsgesetz, das sie ihn sich trägt und
das sie bestimmt. Diese Entfaltung ist für die Monade real. Sie wechselwirkt mit anderen
Monaden im Raum, aber diese Wechselwirkung ist ideal. Insbesondere ist eine Monade nicht
als ein Raumpunkt zu denken, und sie nimmt in diesem Sinne auch keinen Position im Raume
ein. Die verschiedenen Monaden, und damit wohl auch deren innere Entwicklungszeiten
werden durch die Kompossibilität miteinander verknüpft. Zeit und Raum sind beide rein
relational.

Raum und Geometrie

6

Genauso wie in der leibnizschen Logik die Dualität zwischen Extension und Intension eines Begriffes zu dem neuartigen Konzept der möglichen Welten führt, so lässt sich auch Raumlehre im leibnizschen Sinne als fruchtbare Kombination zweier Perspektiven sehen, in dem Sinne, dass einerseits die Konstituenten durch ihre Relationen den Raum erzeugen, andererseits aber auch durch diese Relationen bestimmt werden. Wie sich dies ontologisch verhält, muss weiter unten auseinandergelegt werden, und hier sollen zunächst die geometrischen Aspekte entwickelt werden. Für eine genauere und tiefer eindringende Darstellung muss allerdings auf [60] verwiesen werden.

In der einen Richtung ist der Ausgangspunkt der Punkt als ausdehnungsloses Element, als Position, aus der – oder aus dessen Bewegung – sich Raum konstituiert. Für Leibniz bedarf das Kontinuum eines erzeugenden Prinzips, worauf wir im Kap. 7 eingehen werden. Insbesondere besteht das Kontinuum nicht einfach aus Punkten, sondern der Sachverhalt ist komplexer.

In der Raumlehre, die sich für Leibniz nur mit Relationen beschäftigen soll, wird also vom materialen Gehalt der Elemente abgesehen. Das Grundelement ist also der abstrakte Punkt, der aber erst dadurch individuiert wird, dass er in eine Relation, also geometrisch eine Lagebeziehung zu anderen eintritt. Abstrakt sind Punkte nicht voneinander unterscheidbar. Dies wird erst dann möglich, wenn sie ihre jeweiligen individuellen Positionen, und das heißt für Leibniz ihre spezifischen Relationen zueinander einnehmen. Aber Punkte sind ohnehin nur ideale Elemente. Ontologisch individuiert werden sie als körperliche Substanzen, später Monaden, also durch ihre inneren Eigenschaften.

Auf dem Weg zum Monadenbegriff seines Spätwerkes wandeln und entwickeln sich Leibniz' Vorstellungen von diesen selbst nicht mehr räumlich zu denkenden Konstituenten der Welt. Für Leibniz wird die Welt aus einer Art von Kraftpunkten erzeugt, die selbst ausdehnungslos sind, aber durch die Entfaltung ihrer inneren Kraft, also ihre Wirkungen, Ausdehnung erzeugen. Leibniz denkt den Raum dann als das System der Beziehungen zwischen solchen selbst nicht räumlichen Entitäten. Aus Gründen, die ich gleich im Kontext

J. Jost, *Leibniz und die moderne Naturwissenschaft,* Wissenschaft und Philosophie – Science and Philosophy – Sciences et Philosophie, https://doi.org/10.1007/978-3-662-59236-6_6

der leibnizschen Logik erläutern werde, ist der Raum dabei ideal, nicht real. Jedenfalls ist das Raumkonzept von Leibniz grundsätzlich neu und in vieler Hinsicht zukunftsweisend (s. meine Kommentare in [202] für die Einordnung in die nachfolgende Entwicklung).

Für Leibniz können physikalische Objekte nicht isoliert voneinander gedacht werden, sondern der Wirkungszusammenhang der Welt ist grundlegend; dadurch wird der Raum relational.

Hier treffen nun die physikalischen und die logischen Überlegungen von Leibniz zusammen. Einerseits enthält für Leibniz ein Subjekt alle seine Prädikate, und für einen physikalischen Körper bedeutet dies, dass in ihm als gegenwärtigem Subjekt auch seine Vergangenheit und seine Zukunft vollständig enthalten sind. Die Entwicklung in der Zeit ist also als intrinsische Gesetzmäßigkeit in einem Körper angelegt. Dann werden aber, wie Russell [208] herausgearbeitet hat, die Beziehungen zu anderen Körpern im Raum und die Wechselwirkungen zwischen Körpern problematisch. Russell glaubte, hier eine fundamentale Inkonsistenz in Leibniz' System aufgedeckt zu haben. Dies ist allerdings in der Leibnizforschung zurückgewiesen worden, angefangen mit Cassirer [44]. Jedenfalls werden hier logische und physikalische Prinzipien miteinander verknüpft. Leibniz bezeichnete Relationen zwischen physikalischen Körpern als „purement idéale",[1] und in der Bedeutung dieses Begriffes liegen wohl die Ursachen für die durch Russell ausgelöste Kontroverse. Im Englischen wird dies mit „merely ideal" wiedergegeben, also mit einer etwas abwertenden Konnotation versehen, was dazu führt, diese Relationen als unwirklich anzusehen. Die deutsche Übersetzung „rein ideal" klingt positiver, und so sieht beispielsweise H.H. Holz [119] Leibniz als Vorläufer des deutschen Idealismus. Jedenfalls benötigt Leibniz für diesen Wirkungszusammenhang zwischen Körpern, oder das logische Geflecht der Relationen, die universelle Harmonie des Weltganzen. Unten werde ich noch auf das damit verknüpfte physikalische Problem der Gleichzeitigkeit eingehen. An dieser Stelle sei nur vermerkt, dass diese prästabilierte Harmonie als ein Optimalitätsprinzip gedacht ist, dass wir also in der besten aller möglichen Welten leben. Insofern ist der Wirkungszusammenhang der Welt im Unterschied zu der Bestimmtheit der Körper aus inneren Prinzipien nicht notwendig, sondern kontingent, ergibt sich aber aus einem letztendlich notwendigen Prinzip. Auf das dialektische Verhältnis von Notwendigkeit und Kontingenz muss ich ebenfalls zurückkommen, und zwar im Abschn. 12.1, aber es sei hier vermerkt, dass Leibniz da keinen Widerspruch empfunden hat.

Aus dem Satz vom zureichenden Grunde folgt, dass keine Position oder kein Weg für einen physikalischen Prozess ausgezeichnet ist. Dies gelingt erst durch ein Extremalprinzip (konkret durch das in Kap. 5 beschriebene Prinzip der kleinsten Wirkung), also durch ein finales, teleologisch gedachtes Prinzip. Hier liegt übrigens ein wesentlicher Unterschied zu Spinoza. In der heutigen Physik operiert man mit Funktionalintegralen, bei denen auch kein Weg ausgezeichnet ist, aber jeder Weg mit der Exponentialfunktion des negativen Wirkungsintegrals gewichtet und ihm dadurch eine Wahrscheinlichkeit zugewiesen wird

---

[1][GM VII], p. 401

(s. z. B. [133]). Der Weg als Historie ist in der Quantenmechanik unbestimmt, worauf wir noch zurückkommen werden.

Leibniz war der Ansicht, dass die Mathematik, und insbesondere die Geometrie keiner Axiome bedürfe, sondern dass alles aus den geeigneten Definitionen folgen müsse. Leibniz leitet beispielsweise aus dem Satz von der Identität euklidische Axiome der Form „Wenn $a = b$ und $b = c$, so auch $a = c$" ab. Daher sei auch das Parallelenpostulat nicht als Axiom aufzufassen, sondern müsse aus einer geeigneten Definition einer Geraden abgeleitet werde. Wenn man nun Geraden durch ein Ähnlichkeitsprinzip definiert und aus solchen Erwägungen folgert, dass ähnliche Dreiecke unabhängig von ihrer Größe die gleiche Winkelsumme aufweisen müssen, kann man tatsächlich die Möglichkeit nichteuklidischer Geometrien ausschließen und das Parallelenpostulat herleiten. Dies ist allerdings in gewisser Weise zirkulär, denn dass die Winkelsumme im Dreieck nur von den Größenverhältnissen der Seiten, nicht aber von deren absoluten Größen abhängt, ist dem Parallelenpostulat äquivalent. Der entscheidende tiefere Punkt hier ist aber, dass Leibniz das Parallelenpostulat nicht als eine Eigenschaft von Geraden, sondern als ein Charakteristikum des Raumes ansieht, das sich aus seiner Selbstähnlichkeit ergibt. Dann wird alles stimmig. Siehe die Analyse in [62].

Wir werden Leibniz' Analyse der Ähnlichkeit im Abschn. 7.2 wieder aufgreifen. Diese Analyse fügt sich aber auch zu Leibniz' Überlegungen zur Synchronizität (s. Abschn. 10) und zu möglichen Welten (s. Abschn. 11). Dies soll kurz erläutert werden. Ähnliche Figuren sind nach Leibniz strukturgleich, weil sie in allen inneren Relationen übereinstimmen. Sie können daher abstrakt nicht voneinander unterschieden werden (und umgekehrt kann Leibniz dies auch als Definition der Ähnlichkeit benutzen). Nur wenn sie gleichzeitig präsent sind, also zur gleichen Zeit in der gleichen Welt vorliegen, können sie durch die Wahrnehmung miteinander verglichen werden und daher, falls sie verschieden groß sind, unterschieden werden. Durch die reine Vorstellung im Gedächtnis ist dies dagegen nicht möglich, denn es gibt keinen invarianten Skalenfaktor, an dem sich ein Größenvergleich aufhängen könnte. Der Raum als Prinzip abstrakter Relationen muss daher auch skalierungsinvariant sein, denn nur so kann er die gleiche Figur in verschiedenen Maßstäben darstellen. Wie dargelegt, folgt daraus aber, dass der Raum euklidisch sein muss.

Leibniz hat in diesem Zusammenhang auch mit dem Problem der richtigen Definition einer geraden Linie gerungen, wie im Detail in [60] analysiert. Archimedes hat eine Gerade als kürzeste Verbindung ihrer Endpunkte definiert. Dies setzt aber schon ein Längenmaß voraus. Leibniz wollte stattdessen eine Gerade dadurch auszeichnen, dass sie die stärkste Bestimmung in sich trage. So gelangte er schließlich zu der Definition einer Geraden als einer Kurve, die sich in all ihren Teilen ähnlich ist. In diesem Sinne ist eine Gerade durch das gleiche abstrakte Prinzip charakterisiert, das auch den Raum, in dem sie sich befindet, als euklidisch auszeichnet.

In der modernen Riemannschen Geometrie gibt es zwei Prinzipien, um zu einer Definition einer Geraden, oder im geometrischen Kontext, allgemeiner einer geodätischen Kurve zu gelangen (s. [141] und meine Ausführungen in [202]). Die erste Möglichkeit ergibt sich, wenn man eine metrische Struktur zugrunde legt. Dann lassen sich Längen und Abstände

messen und daher Geraden oder geodätische Kurven als kürzeste Verbindungen definieren,
so wie schon Archimedes es getan hat. Oder man geht von einem affinen Zusammenhang aus,
wie von Weyl [249] in allgemeiner Form herausgearbeitet. Hier hat man ein infinitesimales
Konzept des Parallelismus, und eine Kurve ist dann gerade, wenn ihr Tangentialvektor stets
parallel zu sich selbst bleibt, wenn man die Kurve durchläuft. Bei diesem Zugang ist kein
Längenmaß erforderlich, so wie Leibniz es sich gewünscht hat.

Es gibt aber noch einen weiteren Aspekt, den Leibniz ebenfalls diskutiert hat. Wenn
wir statt einer Geraden eine andere Verbindungskurve zweier gegebener Punkte betrachten,
beispielsweise eine, die aus der Geraden durch eine kleine Ausbeulung nach links entsteht,
so gibt es eine andere, zu ihr symmetrische Kurve, in dem Beispiel diejenige mit der entsprechenden Ausbeulung nach rechts. Jede Verbindungskurve mit Ausnahme der Geraden
besitzt also einen von ihr verschiedenen Zwilling oder Doppelgänger. Die Gerade ist also
dadurch ausgezeichnet, dass es keine von ihr verschiedene, aber zu ihr symmetrische Kurve
gibt. Zwar lässt sich diese Eigenschaft auch aus der Selbstparallelität ableiten, aber sie hat
in der modernen Physik eine eigenständige Bedeutung gewonnen. Feynman hat nämlich
argumentiert, dass sich in Funktionalintegralen die Beiträge solcher Zwillinge gegenseitig
wegheben, und dass daher nur der Beitrag der Geraden übrigbleibt, da diese als einzige
Kurve keinen von ihr verschiedenen solchen Zwilling hat. Mit diesem Argument hat Feynman das in Kap. 5 dargestellte Wirkungsprinzip begründet. Das Licht wählt also deswegen
den kürzesten Weg, weil alleine dieser übrigbleibt, wenn die Beiträge der anderen Wege
sich paarweise wegheben. Quantenmechanisch werden also eigentlich alle Wege durchlaufen, aber effektiv bleibt nur einer übrig, der kürzeste. Das Vorstehende vereinfacht zwar
die Sachlage, die tatsächlich etwas komplizierter ist, aber eine solche Verknüpfung von
geometrischen und dynamischen Aspekten ist wohl ganz im Sinne von Leibniz.

Überhaupt ist die Verbindung von Geometrie und Dynamik ein zentrales Anliegen der
leibnizschen Naturphilosophie. Russell [208], § 44, meint, dass es hierzu prinzipiell drei
Möglichkeiten gäbe, und zwar 1) die Theorie der Atome als ausgedehnter, aber harter
und undurchdringlicher Objekte, die sich im leeren Raum bewegen und dabei elastisch
zusammenstoßen können, 2) die Theorie des Äthers, eines alles durchdringenden Mediums,
welches physikalische Felder, wie das elektromagnetische, tragen kann und 3) die Theorie
punktförmiger Kraftzentren, die über die Distanz hinweg Kräfte aufeinander ausüben, wie
in der newtonschen Graviationstheorie. Leibniz, so Russell, habe sich nicht wirklich zwischen diesen Möglichkeiten entscheiden können oder wollen, und sich daher zwischen drei
Stühle gesetzt. Russell sah mit dem Vorstehenden alle Möglichkeiten der Verbindung von
Geometrie und Dynamik erschöpft. Nun wissen wir aber durch die Allgemeine Relativitätstheorie Einsteins – Russell hat sein Leibnizbuch 1900, also vor der Entdeckung dieser
Theorie verfasst, ist aber auch in der 2. Auflage von 1937 nicht darauf eingegangen –, dass
keine dieser drei Möglichkeiten zutrifft, sondern dass es keinen Äther gibt und die physikalischen Objekte nicht einfach über eine Entfernung hinweg Kräfte aufeinander ausüben,
aber auch nicht nur im direkten Kontakt wechselwirken, sondern dies indirekt tun, indem sie
lokal die Struktur der Raumzeit verbiegen und damit gegenseitig ihre Bahnen beeinflussen.

Was eine Gerade, also eine kürzeste Verbindung ist, hängt nämlich von der Krümmung der Raumzeit ab, und diese wird durch die in ihr befindlichen physikalischen Objekte (genauer deren Energie-Impuls-Tensoren) bestimmt. Geometrie und Dynamik sind also viel inniger gekoppelt, als Russell sich dies vorstellen konnte, aber wie Leibniz es geahnt hat, auch wenn seine Überlegungen auch letztendlich noch nicht zu dem richtigen Sachverhalt vorgedrungen sind. Dies wird in Kap. 10 aufgegriffen. Leibniz hat die innige Beziehung zwischen Raum und Zeit, wie sie Einstein aufgedeckt hat, noch nicht gesehen. Und obwohl er die Relativität des Raumes postulierte, versuchte er trotzdem, noch einen Begriff von absoluter, statt nur relativer Bewegung zu entwickeln.

In nachfolgenden Kapiteln, insbesondere 7, werden auch die quantenmechanischen Aspekte des Raumproblems hervortreten. Nun ist allerdings das Verhältnis von Allgemeiner Relativitätstheorie und Quantenfeldtheorie, oder anders formuliert, das Problem der Zusammenfassung der Gravitation mit den anderen bekannten Feldkräften in einer einheitlichen Theorie noch nicht endgültig gelöst, auch wenn es dazu eine Reihe substantieller Ansätze gibt. So verschieden diese Ansätze auch von der physikalischen Konzeption her sind, so setzen sie sich doch alle in der einen oder anderen Weise mit der Frage auseinander, wie der Raum aus grundlegenderen Prinzipien auf einer elementaren Skala emergiert. In vielen Ansätzen spielt das quantenmechanische Prinzip der Verschränkung eine wesentliche Rolle. Das Prinzip wurde zuerst von Einstein, Podolsky und Rosen in [78] beschrieben, dort allerdings als Einwand gegen die Quantenmechanik betrachtet (wir werden im Abschn. 7.3 auf dieses Argument im Kontext des quantenmechanischen Messproblems zurückkommen). Später konnten aber quantenmechanische Verschränkungen auch experimentell nachgewiesen werden, und heutzutage wird das Phänomen wegen möglicher Anwendungen in Rechentechnik und Kryptographie intensiv erforscht. Auch wenn der genaue Sachverhalt noch nicht geklärt ist, bildet sich doch im leibnizschen Sinne ein relationales Raumverständnis heraus. Bell [18] (s. [19] für eine systematische Zusammenstellung) hat dann nachgewiesen, dass dieses Phänomen nicht gleichzeitig mit den Annahmen des Realismus, dass Objekte schon vor einer Messung eine vollständige Menge von Eigenschaften besitzen, und der Lokalität, dass physikalische Wirkungen sich nicht schneller als die Lichtgeschwindigkeit ausbreiten können, verträglich ist.[2] Es bleibt nun die Aufgabe, das Phänomen der quantenmechanischen Verschränkung im Kontext der leibnizschen Raumvorstellungen zu durchdenken.

Die konzeptionellen Überlegungen in der theoretischen Hochenergiephysik liegen allerdings auf einer noch wesentlich fundamentaleren Ebene. Die folgende Bemerkung kann vielleicht eine Ahnung von den Schwierigkeiten vermitteln, die sich einer Vereinheitlichung der Feldkräfte entgegen stellen. Die Gravitation krümmt gemäß der einsteinschen

---

[2]Wegen der grundlegenden Bedeutung der Bellschen Ungleichung für unser Verständnis der Quantenmechanik haben Physiker keinen experimentellen Aufwand gescheut, um mögliche Schlupflöcher der Argumentation zu stopfen, z. B. dass eine unbekannte Ursache sowohl die experimentelle Anordnung als auch die Messergebnisse kurz vor der Ausführung des Experimentes beeinflussen kann. In [106] hat man daher astronomische Quellen für verschränkte Photonen benutzt und auch dabei die Bellschen Vorhersagen bestätigen können.

Theorie das Medium, in dem sich die Träger dieser Wirkung befinden, den Raum, wie wir
im Kap. 10 im Detail darlegen werden. Die anderen Feldkräfte (die elektromagnetische,
die starke und die schwache Wechselwirkung) werden dagegen in der Quantenfeldtheorie
durch quantisierte Austauschprozesse beschrieben, vermittelt durch bosonische Teilchen.
Für eine Quantenfeldtheorie der Gravitation müsste also herausgearbeitet werden, wie der
Raum auf der Skala der Plancklänge (auf die Max Planck durch Dimensionsüberlegungen
als kleinstmögliche physikalische Skala geführt worden ist)[3] quantisiert werden kann. Und
umgekehrt müssten die quantenmechanischen Austauschteilchen irgendwie in einem geeigneten Medium aufgehen. Für beides gibt es hoffnungsvolle Ansätze, aber das Problem des
Verhältnisses von Raum, Kraft und Materie ist noch nicht gelöst.

---

[3]Die Plancklänge $\ell_P = \sqrt{\frac{hg}{2\pi c^3}}$, wobei h die plancksche Konstante der Quantenmechanik, g die
newtonsche Gravitationskonstante und c die Lichtgeschwindigkeit ist, beträgt etwa $1,6 \times 10^{-35}$ m.
Zur Einschätzung der Größenordnung sei bemerkt, dass der Durchmesser eines Protons in der Größenordnung von 10^{-15} m liegt, also etwa um den Faktor 10^{20} mal größer als ℓ_P ist.

Das Kontinuum

Das Problem des Kontinuums, welches dann später zu einer der Kantschen Antinomien wird, dass zwar einerseits das Kontinuum immer weiter teilbar ist, man aber andererseits im Limes bei ausdehnungslosen Punkten landet, die nicht mehr fähig sind, etwas Ausgedehntes zu konstituieren, führt Leibniz zu der Folgerung, dass die fundamentalen Konstituenten der Materie nicht mehr selbst materiell sein können. Die moderne Physik ist auch zu dem Schluss gekommen, dass die fundamentalen Bestandteile der Materie selbst nicht mehr materiell im klassischen Sinne, sondern abstrakter, als Foci von Kraftwirkungen zu denken sind, wie wir im Kap. 4 besprochen haben. Schon im 19. Jahrhundert wurden durch Faraday, Maxwell, Helmholtz, Hertz und andere Physiker Felder neben Teilchen als gleichberechtigte Bestandteile der Materie identifiziert. Dies gab auch dem Problem des Vakuums, mit dem alle Naturphilosophen, mindestens seit Aristoteles, und auch Leibniz gerungen hatten, einen neuen Aspekt. Der leere Raum, leer in dem Sinne, dass er keine Teilchen enthält, konnte zum Träger physikalischer Wirkungen werden. Eigentlich war dies sogar schon im Newtonschen Gravitationskonzept angelegt, denn die Anziehungskraft war in seiner Theorie eine Fernwirkung, die auch über leere Zwischenräume hinweg wirken konnte. In den Theorien von Faraday, Maxwell etc. wurde dann allerdings die Ausbreitung von elektromagnetischen Feldern durch eine Nahwirkungstheorie beschrieben, und Einstein führte dies in der Allgemeinen Relativitätstheorie auch für die Gravitation durch. Auf den darin enthaltenen Aspekt der endlichen Ausbreitungsgeschwindigkeit physikalischer Wirkungen muss ich noch zurückkommen. Und im Kap. 4 hatten wir schon gesehen, dass in der modernen Elementarteilchenphysik der Unterschied zwischen Teilchen und Feldern verschwimmt. Die Bestandteile der Atome haben gleichzeitig Eigenschaften von Teilchen und von Feldern, sind aber auf keinen dieser beiden Aspekte reduzierbar.

© Springer-Verlag GmbH Deutschland, ein Teil von Springer Nature 2019
J. Jost, *Leibniz und die moderne Naturwissenschaft,* Wissenschaft und
Philosophie – Science and Philosophy – Sciences et Philosophie,
https://doi.org/10.1007/978-3-662-59236-6_7

Das Problem des Kontinuums war für Leibniz auch ein mathematisches Problem, wie schon im Kap. 6, und hier gibt es bei aller konzeptionellen Verschiedenheit schon Berührungspunkte der diesbezüglichen leibnizschen Überlegungen zu den mathematischen Einsichten von Weierstraß, Dedekind und Cantor aus der zweiten Hälfte des 19. Jahrhunderts, s. [63]. Leibniz besitzt insbesondere schon den modernen Stetigkeitsbegriff von Weierstraß, dass nämlich eine Funktion stetig ist, wenn man den Unterschied zweier Funktionswerte beliebig klein machen kann, sofern man nur den Unterschied der Argumente genügend klein macht.[1,2] Die Stetigkeit einer Funktion ist allerdings begrifflich von der Stetigkeit des Raumes zu unterscheiden, und Letzteres ist der für unsere Diskussion wichtige Punkt. Leibniz erkennt (tiefer als Kant), dass fortgesetzte Teilbarkeit noch kein Kontinuum erzeugt. Insbesondere war Leibniz wohl der erste Denker, der den Unterschied zwischen Dichtheit und Kontinuierlichkeit gesehen hat, wie in [63] herausgearbeitet wird.[3] Dedekind und Cantor haben dann später mathematisch präzisiert, dass zwischen je zwei rationalen Zahlen zwar beliebig viele weitere rationale Zahlen liegen, aber auch noch beliebig viele irrationale Zahlen, und die Menge letzterer ist sogar von größerer Mächtigkeit als die ersterer. Die rationalen Zahlen liegen also dicht, bilden aber selbst noch kein Kontinuum. Nach Leibniz lässt sich die Menge der rationalen Zahlen in zwei Teile zerlegen, beispielsweise in diejenigen rationalen Zahlen, die kleiner als $\sqrt{2}$, und diejenigen, die größer als $\sqrt{2}$ sind, ohne dass diese Teile einen gemeinsamen Randpunkt hätten (denn $\sqrt{2}$ ist, wie schon die Pythagoräer zu ihrer Bestürzung erkannt hatten, irrational, also nicht rational), s. [63]. Eine solche Überlegung führt später durch den Dedekindschen Schnitt [55] zur heutigen Definition des Kontinuums der reellen Zahlen. In diesem Sinne definiert Leibniz in [GM V], p. 184, ein Kontinuum als etwas, bei dem einerseits, wenn es aus zwei Teilen S und T zusammengesetzt ist, diese Teile etwas gemeinsam haben müssen, was selbst kein Teil ist, und andererseits es zu jedem Teil einen anderen Teil gibt, der mit ihm nichts gemeinsam hat. Um darzulegen, was Leibniz hiermit meint, kann man die Begriffe in eine heutige mathematische Terminologie übersetzen.[4] In dem obigen Beispiel hätten die Teile S, bestehend aus den reellen Zahlen $\leq \sqrt{2}$ und T, aus denjenigen $\geq \sqrt{2}$, den gemeinsamen Randpunkt $\sqrt{2}$. Und

---

[1] Weierstraß drückt dies so aus: Eine Funktion f ist genau dann stetig, wenn es zu jedem x_0, für das der Wert $f(x_0)$ definiert ist, und zu jedem $\epsilon > 0$ ein $\delta > 0$ gibt mit der Eigenschaft, dass $|f(x_0) - f(x)| < \epsilon$, sofern $|x_0 - x| < \delta$ ist. Dieses Kriterium findet sich heute in jedem Analysislehrbuch, und es formalisiert genau das, was Leibniz in [GP III], p. 52, und [GM VI], p. 129, verbal ausgedrückt hat.

[2] Nach Arthur [10] sind allerdings bei der mathematischen Analyse des Bewegungsproblems durch Leibniz nur die Endpunkte des jeweiligen Zeitintervalls gegeben, an denen der betrachtete Körper mit seinen physikalischen Eigenschaften präsent ist. Ob und wie er dazwischen existiert, ist unklar. Und diskrete Sprünge unterhalb einer gewissen Wahrnehmungsschwelle würden das Stetigkeitsprinzip nicht verletzen. Im Lichte der in diesem und im Kap. 6 angesprochenen mathematischen Überlegungen von Leibniz und des späteren mathematischen Begriffs des Kontinuums und der Stetigkeit wirkt dies allerdings merkwürdig.

[3] s. insbesondere [GM VII], p. 287.

[4] Ein Teil ist dann eine abgeschlossene Untermenge mit nichtleerem Inneren, und die obigen Teile S und T hätten dann einen gemeinsamen Randpunkt.

umgekehrt hat der Teil derjenigen Zahlen, die ≤ 1 sind, nichts gemein mit dem Teil der Zahlen ≥ 2. Die charakteristische Eigenschaft des Kontinuums ist also nicht, dass es aus Punkten besteht, sondern dass es in verschiedene Teile zerlegbar ist. Diese Teile müssen zusammenhängen, wenn sie das Kontinuum vollständig erfassen. Aber andererseits kann man zu jedem Teil auch einen zu ihm völlig disjunkten finden. Das Kontinuum ist also, weil teilbar, keine unauflösbare Einheit. Und jeder Teil kann weiter unterteilt werden. Leibniz erläutert dies an dem folgenden Diagramm:

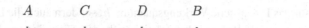

Teile sind hier Teilstrecken der Strecke AB. Die Teilstrecken AC und BD haben keinen Punkt gemeinsam. Dagegen haben die beiden Strecken AC und BC, die zusammen die ganze Strecke AB bilden, aber in keiner Teilstrecke überlappen, den gemeinsamen Punkt C. Und AD kann in AC und CD zerlegt werden. In der Ebene kann man dies analog durch die Zerlegung von Rechtecken illustrieren, und wenn man ein Rechteck in zwei nicht überlappende Teilrechtecke zerlegt, so haben diese eine gemeinsame Kante. Natürlich kann man in zwei (oder mehr) Dimensionen auch mit allgemeineren Figuren als Rechtecken arbeiten. Das Vorstehende klingt zwar simpel, lässt sich aber offensichtlich sehr verallgemeinern, und dies führt dann zu heutigen mathematischen Begriffsbildungen. Allerdings hat sich der leibnizsche Begriff des Kontinuums in der modernen Mathematik in verschiedene Aspekte aufgefächert (s. z. B. [131, 136]), wobei der wesentliche Beitrag die mengentheoretische Topologie von Hausdorff [108] ist.

Für diese Konzeption des Kontinuums sind also nicht mehr Punkte konstitutiv (zwar treten in dem obigen Beispiel noch Punkte wie C auf, aber in zwei Dimensionen treten, wie erläutert, an deren Stelle Kanten). Dies führt nun auf die Frage, was denn das Verhältnis zwischen Punkten und Kontinua ist, und allgemeiner auf die für die leibnizsche Philosophie fundamentale Frage nach dem Verhältnis zwischen dem Kontinuierlichen und dem Diskreten. Diesem ist Abschn. 7.3 gewidmet, und wir werden an manchen anderen Stellen darauf zurückkommen müssen. – Im Abschn. 7.2 werden wir sehen, dass eine Verschärfung des Teilbarkeitskriteriums, dass nämlich die Teile dem Ganzen ähnlich sein sollen, auf das Konzept der Skaleninvarianz oder Selbstähnlichkeit führt. Allerdings ist der Raum der modernen Physik nicht skaleninvariant, und im Abschn. 7.1 werden wir dies im Lichte der leibnizschen Vorstellungen diskutieren.

7.1 Das Problem des Kontinuums in der modernen Physik

Wie schon gesagt, war das Problem des Kontinuums ein wichtiger Ausgangspunkt der leibnizschen Überlegungen. Hier gibt es durch die moderne Physik aber einen wesentlichen neuen Gesichtspunkt. Es gibt nämlich eine Konstante, das Plancksche Wirkungsquantum h, die auch eine absolute Längenskala festlegt, die Plancklänge, bei welcher die Raumstruktur und damit auch die üblichen physikalischen Gesetzmäßigkeiten ihre Gültigkeit verlieren. Es gibt also kein physikalisches Kontinuum, welches ohne seine Eigenschaften zu verlieren, immer feiner unterteilt werden kann. Dies wirft nun für die leibnizschen Prinzipien einige Probleme auf. Nach dem leibnizschen Postulat des zureichenden Grundes müsste sich eine Begründung für den Wert des Planckschen Wirkungsquantums h finden lassen. Aber eine solche Begründung ist bisher nicht gefunden worden, und das Problem der Kontingenz der Naturkonstanten ist ein grundlegendes ungelöstes Problem der theoretischen Physik. So gibt es nicht nur das Plancksche Wirkungsquantum h, sondern auch die Lichtgeschwindigkeit c, welche eine zentrale Rolle in der Relativitätstheorie Einsteins spielt, und die Newtonsche Gravitationskonstante g. In dem erfolgreichsten Modell der Teilchenphysik, dem sog. Standardmodell, gibt es darüber hinaus eine Reihe weiterer, nicht erklärter und im Kontext des Modells auch nicht weiter erklärbarer, also kontingenter Konstanten. Gerade die relativ große Zahl solcher kontingenter Parameter im Standardmodell ist für viele theoretische Physiker unbefriedigend, ganz im leibnizschen Sinne. (Allerdings ist das Standardmodell vorerst einmal durch den Nachweis des Higgs-Bosons gerettet worden.[5]) Desweiteren stellt sich für die leibnizschen Gedankengänge hier aber auch das Problem der Stetigkeit. Leibniz hat Stetigkeit als grundlegend für alle Naturvorgänge angesehen, und dies führte ihn, wie dargelegt, u. a. zum Prinzip der Energieerhaltung und zu seiner vernichtenden Kritik der cartesianischen Physik. Wenn sich aber bei der Plancklänge das physikalische Kontinuum auflöst, fragt sich, was dann passiert, und dies wissen auch die heutigen Physiker noch nicht genau. Jedenfalls deutet aber die Existenz des Plancksches Wirkungsquantums darauf hin, dass letztendlich den physikalischen Strukturen und Prozessen etwas Diskretes, Gequanteltes innewohnt.

Aus dem Satz vom zureichenden Grunde folgert Leibniz die Identität des Nichtunterscheidbaren. Dies führt uns zu einer weiteren tiefen Frage der modernen Physik, nach der Natur der physikalischen Teilchen (mit den schon angesprochenen Einschränkungen des Teilchenbegriffs). Zunächst einmal können nach dem Paulischen Ausschlussprinzip zwei Materieteilchen (Fermionen) nicht in sämtlichen Werten ihrer Eigenschaften übereinstimmen, ohne identisch zu sein. Bei den Austausch- oder Wechselwirkungsteilchen, den Bosonen, ist das allerdings möglich, aber diese sind relational und nicht material zu denken. Während Leibniz also argumentiert hat, dass zwei Objekte nicht die gleiche Raumstelle einnehmen können, so können nach dem Pauliprinzip zwei Materieteilchen nicht in allen ihren Zuständen übereinstimmen. Da solche Teilchen nach den Prinzipien der Quantenmechanik keine streng lokalisierbaren Objekte sind, erscheint dies als eine natürliche Adaptation des

---

[5]Das Standardmodell erklärt aber nicht die sog. Dunkle Materie, auf deren Existenz aus kosmologischen Beobachtungen von Anziehungskräften im galaktischen Maßstab geschlossen wird. Die beobachteten Anziehungen sind erheblich stärker als durch die sichtbare Materie erklärbar. Sofern das newtonsche Gravitationsgesetz auch auf diesen großen Skalen gültig ist, muss es eine Art von unsichtbarer Materie geben, die diese Anziehungen hervorruft. Über die Natur einer solchen nicht direkt beobachteten, sondern nur indirekt erschlossenen Materie lässt sich natürlich viel spekulieren.

leibnizschen Prinzips; die Diskussion hierüber ist allerdings kontrovers geführt worden, s. den Beitrag von H. Lyre in [88].

Das Ausschlussprinzip spiegelt sich in dem mathematischen Formalismus wider, der mit antikommutierenden Variablen arbeitet (d. h., es gilt die Multiplikationsregel $a \cdot b = -b \cdot a$, und daher ist immer $a \cdot a = 0$ – Leibniz hätte diese Übersetzung eines ontologischen Prinzips in einen algebraischen Formalismus sicher gefallen). Aber es gibt noch einen weiteren Aspekt. Ein Elementarteilchen wie das Elektron ist abstrakt durch seine internen Symmetrien charakterisiert, die mathematisch durch eine Liegruppe G beschrieben werden. Wenn die Gruppe G spezifiziert ist, ist damit auch das Teilchen gegeben. In diesem Sinne gibt es also nur ein Elektron. Nach Heisenberg [111] erscheint, manifestiert oder konkretisiert sich dies abstrakte Teilchen dann nur auf verschiedene Weisen, und jede solcher Manifestationen entspricht einer Repräsentation, einer Darstellung der betreffenden Gruppe G, also einer konkreten Operation der abstrakten Gruppe.[6] Auch wenn ich hier die mathematischen Strukturen nicht näher erläutern kann, so scheinen mir dieses allgemeine Symmetrieprinzip und die verschiedenen konkreten Manifestationen eines und desselben abstrakten Objektes doch eine Betrachtungsweise darzustellen, die sehr gut zu den Leibnizschen Prinzipien passt.

Als vorläufiges Fazit wollen wir festhalten, dass es zwar, so wie Leibniz es sich auch prinzipiell vorgestellt hat, hinter der materiellen Wirklichkeit liegende, abstraktere Entitäten gibt, aus denen sich diese Wirklichkeit konstituiert, dass aber diese Entitäten bei der Auflösung des Kontinuums ins Diskrete verschwimmen und dass daher in diesen Bereichen auch der Identitätssatz seine Gültigkeit zu verlieren scheint. Aber im Einklang mit den leibnizschen Prinzipien müsste man dann die entsprechende Wirklichkeit auf einer noch abstrakteren Ebene suchen, derjenigen der Symmetrieprinzipien und deren jeweils verschiedenen konkreten Manifestationen. Auf einige dieser Aspekte werden wir im Abschn. 7.3 noch zurückkommen.

Aber wir können die Sache auch herumdrehen. Statt zu fragen, wie die leibnizschen Konzeptionen sich zu den Erkenntnissen der modernen Quanten- und Elementarteilchenphysik verhalten, können wir auch untersuchen, was diese Physik zu einem zentralen Problem der leibnizschen Philosophie sagen kann. Dieses Problem ist, wie die Monaden phänomenal werden, in das Wirkungsgefüge mit anderen Monaden eintreten, also ihren Ort im Raum finden oder bestimmen. An sich sind Monaden ausdehnungslos, aber räumliche Körper besitzen eine messbare Ausdehnung. Wie kann sich das also vollziehen? Eine wesentliche Einsicht der Quantentheorie (s. z. B. [179]) besteht darin, dass ein unzerlegbares Teilchen keine Ausdehnung im klassischen Sinne besitzen kann, da es ja keine unterscheidbaren Punkte enthält, an die man einen Maßstab anlegen könnte. In diesem Sinne kann es also erst einmal gar kein räumliches Gebilde sein. Und nach der Heisenbergschen Unschärferelation ist eine Positionsbestimmung nur auf Kosten der Genauigkeit seines Impulses möglich. Wenn man ein Teilchen durch Messungen einfangen will, bleibt also eine nicht

---

[6]In der heutigen naturphilosophischen Diskussion wird in dieser Hinsicht ein Strukturenrealismus diskutiert, der in stärkeren Fassungen den formalen Strukturen einen höheren Wirklichkeitsgehalt als den materialen Instantiierungen zuerkennen will. S. z. B. den Beitrag von H. Lyre in [81].

auflösbare Unbestimmtheit zurück. In diesem Sinne kann also das leibnizsche Problem gar keine vollständige Lösung haben. Es ist nun äußerst bemerkenswert, dass Leibniz in seiner Philosophie auf ein zentrales Problem der modernen Physik geführt wird. Zwar konnte er das Problem noch nicht lösen, sondern musste letztendlich darüber hinweggehen, aber schon die Tatsache, dass dieses Problem überhaupt entsteht, zeigt die Tiefe seines Denkens.

7.2   Relativität und Ähnlichkeit

Wenn es keine Naturkonstanten gibt, so gibt es insbesondere auch keinen Skalenfaktor, also keine invariante Größe wie die Plancklänge, wie schon im vorstehenden Abschn. 7.1 dargelegt worden ist. Dies hat, wie Leibniz entwickelt hat, auch Konsequenzen für die Struktur des Raumes, wie schon im Kap. 6 angeklungen ist.

Leibniz setzte nämlich den Satz vom zureichenden Grunde systematisch ein, um die Relativität von Raum, Zeit und Größe zu beweisen. Wenn alles um einen Meter (ein kleiner Anachronismus, da der Meter erst nach Leipzig als Maßeinheit eingeführt wurde) verrückt, um einen Winkel von 10 Grad gedreht, um eine Minute verzögert oder um einen Faktor 2 vergrößert würde, könne man, so Leibniz, keinen Unterschied feststellen, und wenn kein Unterschied festgestellt werden könne, so gebe es auch keinen Unterschied. Dies ist ein brilliantes, allerdings auch problematisches Argument. Als Leibniz dies Argument zur Widerlegung des newtonschen Konzeptes des absoluten Raumes benutzen wollte, ließ dieser durch sein Sprachrohr Clarke erwidern, dass die Trägheitseffekte bei Rotationsbewegungen (das berühmte Eimerexperiment) sehr wohl die Existenz eines absoluten Raumes erweisen würden. Auch wenn dieses Argument nicht wirklich stichhaltig war – Ernst Mach deutete bekanntlich später das Phänomen als Wirkung der gravitativen Kräfte des Fixsternhimmels und in Einsteins Allgemeiner Relativitätstheorie findet es seine endgültige Erklärung –, so konnte Leibniz es seinerzeit doch nicht überzeugend entkräften. Das eigentliche Problem entsteht aber bei der letzten Anwendung, der Skalenfreiheit des Raumes. Dies führt uns auch mitten in die geometrischen Überlegungen von Leibniz. Ähnliche Dreiecke, also Dreiecke mit gleichen Winkeln, aber möglicherweise verschiedenen Seitenlängen, deren Größenverhältnisse also nach der euklidischen Geometrie übereinstimmen, können nur dann voneinander unterschieden werden, wenn es einen Längenmaßstab gibt, der auf beide angelegt werden kann. Für einen solchen invarianten Längenmaßstab gibt es aber für Leibniz keinen rationalen Grund. Dies führt nun einerseits zu Leibniz' Überlegungen zur euklidischen Geometrie, genauer zur Rolle des Parallelenpostulates, s. Kap. 6. Andererseits ist die Forderung invarianter Längenmaßstäbe im 19. Jahrhundert von Helmholtz als ein Prinzip zur Bestimmung der Geometrie des Raumes postuliert worden. Wenn man solche invarianten Längenmßstäbe als starre dreidimensionale Körper konzipiert, ergibt sich, wie Helmholtz gezeigt hat, sogar die Konsequenz, dass der physikalische Raum konstante riemannsche

Krümmung[7] haben muss. Einerseits ist dieses Argument nun problematisch, und wird in der Allgemeinen Relativitätstheorie widerlegt, dergestalt, dass die Formen von Körpern nicht unabhängig von der Geometrie an der Stelle des Raumes sind, wo sie sich befinden. Andererseits folgt aber, wenn man noch die stärkere Forderung der Skaleninvarianz oder Selbstähnlichkeit stellt, dass also Körper ihre Gestalt nicht ändern, wenn sie um einen festen Skalenfaktor gestaucht oder gestreckt werden, dass dann der physikalische Raum nicht nur konstante Krümmung haben muss, sondern sogar die Krümmung $= 0$ haben muss, also euklidisch sein muss. Dies ist aber im Wesentlichen schon die Argumentation von Leibniz.

Wie im Kap. 6 dargelegt, folgt aus der Abwesenheit eines Skalenfaktors, dass die Winkelsumme in einem Dreieck unabhängig von dessen Größe sein muss, was wiederum zur Folge hat, dass der Raum euklidisch ist. Wenn zwei Dreiecke winkelgleich sind, folgt daraus noch nicht, dass sie kongruent sind, denn ihre Größen können sich durch einen festen Faktor voneinander unterscheiden. Kongruenz kann man erst dann feststellen, wenn man sie nebeneinander legt, also gleichzeitig mit dem gleichen Maßstab sieht, s. die Analyse der leibnizschen Überlegungen in [60, 62]. Hier wollen wir noch herausarbeiten, dass aus den leibnizschen Überlegungen folgt, dass ein Kontinuum ohne einen Skalenfaktor selbstähnlich sein muss. Wenn, wie Leibniz argumentiert, es keinen Unterschied macht, wenn alle Distanzen mit einem festen Faktor R multipliziert werden, so kann also der mit einem solchen Faktor R skalierte Raum nicht von dem ursprünglichen unterschieden werden. Der Raum ist also skaleninvariant, oder wie man heute auch sagt, selbstähnlich. Allerdings gibt es auch andere selbstähnliche Strukturen. Leibniz' wissenschaftlicher Partner Jacob Bernoulli entdeckte z. B., dass eine bestimmte Kurve, die logarithmische Spirale ebenfalls selbstähnlich ist, in dem Sinne, dass eine Skalierung der euklidischen Ebene um einen Faktor die logarithmische Spirale in sich selbst überführt. Cantor [38][8] konstruierte später Fraktale, also selbstähnliche Mengen, deren komplizierte und irreguläre Struktur sich auf verschiedenen Skalen wiederholt, und der Physiker Mandelbrot [178] fand solche Fraktale in vielen Naturphänomenen verwirklicht.[9] Es gibt also durchaus auch moderne Konzeptionen selbstähnlicher, skaleninvarianter physikalischer Strukturen, auch wenn diese im Lichte der Quantenphysik nurmehr eine Approximation darstellen können. Solche Fraktale besitzen typischerweise keine ganzzahlige Dimension, wenn man zur Feststellung der Dimension beispielsweise schaut, wie sich das Volumen einer Kugel als Funktion des Radius verhält. In der Dimension 2, also der euklidischen Ebene, ist die Fläche einer Kreisscheibe, also

---

[7]Konstante Krümmung K haben die euklidischen ($K = 0$), die sphärischen ($K > 0$) und die hyperbolischen ($K < 0$) Räume; letztere sind die im 19. Jahrhundert von Gauss, Bolyai und Lobatschewsky entdeckten nichteuklidischen Räume. Zu den diesbezüglichen Überlegungen von Leibniz s. [62].

[8]s. Anm. zu § 10 in [38]. Interessanterweise zitiert Cantor in § 7 zustimmend die leibnizschen Ausführungen zur unendlichen Teilbarkeit, auch wenn er andere leibnizsche Aussagen zum Konzept des Unendlichen zurückweist.

[9]Die häufig ausgedrückte Ansicht, dass Skalenfreiheit ein Zeichen von Komplexität ist, ist aber wohl irreführend. Strukturen, die wir als komplex ansehen, wie Lebewesen, sind gerade typischerweise dadurch charakterisiert, dass sie nicht skalierbar sind. Hierauf wies z. B. der jesuitische Naturwissenschaftler und Philosoph Teilhard de Chardin (1881–1955) hin [232, 233].

des zweidimensionalen Analogons der Kugel, eine quadratische Funktion des Radius, während im dreidimensionalen euklidischen Raum das Kugelvolumen wie die dritte Potenz des Radius wächst. In fraktalen Gebilden können dagegen nichtganzzahlige Exponenten das Volumenwachstum charakterisieren.[10]

En passant sei angemerkt, dass die leibnizschen geometrischen Vorstellungen von Selbstähnlichkeit und Skalenfreiheit auch gut mit seinen biologischen Überlegungen zusammenpassen, wo im Samen jedes Lebewesens die unendliche Kette seiner Nachkommen angelegt ist, s. Kap. 13.

Wir können auch versuchen, Leibniz' Argument für die Relativität und Selbstähnlichkeit des Raumes weiterzuführen und dadurch seine Konsequenzen auszuloten. Was passiert, wenn alles um einen Faktor 2 schwerer oder wärmer wird? Letztendlich darf es nach solchen Überlegungen keine absoluten Naturkonstanten geben. Dies ist eines der fundamentalen Probleme der heutigen Physik, ob und warum es Naturkonstanten gibt (vgl. Abschn. 7.1). Es sollten so wenige wie möglich sein.

7.3   Das Diskrete und das Kontinuierliche

Offensichtlich ist das Kontinuierliche dem Diskreten entgegengesetzt. Die Kluft zwischen dem Diskreten, wie es sich in der Kombinatorik oder den Monaden zeigt, und dem Kontinuierlichen, wie es sich in Analysis und Dynamik zeigt, wird durch das Konzept der unendlichen Reihe überbrückt. Hier wird in kontinuierlicher Manier, als Konvergenz zu einem Limes, etwas aus Diskreta, den Reihengliedern, erzeugt.

Eine der ersten mathematischen Entdeckungen von Leibniz war die Konvergenz der unendlichen Reihe

$$1 - \frac{1}{3} + \frac{1}{5} - \frac{1}{7} + \frac{1}{9} - \frac{1}{11} \dots \text{ gegen } \frac{\pi}{4}, \tag{7.1}$$

s. [GM V], 118–122, u. [Math.Z], 9–18.

Später werden Grenzbetrachtungen zum Kern der Leibnizschen Analysis, s. [Quadratur], z. B. 56 ff.

Hier dringt Leibniz schon zum Stetigkeitsbegriff der modernen Mathematik vor, wie er dann im 19. Jahrhundert durch Karl Weierstraß präzise formuliert worden ist. Dies hatten wir am Anfang von Kap. 7 erläutert.

Das Verhältnis zwischen dem Kontinuierlichen und dem Diskreten stellt sich dann in der Quantenmechanik in neuer Schärfe, und dies wirft auch ein neues Licht auf die naturphilosophischen Überlegungen von Leibniz. Es geht um die Bestimmtheit des Naturgeschehens und das Kausalitätsprinzip hinter dessen Erkenntnis.

---

[10]Allerdings gibt es auch Fraktale mit ganzzahliger Dimension, und die mathematisch korrekte Definition eines Fraktals ist komplizierter als hier dargestellt; s. z. B. [83].

Die Spannung zwischen dem Kontinuierlichen, wie es sich im phänomenalen Naturgeschehen zeigt, handhabbar mit den Methoden der Infinitesimalrechnung, und dem Diskreten, der in den Monaden repräsentierten eigentlichen Wirklichkeit, erfassbar durch Kombinatorik, ist grundlegend für Leibniz' System. In der Quantenmechanik ist dieses Verhältnis aber inniger und komplexer, als Leibniz es sich damals vorgestellt hat, und dies führt direkt auf Fragen der kausalen Determiniertheit des Naturgeschehens. (Die Frage nach der Kausalität im leibnizschen System werden wir in Abschn. 12.1 noch einmal aufgreifen.)

Wie schon Cassirer [46] herausgearbeitet hat, verletzt die Quantenmechanik nicht etwa das Kausalitätsprinzip, sondern verschiebt die physikalischen Größen, zwischen denen gesetzmäßige und kausale Zusammenhänge bestehen.

Die quantenmechanische Wellenfunktion genügt der Schrödingergleichung, und ihre zeitliche Entwicklung ist daher genauso determiniert wie eine Teilchenbahn in der klassischen Mechanik durch die Newtonschen Bewegungsgleichungen. Allerdings liefert die Wellenfunktion nur Wahrscheinlichkeiten spezifischer Zustände. Die Bestimmung des tatsächlich beobachteten Wertes vollzieht sich erst im Messprozess, und die Analyse dessen, was eigentlich in diesem Messprozess geschieht, hat zu beträchtlicher Verwirrung und zu vielfältigen Kontroversen geführt. Es handelt sich um die grundsätzliche Frage, wie durch eine Messung aus einem an sich unbestimmten Wert einer quantenmechanischen Variablen ein konkreter Wert entsteht. Dies ist nicht einfach ein subjektives Phänomen, denn zwei Physiker, die nach einem Streuexperiment den gleichen Schirm betrachten, sehen auch die gleichen Teilchenspuren. Die Wechselwirkung mit dem makroskopischen Messapparat weist irgendwie dem an sich in seinen Werten unbestimmten quantenmechanischen Teilchen konkrete Werte zu. Die Schrödingergleichung ist linear, und daher ergibt sich nach ihr das Verhalten makroskopischer Objekte als Summe der Aktivitäten ihrer mikroskopischen Bestandteile. Somit gibt die Schrödingergleichung keinen Anlass zu einer prinzipiellen Unterscheidung zwischen mikroskopischen und makroskopischen Phänomenen, zwischen quantenmechanischen Prozessen und Messvorgängen.

Heute scheint man sich der Lösung dieses Problems über ein Gedankenexperiment von Einstein et al. [78] (das wir schon bei der Diskussion der quantenmechanischen Verschränkung im Kap. 6 erwähnt hatten) zu nähern, das diese als Einwand gegen die Quantenmechanik angesehen, das aber zur Verblüffung aller als reales Experiment ausgeführt werden kann und dann die von Einstein, Podolsky und Rosen als paradox angesehenen Ergebnisse liefert. Und zwar handelt es sich um das Phänomen der Verschränkung zweier Teilchen, deren Gesamtzustand so beschaffen ist, dass aus einer Messung bei einem Teilchen auch der korrespondierende Wert bei dem anderen Teilchen festgelegt wird. Unter den seinerzeitigen führenden Quantenphysikern hat nur Schrödinger sich ernsthaft mit diesem Einsteinschen Einwand auseinandergesetzt und das Phänomen mit seinem berühmten Katzen-Gedankenexperiment ins Makroskopische übertragen. Eine wichtige theoretische Analyse wurde dann von J. Bell [19] durchgeführt. Heutzutage versucht man, dieses Phänomen der Verschränkung für Quantencomputer auszunutzen. Die technische Schwierigkeit besteht darin, die Verschränkung aufrechtzuerhalten und Dekohärenz durch Wechselwirkung mit

der Umgebung zu verhindern. Aber dies ist nun genau der Punkt des Messprozesses, und in
der sich im Messvorgang vollziehenden Wechselwirkung geht dann gerade die Verschränkung verloren, siehe [127]. Allerdings löst dies das Problem noch nicht vollständig, weil
auch ein nichtverschränkter quantenmechanischer Zustand noch gemischt, also eine kon-
vexe Kombination verschiedener reiner Zustände sein kann, statt nur eines einzigen solchen
Zustandes. Für Einzelheiten der Diskussion verweisen wir auf [88].

In der klassischen Mechanik sind die Zustandsänderungen durch Differentialgleichungen
mit beliebiger Präzision bestimmt, sofern die Anfangsbedingungen mit genügender Präzision bekannt sind. Da diese Anfangsbedingungen aber durch reelle Zahlen ausgedrückt und
gemessen werden, ist deren exakte Kenntnis prinzipiell unmöglich. Schon die Schüler des
Pythagoras hatten mit Entsetzen erkannt, dass sich nicht alle Zahlen rational, als Quotienten
ganzer Zahlen, darstellen lassen. Dies bedeutet, dass Messen grundsätzlich nicht auf Zählen
zurückgeführt werden kann.

Inwieweit mikroskopische Fehler bei der Bestimmung der Anfangswerte eines dynamischen Systems, das einen Prozess der klassischen Physik beschreibt, makroskopische Auswirkungen haben können, wird dann in der Theorie der dynamischen Systeme mit Begriffen
wie asymptotische Stabilität und Hyperbolizität untersucht (s. z. B. [132]); das Aufschaukeln kleiner Ungenauigkeiten erklärt das Phänomen des Chaos. In der Quantenmechanik
verschiebt sich dies. Die möglichen Werte, beispielsweise die Energieniveaus von Elektronen, sind Vielfache des Planckschen Wirkungsquantums und daher diskret und somit exakt
bestimmt. Die Übergänge sind dagegen im Gegensatz zur klassischen Mechanik nicht mehr
exakt bestimmt, sondern es sind, wie erläutert, nur deren Wahrscheinlichkeiten determiniert. Weil die Energieniveaus diskret sind, kann der Übergang von einem zu einem anderen
jetzt nicht mehr kontinuierlich stattfinden, sondern vollzieht sich in einem diskreten Sprung.
Wann das stattfindet, ist nach Heisenberg unbestimmt, und was sich dazwischen vollzieht,
ist in der Quantenmechanik keine sinnvolle Frage mehr. In der modernen Quantenfeldtheorie und theoretischen Elementarteilchenphysik wird die Analyse zwar verfeinert, aber der
grundsätzliche Punkt, dass Übergänge zwischen diskreten Werten sprunghaft sein müssen,
wird dadurch nicht berührt.

Leibniz hat nicht geglaubt, dass die Natur sich so verhalten könne, aber aus seinem konzeptionellen Ansatz folgen die oben dargestellten Konsequenzen, wenn die Natur tatsächlich
im Innersten diskret ist. Diese Konsequenzen waren Leibniz wohl im Unterschied zu seinen
Zeitgenossen und den Naturwissenschaftlern des 18. und 19. Jahrhunderts klar, aber er hat
sie aus teleologischen Gründen abgelehnt.

Logik

Wir wenden uns nun der leibnizschen Logik zu, die Couturat [53] ins Zentrum des leibnizschen Systems gestellt hat und in der Russell [208] eine grundsätzliche Schwierigkeit und Inkonsistenz dieses System identifizieren zu können geglaubt hat.

Bevor ich weiter unten einen systematischen Abriss der leibnizschen Logik gebe, sollen zunächst einige allgemeine Prinzipien dargelegt und einige Konsequenzen für das leibnizsche System ausgelotet werden. Wir werden dabei sehen, dass seine logischen Prinzipien und Untersuchungen Leibniz zu den gleichen Schlüssen führen, die er auch in seiner Naturphilosophie gewonnen hat. Welchem dieser Zugänge in Leibniz' Denken die Priorität gebührt, kann ich nicht entscheiden.

Leibniz' Logik scheint zunächst wie bei Aristoteles eine Logik von Prädikaten zu sein, die in Subjekten enthalten sind, und nicht wie bei Frege eine Logik von Relationen, die zwischen Argumenten bestehen. Daher, so folgert Russell [208], könne sie auch die Relationen zwischen Monaden und somit die Struktur des Raumes nicht adäquat erfassen und sei gezwungen, dies ins Reich des nur Idealen zu relegieren, denn nach dieser Logik könnten nur die individuellen Monaden selbst, die durch ihre Prädikate vollständig, und zwar für Leibniz damit auch in ihrer zeitlichen Entwicklung, bestimmt sind, behandelt werden, aber nicht die Beziehungen zwischen ihnen, also der Zusammenhang der Welt, analysiert werden.

In seiner Logik unterscheidet Leibniz zwischen analytischen Wahrheiten, die in endlich vielen Schritten zeigen, dass das Prädikat im Subjekt enthalten ist, und die somit im Leibnizschen Sinne notwendig und beweisbar sind, und kontingenten Tatsachen, zu deren Herleitung unendlich viele Schritte erforderlich wären und die daher nur von Gott eingesehen werden können.[1] Leibniz fordert auch eine Logik von Wahrscheinlichkeiten,

---

[1] Kontingente Tatsachenwahrheiten, die selbst also nicht analytisch sind, beruhen aber auf dem Satz vom zureichenden Grunde, welcher wiederum analytisch ist. Couturat [53] und Russell [208] erblicken hierin ein Problem. Allerdings hängt der Unterschied zwischen analytischen und synthetischen

© Springer-Verlag GmbH Deutschland, ein Teil von Springer Nature 2019
J. Jost, *Leibniz und die moderne Naturwissenschaft,* Wissenschaft und
Philosophie – Science and Philosophy – Sciences et Philosophie,
https://doi.org/10.1007/978-3-662-59236-6_8

einerseits angeregt durch die Überlegungen von Pascal, Fermat und Huygens zum Wahr-
scheinlichkeitsbegriff im Kontext von Glücksspielen und die zu seiner Zeit anhand von
Geburts- und Sterbetafeln begonnene Versicherungsstatistik, andererseits auch das Werk
anregend, dass die Wahrscheinlichkeitstheorie im eigentlichen Sinne begründet, Jacob Ber-
noullis „Ars coniectandi", s. [21]. Es ist mir aber nicht klar, wie Leibniz das Verhältnis von
Kontingenz und Wahrscheinlichkeit gesehen hat. Im Kontext seines Systems ist diese Frage
wichtig.

Leibniz kann jedenfalls durch eine solche infinitesimale Logik unterscheiden zwischen
einem Ganzen, das aus einfacheren Teilen besteht, und einer Einheit, die insofern einfacher
ist als ihre Teile, als sie deren allgemeines Gesetz in sich trägt, wie eine unendliche Reihe, die
das Bildungsgesetz ihrer Terme darstellt. Russell hat dies nicht erkannt, aber beispielsweise
Brunschvicg hat dies in [33], p. 220 ff., herausgearbeitet (s. entsprechende Zitate aus einem
Brief von Leibniz an De Volder). S. natürlich auch Cassirer [44]. Diese Einheiten bleiben
dadurch nicht mehr räumliche Körper, sondern werden zu abstrakteren, nichträumlichen
Entitäten.

Solche Einheiten können durchaus aus anderen Einheiten zusammengesetzt sein, so wie
die einzelnen Glieder einer Reihe selbst wieder Reihen sein können. Eine dominante Monade
kann andere Monaden in sich einschließen, wie es sich im Phänomen des Lebens zeigt.

Russell [208] geht von der leibnizschen Logik aus. Da nach seiner Interpretation Leibniz
als logische Aussagen nur solche zulässt, in denen einem Subjekt ein Prädikat zugeschrieben
wird, und Relationen daher rein ideal sind, so sind Monaden als Subjekte logischer Aussagen
in sich geschlossen. Ihr Lebenslauf kommt ihnen als zeitlich variable und daher kontingente
Prädikate zu und ist daher schon in ihrem inneren Wesen angelegt. Daher bedarf es keiner
äußeren Einflüsse mehr, welche also ideal und damit für Russell zweitrangig werden. Diese
Abqualifizierung des Idealen ist wohl einer der entscheidenden Fehler der Russellschen
Interpretation, und Cassirer [44] beispielsweise ist dem entschieden entgegen getreten.
Mugnai [186] dagegen kritisiert den Ansatz von Russells Interpretation der leibnizschen
Logik, dass nämlich Relationen keine logischen Aussagen seien.

Jedenfalls entwickelt Leibniz eine auf Relationen zwischen Substanzen statt auf mit
Prädikaten, Eigenschaften versehenen individuellen Substanzen beruhende Ontologie. Da
die Monaden fensterlos sind, können dabei nur einer Monade inhärente – notwendige
oder kontingente – Attribute real sein – und dies ist der logische Aspekt, auf den Russell
verweist –, und die Relationen sind ideal. Von scholastischer Terminologie inspiriert, spricht
Leibniz hier von einem „vinculum substantiale", einem substantialen Haken, „substantial",

---

Aussagen bei Leibniz von der jeweiligen Perspektive ab. Während für Gott alles klar auf der Hand
liegt und somit analytisch ist, kann ein endlicher Verstand Wahrheiten nur in endlich vielen Schritten einsehen, und diejenigen Wahrheiten, die von ihm nicht in endlich vielen Schritten deduzierbar
sind, sind für ihn synthetisch. Überhaupt werden hier aber Begriffsbildungen benutzt, die kantia-
nisch und nicht wirklich leibnizsch sind. Es handelt sich hier um einen zentralen Streitpunkt in der
Leibnizinterpretation. Mir scheint die Sachlage eigentlich klar zu sein, und die Unterscheidung zwischen analytischen und synthetischen Urteilen scheint den leibnizschen Konzeptionen nicht wirklich
angemessen zu sein.

weil die Monade zwar Subjekt ist, es sich aber um kein Prädikat handelt, sondern die dominante Monade eine subdominante gewissermaßen am Haken hält (s. [58], p. 180). Monaden haben ihnen zugehörige Körper, und diese Körper können Teile, Organe haben, die wiederum zu anderen, der ersteren subordinierten Monaden gehören. Deleuze [58] verwendet die Falte als Metapher für eine solche Interpenetration von Seele und Körper.

Cassirer sieht gerade in dieser Ontologie idealer Relationen den zentralen Aspekt der leibnizschen Philosophie, und beispielsweise Holz [119] analysiert die sich hieraus ergebenden Bezüge zum Idealismus. Fundamental ist hier das Wechselspiel zwischen dem Weltganzen und jeder individuellen Monade. Der Philosoph sieht hier eine Dialektik, während der Mathematiker eher von einer Dualität sprechen würde. Jede Monade spiegelt in sich das Weltganze wieder, wenn auch in unvollkommener Weise, so wie auch eine perspektivische Projektion zwar die Einzelheiten wiedergibt, aber dabei eine Dimension verliert. Umgekehrt ergibt sich das Weltganze aus seinen verschiedenen Projektionen in die einzelnen Monaden, so wie sich in der heutigen Computertomographie das dreidimensionale Gesamtbild aus verschiedenen zweidimensionalen Schnitten oder Projektionen rekonstruieren lässt. Kennt man die Welt, so kennt man auch alle Monaden, und kennt man umgekehrt alle individuellen Monaden, so kann man auch das Weltganze erfassen. Die Monade wird durch ihre Relationen mit anderen Monaden bestimmt. Diese Relationen wie auch ihre eigene zeitliche Dynamik sind als Eigenschaften in ihr enthalten. Damit gelangen wir wieder zur leibnizschen Logik, denn für Leibniz ergeben sich das logische System und die ontologische Struktur aus dem gleichen Prinzip. Der Identitätssatz ist konstitutiv für die Monade und daher auch für deren Perzeption und damit für die Welt. Und seine Logik der Relationen ermöglicht Leibniz dann auch ein relationales Raumverständnis, im Unterschied zu der absoluten Raumkonzeption Newtons, die den Raum als Sensorium oder Eigenschaft Gottes, als Ausdruck seiner Allgegenwart auffasste und daher, wie beispielsweise Carnap [39] herausstellt, noch dem Denken der aristotelischen Logik von Substanzen und Prädikaten verhaftet bleibt. Gleiches gilt natürlich für Newtons absolute Zeit, als Ausdruck der Ewigkeit und Unveränderlichkeit Gottes.

Die verstreuten Ausführungen von Leibniz zur Logik sind erstmals systematisch von L. Couturat [53] zusammengestellt und in ihrer Bedeutung gewürdigt worden. Der leibnizsche Schlüsseltext ist die 1686 entstandene Schrift [Logik]. Neuere Darstellungen und Analysen der leibnizschen Logik sind diejenigen von Castañeda [47, 48], Lenzen [159, 160] und Malink und Vasudevan [177] (s. auch die Besprechung durch Mugnai [188]), die allerdings zu durchaus verschiedenen Rekonstruktionen der leibnizschen Logik gelangen. Dies liegt wohl u. a. daran, dass Malink und Vasudevan sich auf die Rekonstruktion von [Logik] beschränken, während Lenzen Zitate aus verschiedenen leibnizschen Texten und Briefen heranzieht. Ohnehin stellt sich die Frage nach der richtigen Balance zwischen einer philologisch sorgfältigen Rekonstruktion des in [Logik] konkret entwickelten Formalismus, den allgemeinen Leitgedanken des leibnizschen Systems und den Prinzipien der heutigen Logik. Schon die Rekonstruktion erfordert eine Überführung in die heute gebräuchliche Notation, und dies beinhaltet die Gefahr von Bedeutungsverschiebungen.

Anhand dieser Quellen soll nun jedenfalls die leibnizsche Logik etwas detaillierter dargestellt werden. Auf dieser Basis können wir dann erstens sehen, inwieweit Leibniz wesentliche
Entwicklungen der Logik des 19. und 20. Jahrhunderts vorweggenommen hat, und zweitens
die Logik in das Gedankengebäude von Leibniz einordnen. Da Leibniz seine Überlegungen
und Resultate zur Logik nicht systematisch publiziert hat, blieben sie bis zu ihrer Wieder-
entdeckung durch Couturat weitgehend unbekannt oder zumindest unbeachtet. Daher hat
sich die Logik konzeptionell und formal auch etwas anders entwickelt, so dass erst im Nach-
hinein klar wird, welche bedeutenden Einsichten Leibniz schon seinerzeit gefunden hatte
und in welchem Maße diese wesentlich spätere Gedanken und Resultate vorweggenommen
haben.

8.1   Syllogistik

Leibniz beginnt mit der klassischen Syllogistik des Aristoteles, also der logischen Theorie der kategorischen Satzformen. Hier führt Leibniz schon direkt einen neuen Gedanken
ein, nämlich die Darstellung kategorischer Satzformen durch Diagramme. Jeder Term wird
durch eine horizontale Linie repräsentiert, und die Aussagen werden durch die vertikalen
Verhältnisse zwischen diesen Linien ausgedrückt und durch gestrichelte Linien repräsentiert.

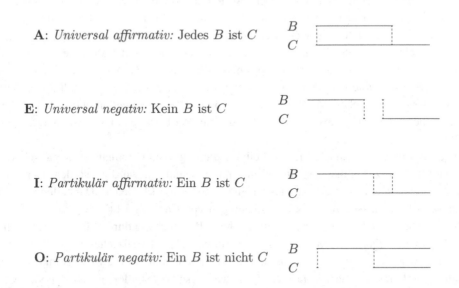

A: *Universal affirmativ:* Jedes B ist C

E: *Universal negativ:* Kein B ist C

I: *Partikulär affirmativ:* Ein B ist C

O: *Partikulär negativ:* Ein B ist nicht C

Die klassischen Schlussformen lassen sich dann durch Juxtaposition solcher Diagramme
gewonnen; der Übersichtlichkeit wegen habe ich sie hier durch fette Linien repräsentiert,
wie im nachstehenden Diagramm für die Schlussform **BARBARA** exemplarisch dargestellt.

BARBARA
A: Jedes C ist B
A: Jedes D ist C
_____
A: Jedes D ist B

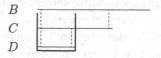

Als weiteres Beispiel sei noch **FERIO** präsentiert; **CELARENT** und **DARII** funktionieren entsprechend.

FERIO
E: Kein C ist B
I: Ein D ist C
_____
O: Ein D ist nicht B

Eine andere diagrammatische Repräsentation des Verhältnisses von Aussagen stellen die sog. Venn-Diagramme dar, die allerdings schon vor Venn von Euler vorgeschlagen worden sind.

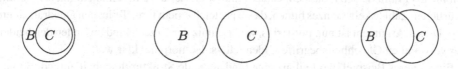

Diese Diagramme stellen die Extensionen von Mengen dar – auf das Verhältnis von extensionaler zu intensionaler Logik wird noch zurückzukommen sein –, wobei allerdings der partikulär negative Typ **O** durch alle drei Diagramme repräsentiert wird. Leibniz gelingt die Unterscheidung zwischen den verschiedenen Fällen durch die vertikalen gestrichelten Linien. Insofern ist die von Leibniz gefundene Darstellung für die Zwecke der Aussagenlogik präziser.

Zur intensionalen Analyse von Termen führte Leibniz charakteristische Zahlen ein. Das Verfahren lässt sich am einfachsten an einem Beispiel Leibniz' erläutern:

„Wenn z. B. angenommen würde, daß der Term ‚Lebewesen' durch die Zahl 2 (oder allgemeiner l) ausgedrückt wird und der Term ‚vernunftbegabt' durch die Zahl 3 (oder allgemeiner v), so würde der Term ‚Mensch' durch die Zahl $2 \cdot 3$ oder 6, d. h. durch das Produkt der Zahlen 2 und 3 (bzw. allgemeiner durch die Zahl vl) ausgedrückt. "([C,42]; zitiert nach der Übersetzung in [159], p. 22).

Man kann also einen zusammengesetzten Term in seine Bestandteile zerlegen, wenn man die zugeordnete Zahl in ihre Primfaktoren zerlegt. Hieraus kann man zwar die Gültigkeit von **BARBARA,** aber noch nicht die Gültigkeit anderer Schlussformen ableiten. Zu diesem Zweck muss ein Term durch zwei Zahlen statt nur einer dargestellt werden, wie Leibniz dann herausgefunden hat. Dabei drücken die Teiler der einen, positiv genommenen, Zahl die Eigenschaften aus, die der Begriff enthält, während die andere, negativ genommene, Zahl diejenigen Eigenschaften kodiert, die ihr fehlen. Die beiden Zahlen müssen dabei teilerfremd sein. – Aber hier geht es nur um das Prinzip, dass nämlich die konjunktive Verknüpfung von logischen Termen strukturell genauso funktioniert wie die Multiplikation ganzer Zahlen. Damit hat Leibniz ein Grundprinzip der Mathematik des 20. Jahrhunderts entdeckt, dasjenige des Isomorphismus, also der strukturellen Äquivalenz verschiedener Systeme. Bei isomorphen Strukturen entspricht eine Operation in der einen genau einer Operation in der anderen. Es handelt sich also um strukturelle Gleichheit bei inhaltlicher Verschiedenheit. Leibniz ist sich über diesen abstrakten Aspekt, also das Konzept des Isomorphismus, völlig im Klaren, und er hat dies sogar zur Grundlage seiner universellen Charakteristik machen wollen. „Jeder Operation in den Charakteren entspricht eine bestimmte Aussage in den Gegenständen" ([GM VII], 159f., zitiert in der Übersetzung von [44], p. 124).

Es gibt hier allerdings ein Problem.[2] Die Gleichheit als Identität, wie vorstehend skizziert, ist von der Isomorphie zu unterscheiden. Dies entwertet den leibnizschen Schluss, dass ein Unendliches kein Ganzes sein könne. Leibniz argumentiert nämlich, dass die natürlichen Zahlen isomorph zu einer echten Teilmenge,[3] derjenigen der Quadratzahlen, in Bijektion steht. Jeder natürlichen Zahl n lässt sich nämlich eindeutig ihr Quadrat n^2 zuordnen, und verschiedene natürliche Zahlen haben auch verschiedene Quadrate. Da aber andererseits Leibniz als Prämisse setzt, dass ein Ganzes immer größer als ein Teil ist, können somit die natürlichen Zahlen kein Ganzes bilden, da sie ja gleich einem ihrer Teile, den Quadratzahlen, sind. Dieses Argument ist nun mysteriös, weil Leibniz der Unterschied zwischen den beiden hier verwandten Gleichheitsbegriffen, Identität vs. Isomorphie, klar war.

Ein weiteres Beispiel, wo Leibniz eine fundamentale Strukturgleichheit aufgedeckt hat, ist die Arithmetik zu verschiedenen Basen. Wir rechnen üblicherweise mit dem Zehnersystem. Leibniz hat erkannt, dass sich alle arithmetischen Operationen genauso gut mit nur zwei Symbolen ausdrücken lassen, mit 0 und 1; z.B. ist in diesem System $1 + 1 = 10$. Damit hat Leibniz das Binärsystem entdeckt, also die Grundlage der Logik des Computers. Und Leibniz hat übrigens nicht nur die Formalisierung von Operationen systematisch entwickelt, sondern auch deren Automatisierung. So hat Leibniz, wie im Kap. 1 beschrieben, als erster eine Rechenmaschine konstruiert, die nicht nur addieren, sondern auch multiplizieren konnte. Insofern kann Leibniz auch als ein Pionier der Informatik angesehen werden.

8.2   Begriffslogik als Algebra

Leibniz entwickelt eine ausführliche Begriffslogik, die auch als wesentliche Elemente Operationen enthält, die in späteren Entwicklungen der Aussagenlogik nicht mehr vorkommen, und zwar insbesondere die Operation der begrifflichen Subtraktion und das Konzept der

---

[2] S. [237] und die dort referenzierte Literatur.
[3] Auf den Anachronismus, der in der Verwendung des Cantorschen Mengenbegriffs liegt, soll hier der Einfachheit halber nicht eingegangen werden.

Kommunikanz. Hierzu entwickelt er einen formalen Plus-Minus-Kalkül, der in seiner Reichweite über den oben skizzierten arithmetischen Kalkül, also die Darstellung begrifflicher Konjunktionen durch Multiplikation ganzer Zahlen, hinausgeht.

Mit diesen Operationen kann Leibniz auf sehr effiziente Weise die Aussagenlogik entwickeln, wie sehr schön in [177] rekonstruiert ist. Dies soll nun zunächst kurz zusammengefasst werden, wobei sich allerdings die Notation etwas von derjenigen aus [177] unterscheiden wird. Da letztere erstens ohnehin nicht Leibniz' eigene Notation ist,[4] der noch sparsamer mit formalen Symbolen umgegangen ist, und zweitens die Notation weder in den verschiedenen angeführten Rekonstruktionen der leibnizschen Logik noch auch in heutigen Lehrbüchern der Logik einheitlich ist, mag dies legitim sein.

Leibniz bildet aus einem Begriff A durch Negation einen weiteren Begriff $\neg A$[5] und aus zwei Begriffen A und B durch Komposition den Begriff AB. Wie schon angedeutet, ist dies intensional zu verstehen. Wenn also, um ein leibnizsches Beispiel zu verwenden, $A =$ *Lebewesen*, $B = vernunftbegabt$, so ist $AB = vernunftbegabtes$ $Lebewesen$, also *Mensch*. Es geht also um Mengen von Merkmalen, und nicht um Mengen von Individuen.

Aus Begriffen lassen sich Aussagen bilden; die elementaren Aussagen sind

1. $A = B$
2. $A \supset B$: A ist B, A enthält B, z. B. ist jeder Mensch A ein Lebewesen B; die Relation des Enthaltenseins ist also intensional und nicht extensional zu verstehen.
3. A ist wahr/falsch. (Dass ein Begriff A falsch ist, bedeutet, dass er einen Widerspruch enthält.)

Nun kommt ein wichtiger Kunstgriff: Leibniz macht aus Aussagen wieder Begriffe. Aus der Aussage $A \supset B$ wird der Begriff *das B-sein von* A („$\tau\acute{o}$ $\overline{A\ esse\ B}$",[6] [Logik],§. 138). Statt eines Überstrichs werden wir Klammern benutzen, also $[A \supset B]$ für diesen Begriff schreiben. Und wir werden von einem propositionalen Begriff sprechen, wenn der Begriff aus einer Aussage gewonnen worden ist.

Leibniz kann nun mittels Privation und Komposition alle Aussagen auf die Gleichheit zurückführen (vgl. [47, 48, 177]). $A \supset B$ wird zu $A = AB$, dass A falsch wird zu $A \supset \neg A$ und damit auch auf Gleichheit reduzierbar, und dass A wahr lässt sich schließlich auch darüber, dass der Begriff $[A$ ist falsch$]$ falsch ist, auf die Gleichheit zurückführen.

Erst dadurch, dass Leibniz aus Aussagen Begriffe macht, wird klar, warum es wirklich sinnvoll ist, von der Wahrheit oder Falschheit von Begriffen zu sprechen. Wenn B ein propositionaler Begriff ist, so bedeutet $\neg B$, dass B falsch ist. Wie Leibniz klar ist, gilt dies nur deswegen, weil propositionale Begriffe im Unterschied zu anderen Begriffen nur zwei Merkmale tragen können, wahr oder falsch. *Nicht-Tier* entspricht also nicht dem Begriff

---

[4]Z. B. verwendet Leibniz einen Überstrich, um aus einer Aussage einen Begriff zu machen, während bei [177] der Überstrich die Negation darstellt.

[5]Leibniz schreibt *non-A*.

[6]Da das Lateinische keine Artikel kennt, benutzt Leibniz den geeigneten griechischen Artikel.

[Tier ist falsch]. Und dies ist auch wichtig für die weiter unten dargelegten Schlussregeln, die ebenfalls nur für propositionale, aber nicht für allgemeine Begriffe gelten. Aus der Falschheit der Aussage *kein Tier ist ein Mensch* (präziser *jedes Tier ist ein Nicht-Mensch*, $A \supset \neg B$) folgt nicht etwa *jedes Tier ist ein Mensch* ($A \supset B$), so Leibniz in [Logik], §. 92.

Es sollte auch angemerkt werden, dass Wahrheit und Falschheit im Sinne der leibnizschen Logik also nicht in dem Sinne verstanden werden, dass diese durch Wahrheitstafeln im Sinne einer logischen Semantik abgefragt werden können, so wie das in heutigen Lehrbüchern der Logik dargestellt wird, sondern es sich zunächst um innerlogische Beziehungen handelt.

Wie Lenzen (Kap. 3 und 15.2 in [160]) nachgewiesen hat, ist die leibnizsche Begriffslogik der booleschen Mengenalgebra äquivalent. Allerdings weist Mugnai [187] darauf hin, dass Leibniz die für diese Mengenalgebra wesentliche Dualität zwischen Konjunktion und Disjunktion und die Distributivgesetze, die diese logischen Operationen verbinden, nicht in dieser allgemeinen Form gesehen hat. George Boole hat jedenfalls diese Mengenalgebra erst 1847, also mehr als 150 Jahre später als Leibniz entdeckt.

Leibniz fügt dann zu den obigen syntaktischen Operationen, also Gleichheit, Negation und Komposition, noch einige Axiome und Inferenzregeln hinzu, um einen leistungsfähigen syntaktischen Kalkül zu entwickeln, zu dessen Darstellung wir wieder [177] folgen werden. Die Axiome sind einfach:

1. Kommutativität: $AB = BA$. Ein vernunftbegabtes Lebewesen ist also ein lebendiges Vernunftwesen.
2. Idempotenz: $AA = A$
3. Doppelte Verneinung:

$$\neg(\neg A) = A, \tag{8.1}$$

und schließlich das oben schon diskutierte Prinzip, dass für einen propositionalen Begriff B die Verneinung $\neg B$ bedeutet, dass B falsch ist. Implizit wird die Assoziativität vorausgesetzt, also $(AB)C = A(BC)$.[7]

Die leibnizschen Inferenzregeln dringen sehr tief in das Wesen der Logik ein. Zunächst definiert Leibniz die Identität zwischen zwei Begriffen dadurch, dass in jeder beliebigen Aussage der eine Begriff durch den anderen ersetzt werden darf, ohne dass dies den Wahrheitswert der Aussage verändert. Leibniz ist klar, dass dies in umgangssprachlichen Kontexten nicht immer geht. Letztere Tatsache hat übrigens in der philosophischen Diskussion des 20. Jahrhunderts zu beinahe end- und meiner Ansicht nach auch ziemlich fruchtlosen Erörterungen geführt. Am lucidesten vielleicht noch [199]. Jedenfalls verwendet Leibniz diese Einsetzungsregel dann als syntaktische Inferenzregel. Wenn also $A = B$, so darf man in jeder Aussage der Form $C = D$ A durch B oder umgekehrt ersetzen, ohne dass sich an der Gültigkeit etwas ändert.

---

[7]Diese wohl bis zur Begründung der Gruppentheorie im 19. Jahrhundert durch Gauss und Galois als evident angesehene Beziehung ist heute eines der wesentlichen Merkmale des mathematischen Kategorienbegriffs, s. [136].

Mit diesem Satz der Identität beweist Leibniz dann u. a. auch euklidische Axiome von der Art, dass zwei Größen, die einer dritten gleich sind, auch untereinander gleich sind. Dies ist ein Teil des allgemeinen Programms von Leibniz, Axiome durch Rückführung auf Definitionen zu eliminieren. Die Gleichheit bleibt somit in der leibnizschen Logik kein statisches und somit unfruchtbares Konzept, sondern wird operationalisiert und erlaubt damit die Aufstellung arithmetischer Gleichungen [44].

Aber zurück zu den Inferenzregeln. Leibniz verwendet das Deduktionstheorem, dass, wenn die Aussage $A = B$ die Aussage $C = D$ impliziert, dann der Begriff $[A = B]$ den Begriff $[C = D]$ enthält. In der Darstellung von [177]

$$A = B \vdash C = D \text{ genau dann, wenn } \vdash [A = B] \supset [C = D]. \tag{8.2}$$

(Das logische Ableitbarkeitssymbol $\vdash$ geht hierbei auf eine von Frege entwickelte kompliziertere Notation (s. [252]) zurück und stellt daher einen Anachronismus dar. Zwischen zwei Aussagen wie auf der linken Seite von (8.2) bedeutet $\vdash$, dass die erste die zweite impliziert, vor einer Aussage wie auf der rechten Seite von (8.2), dass diese gültig ist.) Durch diese Ableitungsregel werden also Inferenzbeziehungen zwischen Aussagen wiederum in Aussagen in der Sprache des logischen Kalküls überführt.

Schließlich identifizieren [177] noch ein Prinzip für Verneinungen. *Kein A ist B* bedeutet sowohl, dass A nicht-B ist, also $A \supset \neg B$, als auch, dass AB falsch ist. Formal ausgedrückt

$$A \supset \neg B \dashv\vdash \neg(AB). \tag{8.3}$$

(Hierbei bedeutet $\dashv$ einfach eine Ableitung von rechts nach links, so wie $\vdash$ eine von links nach rechts bedeutet. Die Kombination dieser Symbole besagt also, dass jede der beiden Aussagen aus der anderen ableitbar ist.) Wir erinnern hierbei daran, dass für propositionale Begriffe $\neg C$ bedeutet, dass C falsch in dem Sinne ist, dass es einen Widerspruch enthält. Es ist wichtig, dass die beiden Bedeutungen aus (8.3) innerhalb des leibnizschen Kalküls nicht auseinander ableitbar sind, dass also ihre Gleichwertigkeit postuliert werden muss. Aus der ersten, nicht aber aus der zweiten Bedeutung lässt sich die Schlussregel CELARENT ableiten: Wenn kein B A ist ($B \supset \neg A$) und jedes C B ist ($C \supset B$), so ist kein C A ($C \supset \neg A$), wie sich einfach aus der Transitivität von $\supset$ ergibt. Aus der zweiten, nicht aber aus der ersten Bedeutung lässt sich dagegen die Symmetrie ableiten, dass, wenn kein A B ist, dann auch kein B A ist. Dies ergibt sich einfach aus der Kommutativität $AB = BA$, die liefert, dass wenn AB falsch ist, so auch BA.

Nun kommen wir zur Semantik und erinnern zunächst an deren Grundprinzipien. Es geht darum, Aussagen Wahrheitswerte zuzuordnen. Dabei ist es wichtig, sich klarzumachen, dass die Wahrheitswerte hier anders zu verstehen sind, als die oben benutzten leibnizschen „wahr" und „falsch", die innerhalb des Kalküls Widerspruchsfreiheit bzw. Widerspruchshaftigkeit bedeuten. Semantische Wahrheitswerte können dagegen frei zugeordnet werden. Es ist praktisch, die Wahrheitswerte mit 1 (wahr) und 0 (falsch) zu bezeichnen.[8] Von einer Bewertung v spricht man dann, wenn $v(A) = 1$ genau dann gilt, wenn $v(\neg A) = 0$, wenn also eine Aussage genau dann wahr ist, wenn ihr Gegenteil falsch ist, und wenn $v(A \supset B) = 0$ genau dann, wenn $v(A) = 1$ und $v(B) = 0$ ist. Eine Aussage A heißt logisch gültig, in Symbolen $\models A$, wenn sie bei jeder Bewertung v wahr ist, also $v(A) = 1$ erfüllt. Und ein logisches System heißt widerspruchsfrei, wenn alle Axiome und alle aus diesen nach den Inferenzregeln ableitbaren Aussagen logisch gültig sind. Das System heißt vollständig, wenn umgekehrt alle logisch gültigen Aussagen, die in ihm formuliert werden können, auch aus seinen Axiomen ableitbar sind. Unter Hintanstellung gewisser technischer Präzisierungen lässt sich sagen, dass sowohl Lenzen als auch Malink und Vasudevan die Widerspruchsfreiheit und Vollständigkeit der jeweils von ihnen rekonstruierten Systeme der leibnizschen Logik nachweisen.

8.3   Prädikatenlogik

Leibniz führt Operationen in die Logik ein, die dem modernen Gebrauch von Quantoren entsprechen. Quantoren können hierbei im Sinne der leibnizschen Logik als unbestimmte Begriffe aufgefasst werden.

„,A est B' ist dasselbe wie ,A fällt zusammen mit einem gewissen B', d. h. ,$A = BY$'."

Hier führt Leibniz den Buchstaben Y für einen unbestimmten Begriff ein. In heutiger Terminologie würde man daher das leibnizsche $A = BY$ mit dem Existenzquantor $\exists$ als

$$\exists Y : A = YB \tag{8.4}$$

schreiben. Auch wenn also Leibniz den Existenzquantor nur implizit verwendet, aber nicht durch eine entsprechende Notation bezeichnet hat, hat er systematisch die wesentlichen Eigenschaften dieses Quantors hergeleitet. Ihm war ebenfalls klar, dass sich durch die Negation einer Existenzaussage eine Allaussage ergibt. In moderner Terminologie würde man die Aussage „A enthält nicht B" als

$$\forall Y : A \neq BY \tag{8.5}$$

schreiben. Statt dieser heute gebräuchlichen Notation $\forall$ für den Allquantor $\forall$ schreibt Leibniz ein zweifach durchstrichenes Y, also $\not\!\!Y$, für „jedes beliebige Y". Dies tut aber den gewonnenen Einsichten keinen Abbruch.

Auch der subtile, aber wichtige Unterschied zwischen einer Deduktionsregel und einer logischen Implikation war Leibniz klar, s. [159], p. 99.

Kurt Gödel hat 1931 seine Unvollständigkeitssätze gefunden [97], die vielleicht wichtigsten Resultate der modernen Logik. Diese Sätze weisen die Grenzen der Ableitbarkeit von

---

[8]Wir sehen hier von der Möglichkeit weiterer Wahrheitswerte ab, auch wenn dies in der modernen Logik wichtig ist.

Aussagen in formalen Systemen auf. Der Erste Unvollständigkeitssatz sagt, dass es in einem logischen System notwendigerweise unbeweisbare Aussagen gibt, sofern nur dieses System hinreichend stark (und widerspruchsfrei) ist. Der Zweite Unvollständigkeitssatz sagt, dass die eigene Widerspruchsfreiheit in hinreichend starken widerspruchsfreien Systemen nicht mehr bewiesen werden kann. Insbesondere erfüllt die Arithmetik die Voraussetzungen der gödelschen Sätze. Daher muss es in der Arithmetik Aussagen geben, die weder formal bewiesen noch widerlegt werden können. Allgemeiner zeigen diese Sätze die Grenzen genügend leistungsfähiger formaler Systeme auf. Es fragt sich, ob das leibnizsche logische System auch schon hinreichend stark ist, um in diesem Sinne von den Gödelschen Sätzen begrenzt zu werden. Soweit mir bekannt, ist dies noch nicht untersucht worden. Wie Gödel auch bewiesen hat, ist die Prädikatenlogik erster Stufe im Gegensatz zu derjenigen zweiter Stufe vollständig. Die Prädikatenlogik zweiter Stufe erweitert diejenige erster Stufe um die Möglichkeit, über alle Relationen zu quantifizieren. Leibniz geht über die Prädikatenlogik erster Stufe hinaus, dringt aber wohl noch nicht zur vollen Allgemeinheit der Prädikatenlogik zweiter Stufe vor.

8.4 Relationen

Leibniz löst in seiner Logik auch Relationen in Subjekt-Prädikat-Verhältnisse auf, allerdings anders als die Scholastiker dies taten. Dies ist im Detail in [186] ausgeführt, und ich beziehe mich nachfolgend auf diese Referenz. Den Satz „Cäsar ist ähnlich wie Alexander" löst Leibniz nicht einfach in das Subjekt „Cäsar" und das Prädikat „ist ähnlich wie Alexander" auf, sondern identifiziert die Bestandteile „Cäsar ist ähnlich wie A" und „A ist Alexander". Den Satz „Salomon ist der Sohn von David" analysiert Leibniz als Abkürzung von „David ist Vater, insofern (quatenus) Salomon Sohn ist". Die Kopula „quatenus" dient Leibniz also als synkategorematischer Terminus, der die Propositionen „a ist P" und „b ist Q" miteinander zu einer Relation aRb verknüpft. Allerdings ist dies noch weit von der Fregeschen Logik entfernt, die „ist ähnlich wie" als Funktion mit zwei Argumenten auffasst, der dann für jedes Paar eingesetzter Argumente ein Wahrheitswert zugewiesen wird.

8.5 Satzlogik und die Semantik möglicher Welten

Durch den einfachen Kunstgriff, Sätze formal wie Begriffe zu behandeln, konnte Leibniz seine begriffslogischen Resultate direkt in die Satzlogik übertragen. Dabei betrachtet er auch die Operatoren der Möglichkeit und der Notwendigkeit, die dadurch gekoppelt sind, dass eine Aussage notwendig ist, wenn ihre Negation nicht möglich ist. Syntaktisch bedeutet Möglichkeit zunächst Widerspruchsfreiheit. Zur semantischen Behandlung kann man im leibnizschen Sinne mit möglichen Welten operieren. Wie schon erläutert, ist ein besonders wichtiger Aspekt der leibnizschen Begriffslogik die Dualität zwischen Extension (Umfang) und Intension (Inhalt) von Begriffen.[9] Ein leibnizsches Beispiel erläutert den Sachverhalt:

„‚Lebewesen' umfaßt mehr Individuen als ‚Mensch'; aber ‚Mensch' umfaßt mehr Ideen [ ]; der eine besitzt mehr Extension, der andere mehr Intension."([G5, 469]; [159], 29) Die Aussage „A est B" (Jeder Mensch ist ein Lebewesen) entspricht also der Aussage „B inest A"(Der Begriff des Lebewesens ist im Begriff des Menschen enthalten). Allerdings gibt es hier ein Problem, welches Leibniz aber in genialer Weise überwunden hat. Wenn sich Extension nur auf tatsächlich existierende Individuen bezieht, so müssten „Dritter Planet des Sonnensystems,, und „Bewohnter Planet", weil umfangsgleich, auch inhaltsgleich sein. Dies erscheint aber als kontingentes Faktum, das sich nicht aus einer begrifflichen Analyse ergibt. Leibniz' Lösung liegt nun darin, Extension nicht auf existierende, sondern auf mögliche Begriffe zu beziehen. Dabei ist ein Begriff möglich, wenn er widerspruchsfrei ist. Wenn man das semantisch fassen will, so wird ein Begriff A möglich, wenn es eine mögliche, also widerspruchsfreie Welt gibt, in der er vorkommt. In diesem Sinne wird also der Extension $V(A)$ der Wahrheitswert w (wahr) zugeordnet, wenn $V(A) \neq \emptyset$ in dem Sinne, dass es eine mögliche Welt gibt, in der A vorkommt. Was widerspruchsfrei ist, ist also möglich, und dies liefert eine Semantik von Wahrheitswerten, zu der Leibniz dann den entsprechenden Kalkül entwickelt. In der heutigen, von Kripke begründeten Modallogik möglicher Welten ist eine Aussage dann notwendig, wenn sie in allen möglichen Welten gilt, möglich, wenn sie in mindestens einer Welt richtig ist, wenn also ihre Negation nicht in allen Welten gilt. In einer Welt i impliziert dann die Aussage α die Aussage β, wenn in jeder Welt, in der α gilt, auch β gilt. Allerdings hat Leibniz diesen Schritt nicht explizit vollzogen. Leibniz hat zwar gesagt, dass eine notwendige Aussage in allen möglichen Welten gilt, aber, soweit bekannt, niemals die Umkehrung behauptet, dass nämlich eine Aussage, die in allen möglichen Welten gilt, auch notwendig ist.[10] Kripke hat jeweils diesen leibnizschen, oder genauer gesagt, im leibnizschen Werk angelegten Ansatz dadurch verfeinert und die moderne Semantik möglicher Welten für die Modallogik begründet, dass er noch eine Erreichbarkeitsrelation zwischen Welten eingeführt hat. Dann impliziert in der Welt i die Aussage α die Aussage β, wenn in jeder Welt j, die von i aus erreichbar ist, wenn α dort wahr ist, so auch β.

Es gibt hierbei allerdings einen subtilen Punkt. Wenn Lenzen ([159], p. 50, [160], Kap. 11) einen Möglichkeitsoperator $\diamond$ einführt, der für Aussagen

$$\diamond A = \neg (A \supset \neg A) \tag{8.6}$$

erfüllt, so reduziert sich dieser, wenn man in dem heute geläufigen Logikkalkül das Enthaltensein $\supset$ als logische Implikation auffasst und die verneinte Implikation durch den Und-Operator $\wedge$ ausdrückt, also $\neg(A \supset B) = A \wedge \neg B$, zu $\diamond A = A \wedge \neg\neg A$, und dann

---

[9]Die moderne Logik unterscheidet die intensionale Begriffs- oder Termlogik von der extensionalen Klassenlogik. Da Leibniz vorwiegend intensional arbeitet, ist es also gerechtfertigt, bei ihm von einer Begriffslogik zu sprechen.

[10]Ich danke Vincenzo de Risi für diesen wichtigen Hinweis.

die doppelte Verneinung (8.1) $\neg\neg A = A$ heranzieht, zu $\Diamond A = A$, also zu nichts Neuem, s. [177, 188]. Malink und Vasudevan [177] schließen daraus (und Mugnai [188] stimmt ihnen zu), dass im Gegensatz zu der Ansicht von Lenzen [159, 160] die leibnizsche Logik keine Modallogik ist. Jedenfalls kann man nicht so einfach wie Lenzen vorgehen, und in modernen Modallogiken ist der Möglichkeitsoperator ein neuer Operator, der sich gerade nicht auf die alten logischen Operationen zurückführen lässt, sondern seinen eigenen axiomatischen Regeln genügt (s. z. B. [121]). Die doppelte Verneinung (8.1) ist allerdings nach den Regeln der Booleschen Algebra das Gesetz vom Ausgeschlossenen Dritten, und dies gilt in den Semantiken möglicher Welten nicht mehr. Dort können eben Aussagen in manchen Welten wahr, in anderen dagegen falsch sein (s. z. B. [136]). Nun hat Leibniz allerdings (8.1) in [Logik] explizit postuliert. Überhaupt ist er davon ausgegangen, dass eine Aussage entweder wahr oder falsch ist.[11] Wie schon erläutert, bezieht sich der leibnizsche Wahrheitsbegriff aber auf die Widerspruchsfreiheit und nicht auf die semantische Gültigkeit, wie es der Ansatz von Tarski [231] postuliert. Damit passt auch zusammen, dass, wie oben erwähnt, Leibniz nicht von der Gültigkeit in allen möglichen Welten auf die Notwendigkeit schließt. Zudem unterscheidet er (in einem etwas anderen Zusammenhang) zwischen notwendig wahren und nur kontingent wahren Aussagen.

Der leibnizsche Gedanke der möglichen Welten ist im 20. Jahrhundert nicht nur in der Modallogik von Kripke [157] (s. z. B. auch die Darstellung in [136]), sondern auch in der Philosophie von Lewis [161] wieder aufgegriffen worden (s. Abschn. 11.1), wobei Kripke und Lewis allerdings teilweise andere Schlüsse daraus ziehen, als Leibniz dies getan hätte. Das Verhältnis von Wirklichkeit und Möglichkeit ist uns auch oben schon bei der Diskussion der Quantenmechanik begegnet.

In „Elementa iuris naturalis"(s. [G], Bd. 1, pp. 431–485) führt Leibniz auch die deontischen Modalitäten des Erlaubten, des Gebotenen und des Verbotenen auf die alethischen Modalitäten der Möglichkeit, Notwendigkeit und Unmöglichkeit zurück. Erlaubt ist in diesem Sinne, was einem guten Menschen zu tun möglich, geboten, was für einen guten Menschen notwendig ist. Insofern kann man Leibniz auch als einen Vorläufer der durch von Wright [245] begründeten deontischen Logik ansehen (s. [160], §. 12.4, und [116]). Jedenfalls zeigt die hier zum Ausdruck kommende Verknüpfung juristischer, ethischer, philosophischer und logischer Aspekte auch sehr schön die Einheit des leibnizschen Denkens.

---

[11] [177] legen dar, dass aus den Regeln der leibnizschen Logik nicht folgt, dass eine Aussage nicht gleichzeitig wahr und falsch sein kann. Ich wäre allerdings geneigt, anzunehmen, dass Leibniz dies implizit voraussetzt. Jedenfalls folgt, so [177], §. 3.3, mit dieser Annahme, dass die leibnizsche Logik bezüglich aller Bewertungen v in Booleschen Algebren, in denen $0 \neq 1$ ist und bezüglich derer $v([A = B]) = 1(0)$ genau dann, wenn A mit B (nicht) übereinstimmt, widerspruchsfrei und vollständig ist. Nun gilt allerdings der Satz, dass eine Aussage genau dann klassisch gültig ist, wenn sie mit den Inferenzregeln der klassischen Logik (im Wesentlichen dem modus ponens) ableitbar ist, und genau dann, wenn sie gültig bezüglich irgendeiner Booleschen Bewertung ist, beispielsweise derjenigen in der einfachsten Booleschen Algebra, die nur aus 0 und 1 (mit $0 \neq 1$) besteht (s. z. B. Thm. 9.3.1. in [136]). Und Leibniz' Kalkül ist vollständig bezüglich der klassischen Logik, in dem Sinne, dass alle Tautologien der klassischen Logik in ihm ableitbar sind ([177], § 3.4).

8.6   Existenz

Leibniz definiert Individualbegriffe als solche, die alle ihre Prädikate enthalten und dadurch eindeutig bestimmt sind. Diese Prädikate müssen miteinander verträglich sein, d. h. der Begriff muss widerspruchsfrei und damit möglich. Leibniz kann im Rahmen seiner Logik unbestimmter Begriffe, also der Quantorenlogik im heutigen Sprachgebrauch, Individualbegriffe rein logisch definieren.

Auch Existenz kann Leibniz logisch fassen, durch seinen Begriff der Kompossibilität. Es ergibt sich, dass genau das maximal miteinander Verträgliche existiert. Die wirkliche Welt ist für Leibniz also unter den möglichen Welten durch ein Optimalitätsprinzip ausgezeichnet, dass sie nämlich diejenige Welt ist, die die größte Menge an logisch miteinander verträglichen, kompossiblen Entitäten enthält. Dies ist die einzige Welt, die real existiert. Die anderen möglichen Welten, also alle Welten, die keine Widersprüche enthalten, gibt es nur virtuell im Verstande Gottes, der sie konzipieren kann, aber nicht realisieren will. Da nun Gott notwendigerweise existiert, wie Leibniz bewiesen zu haben glaubt, ist es nicht möglich, dass nichts existiert.

Die Auszeichnung einer einzigen als der bestmöglichen und daher real existierenden Welt bedingt einen Unterschied zwischen absoluter und hypothetischer Notwendigkeit. Absolut notwendig ist, was in jeder möglichen Welt zutreffen muss,[12] hypothetisch notwendig dasjenige, was nur in dieser real existierenden Welt gelten muss, als Konsequenz aus deren Optimalität. Das Verhältnis zwischen hypothetischer Notwendigkeit in diesem Sinne und Kontingenz ist allerdings subtil, da Gott zwar eine andere Welt hätte auswählen, aber ihn seine unendliche Güte notwendigerweise dazu bringt, diese beste Welt zu realisieren.

Ein anderer Unterschied ist epistemischer Natur, dass wir nämlich nur dasjenige als notwendig erfassen können, was wir in endlich vielen logischen Schritten herleiten können, dass aber dasjenige, was im Begriff jeder Monade enthalten ist und deren Vergangenheit und Zukunft festlegt, typischerweise nur in unendlich vielen Schritten erschlossen werden kann und daher dem menschlichen Geist nicht zugänglich ist.

---

[12]S. allerdings die in Abschn. 8.5 dargelegte Qualifizierung dieser Aussage.

Strukturelles Denken und mathematische Symbolik

Im Kap. 3 hatte ich schon dargelegt, dass Leibniz in einer sehr modernen Weise strukturell denkt. Strukturelle Beziehungen können nun aber sehr unterschiedlich sein und erfordern jeweils ihren eigenen adäquaten Formalismus. Im vorstehenden Kap. 8 hatten wir dargestellt, wie Leibniz einen neuen logischen Formalismus entwickelt. Der bekannteste leibnizsche Formalismus ist natürlich derjenige des Infinitesimalkalküls. In seiner *Analysis Situs*, der Geometrie der Lage, einer Vorform der modernen Topologie (s. z. B. [64]), versucht er, einen geeigneten Formalismus für qualitative räumliche Beziehungen zu entwickeln. In seiner Determinantentheorie nimmt er wesentliche Entwicklungen der mathematischen Theorie der Auflösung von Gleichungen und der symmetrischen Funktionen vorweg [151]. Für Leibniz stellten dies alles keine isolierten Einzelleistungen dar, sondern waren als Instantiationen einer allgemeinen Strukturwissenschaft, seiner universellen Charakteristik, gedacht.

Nun erfordert ein Formalismus, der mit strukturellen Beziehungen operiert, eine an diese Beziehungen angepasste Symbolik, um zu einem bequem handhabbaren Kalkül zu werden. In der Entwicklung einer solchen Symbolik war Leibniz ein in der Geschichte der Mathematik wohl unübertroffener Meister. Im Folgenden sollen einige Beispiele vorgestellt werden. Dabei geht es mir vor allem um einen meiner Ansicht nach für das Verständnis von Leibniz wichtigen Punkt, dass nämlich ein mathematisches Symbol keine abstrakt und unveränderlich gegebene Bedeutung besitzt, sondern dass ihm eine operationale Bedeutung je nach dem Zweck, für den es verwandt werden soll, zugewiesen werden kann. In diesem Sinne war Leibniz sicherlich ein Nominalist, auch wenn ich der häufig vertretenen philosophischen Charakterisierung der leibnizschen Philosophie als nominalistisch etwas skeptisch gegenüberstehe. Wir hatten schon im Kap. 8 als einen wesentlichen Aspekt des leibnizschen Denkens herausgestellt, dass es ihm um strukturelle Beziehungen ging, die in verschiedenen konkreten Inhalten realisiert sein konnten. Dies ist ein wesentlicher Bruch mit traditionellen Vorstellungen von Lull bis Kircher, die die Wirklichkeit durch die formale Analyse möglicherweise geheimnisvoller Symbole ergründen wollten. Bei Leibniz geht so etwas

© Springer-Verlag GmbH Deutschland, ein Teil von Springer Nature 2019
J. Jost, *Leibniz und die moderne Naturwissenschaft,* Wissenschaft und
Philosophie – Science and Philosophy – Sciences et Philosophie,
https://doi.org/10.1007/978-3-662-59236-6_9

nicht mehr, denn ihm war klar, dass formale Systeme auf verschiedene Weise verwirklicht sein können. Durch formale Analysen lassen sich daher strukturelle Beziehungen aufdecken und logische Schlüsse ziehen, und dies versuchte er systematisch zu entwickeln. aber keine darüber hinausgehenden Inhalte erschließen. So kann er auch, wie wir im Abschn. 8.3 gesehen hatten, formale Symbole wie den Buchstaben Y für unbestimmte Ausdrücke einsetzen. Y kann also für einen beliebigen Inhalt stehen, sofern dieser nur die jeweilige formale Relation erfüllt.

Leibniz war wohl der produktivste Schöpfer von Symbolen in der Geschichte der Mathematik, s. [37]. So gehen beispielsweise der Punkt für die Multiplikation und der Doppelpunkt für die Division auf ihn zurück. Hier geht es mir allerdings hauptsächlich um die einzigartige Verknüpfung von strukturellem Denken und einer angepassten mathematischen Symbolik, die wir bei Leibniz finden.

Im Abschn. 8.1 hatten wir schon gesehen, wie Leibniz eine Symbolik aus horizontalen und vertikalen Linien entwickelt, um auf eine sehr einfache Weise die syllogistischen Schlussweisen darzustellen. Leibniz' Formalismus war für diesen Zweck besser geeignet als die später entwickelten Venn-Diagramme, die auch heute noch für die Darstellung mengentheoretischer Beziehungen verwendet werden. Frege entwickelte später einen wesentlich elaborierteren Formalismus für seine Logik, s. [252], der sich allerdings nicht etablieren konnte, weil er als zu kompliziert empfunden wurde.

Dass die Bedeutung eines Symbols nicht gebrauchs- und kontextunabhängig festgelegt ist, sieht man schon an der einfachen Formel $1 + 1 = 10$, die das Rechnen mit 0 und 1, also das leibnizsche Binärsystem begründet. 10 bedeutet hier nicht etwa *Zehn*, sondern *Zwei*, denn die 1 in der zweitletzten Position bedeutet einen Stellenübertrag, im Binärsystem also eine *Zwei*. Ohnehin bestand ja schon der Fortschritt des indisch-arabischen Dezimalsystems gegenüber dem römischen Zahlsystems darin, dass der Wert einer Ziffer von ihrer Position abhängt und man daher mit nur 10 Ziffern beliebig große Zahlen schreiben kann. Auch wenn Leibniz nicht der erste war, der ein Binärsystem entwickelt hat (s. z. B. [151]), so hat er vielleicht doch als erster das abstrakte Prinzip gesehen und erkannt, dass das Prinzip des Stellenübertrages nicht an eine feste Basis geknüpft ist. Und das einfachste derartige System kommt eben mit nur zwei Symbolen aus, der 0 und der 1.

In seiner Theorie der Determinanten, die er zur Auflösung linearer Gleichungssysteme entwickelte, führte Leibniz auch eine Indexschreibweise ein. Seine Indexschreibweise ist sogar sparsamer als die heute insbesondere in der Mathematik und der Physik verwendete. Wo wir heute

$$a_{10} + a_{11}x + a_{12}y = 0, \ a_{20} + a_{21}x + a_{22}y = 0 \qquad (9.1)$$

schreiben würden, schrieb Leibniz einfach

$$10 + 11x + 12y = 0, \ 20 + 21x + 22y = 0 \qquad (9.2)$$

(nach [151]). Die Indizes haben die gleiche Bedeutung (der erste identifiziert die Gleichung, der zweite bestimmt die Position innerhalb der Gleichung), aber Leibniz verzichtet darauf, sie an einen eigentlich überflüssigen Buchstaben anzuhängen. Eine solche Verwendung doppelter Indices erscheint erst wieder ab der Mitte des 19. Jahrhunderts, beginnend mit Riemann, was dann über Christoffel zur Entwicklung der modernen Tensorrechnung im Riccikalkül führt.

Für die Determinante eines solchen Systems gelangt er dann zu einer noch erheblich kompakteren Notation, die aber das wesentliche Prinzip erfasst, dass nämlich eine Determinante das Vorzeichen ändert, wenn man zwei Zeilen oder zwei Spalten vertauscht. Dadurch kann er dann zu den wesentlichen Eigenschaften symmetrischer Funktionen vordringen. Hier nimmt er wieder wesentliche Erkenntnisse und Prinzipien der modernen Mathematik vorweg, nämlich die systematische Verknüpfung von Vorzeichen und Symmetrien. Heutzutage wird das beispielsweise in dem Kalkül der alternierenden Differentialformen von Élie Cartan sehr ökonomisch zum Ausdruck gebracht, aber Leibniz hat sich auch schon einen sehr eleganten symbolischen Kalkül in dieser Richtung ausgedacht.

Seine für die Mathematik wichtigste Schöpfung eines symbolischen Kalküls findet sich aber wohl in seiner Infinitesimalrechnung. Er schreibt einen Differentialquotienten einer Funktion $f(x)$ wie einen Bruch

$$\frac{df}{dx}, \tag{9.3}$$

auch wenn dieser nicht als ein gewöhnlicher Bruch interpretiert werden kann. Das Entscheidende ist aber, dass man mit den Ausdrücken von der Form 9.3 wie mit Brüchen rechnen kann. Es gilt nämlich, wenn nun $x = x(y)$ eine Funktion einer anderen Variablen y ist

$$\frac{df(x(y))}{dy} = \frac{df(x)}{dx}\frac{dx}{dy}, \tag{9.4}$$

und diese Erweiterung nach den Regeln der Bruchrechnung drückt gerade die Kettenregel der Differentialrechnung aus. Ein zentrales Resultat des Infinitesimalkalküls wird also durch diese Symbolik zu einer einfachen Rechenregel. Genauso verhält es sich mit der Substitutionsregel der Integralrechnung, denn mit der einfachen Formel

$$dx = \frac{dx}{dy}dy \tag{9.5}$$

kann man die Variable $x = x(y)$ in einem Integral durch y ersetzen,

$$\int f(x)dx = \int f(x(y))\frac{dx}{dy}dy. \tag{9.6}$$

(Dies hatten wir übrigens schon oben in 5.2 bemerkt.)

Und wenn man diese Regeln mit dem Indexkalkül kombinieren würde, so erhielte man den Ricci-Kalkül [200, 201] (s. Abschn. 10.2.4) der modernen Differentialgeometrie, Allgemeinen Relativitätstheorie und Quantenfeldtheorie, also den außerordentlich effizienten Kalkül, der in weiten Teilen theoretischen Physik verwandt wird. Viele Mathematikerinnen und Mathematiker bevorzugen heute den oben erwähnten cartanschen Kalkül der alternierenden Differentialformen, aber auch hier hatte Leibniz ja, wie dargelegt, einen eleganten und effizienten Ansatz entwickelt.

Die Bedeutung eines geschickten und effizienten mathematischen Kalküls wird oft unterschätzt, aber es war beispielsweise ein wesentlicher Grund dafür, warum sich die leibnizsche Version der Infinitesimalrechnung gegenüber der newtonschen durchsetzte, dass Leibniz einen außerordentlich leistungsfähigen Kalkül geschaffen hatte, mit dessen Hilfe man die eigentlich konzeptionell schwierigen Operationen der Differential- und Integralrechnung automatisch vollziehen konnte. Und dies war genau das Ideal, das Leibniz für einen universellen Kalkül vorschwebte.

Beziehungen zwischen Entitäten und die Relationalität des Raumes

10

10.1 Kompossibilität, Gleichzeitigkeit und die relativistische Struktur der Raum-Zeit

Ich zögere, an dieser Stelle von Monaden zu sprechen, weil Leibniz die Konzeption der Monaden als letztendlicher Konstituenten der Welt, als das hinter den Erscheinungen stehende eigentliche Wirkliche, erst relativ spät entwickelt hat [107, 210]. Wie auch immer verschieden im Laufe seines Lebens Leibniz diese Entitäten gedacht hat, so war für ihn doch immer der relationale Aspekt zentral,[1] dass sie also immer in Beziehung zum Rest der Welt, zu der Kollektion und Vielfalt aller solcher Entitäten stehen, und dass dies konstitutiv für ihr Wesen ist. Insbesondere sind sie durch ihre Kompatibilität mit den anderen eingeschränkt.

Nur miteinander verträgliche Wesen können gleichzeitig existieren. Dies ist der Leibnizsche Begriff der Kompossibilität. Hieraus ergeben sich wesentliche Folgerungen. Erstens wird der Raum erst durch diese Relationen zwischen gleichzeitig existierenden Entitäten konstituiert. Zweitens involviert der Begriff der Kompossibilität eine Vorstellung von Gleichzeitigkeit, Synchronizität. Körperliche Substanzen oder, in der Begriffsbildung des Spätwerkes, Monaden schränken sich durch ihre instantan wahrnehmbaren Erfordernisse gegenseitig ein. Daher kann nur etwas, was gleichzeitig möglich ist, auch gleichzeitig existieren. Der Raum ist also für Leibniz relational, und in diesem Sinne relativ und nicht absolut – siehe Leibniz' berühmte Kritik an Newtons absolutem Raum in dem Briefwechsel mit Clarke –, aber weil eine endliche Wirkungsausbreitung nicht mit der Leibnizschen Vorstellung der

---

[1] Dies wird allerdings problematisch in der Interpretation Russells [208], auf die wir noch eingehen werden.

© Springer-Verlag GmbH Deutschland, ein Teil von Springer Nature 2019
J. Jost, *Leibniz und die moderne Naturwissenschaft,* Wissenschaft und
Philosophie – Science and Philosophy – Sciences et Philosophie,
https://doi.org/10.1007/978-3-662-59236-6_10

Kompossibilität verträglich ist, kann Leibniz nicht wirklich als Vorläufer oder Vordenker der Einsteinschen Relativitätstheorie angesehen werden.[2]

Hier ergibt sich übrigens ein merkwürdiger Punkt. Ole Rømer hatte aus astronomischen Beobachtungen, nämlich den vom Abstand zwischen Erde und Jupiter abhängigen Zeitverschiebungen bei den beobachteten Eklipsen der Jupitermonde, im Jahre 1676 die Endlichkeit der Lichtgeschwindigkeit abgeleitet, und dies wurde auch von Forschern wie Christiaan Huygens oder Isaac Newton akzeptiert, gegen die Anhänger von Aristoteles und Descartes, die beide eine instantane Übertragung von Lichtsignalen postuliert hatten. Descartes sah sogar die Unendlichkeit der Lichtgeschwindigkeit, also die instantane Ausbreitung von Lichtsignalen, als einen Eckpfeiler seiner Physik an.[3] Dabei verfolgte Newton eine Korpuskulartheorie, während Huygens eine Wellentheorie entwickelte, s. [17]. Huygens sah daher die aus astronomischen Beobachtungen abgeleitete Endlichkeit der Lichtgeschwindigkeit als Bestätigung seiner physikalischen Überlegungen. Allerdings konnte sich Huygens nur Longitudinalwellen vorstellen, die ein besonderes Medium für ihre Ausbreitung benötigten. Außerdem konnte Huygens mittels Longitudinalwellen nicht das von ihm selbst entdeckte Phänomen der Doppelbrechung des Lichtes in bestimmten Kristallen erklären. Daher setzte sich zunächst die newtonsche Theorie durch, s. [211], bis dann im 19. Jahrhundert Young und Fresnel Transversalwellen betrachteten. Leibniz dagegen interessierte sich anscheinend für das Resultat von Rømer nicht besonders.[4] Allerdings sah er durchaus die philosophische Bedeutung der Endlichkeit der Lichtgeschwindigkeit. In seinen bis 1706 verfassten (aber wegen des Todes von Locke von Leibniz nicht publizierten) „Neuen Abhandlungen über den menschlichen Verstand", in welchen sich Leibniz mit der Philosophie von Locke [166] auseinandersetzt, schreibt er „Denn eigentlich sehen wir nichts weiter als das Bild und empfangen lediglich von den Strahlen eine Wirkung. Da nun die Lichtstrahlen eine, wenn auch noch so geringe Zeit brauchen, so ist es möglich, daß der Gegenstand in dieser Zeit zerstört worden und in dem Moment, in dem der Strahl zum Auge gelangt, nicht mehr vorhanden ist: was aber nicht mehr ist, kann auch nicht der gegenwärtige Gegenstand des Sehens sein." (s. [Cassirer], Bd. 3, S. 103).

---

[2]Für eine Analyse der Positionen der verschiedenen Physiker der Aufklärung im Lichte der Relativitätstheorie sei [71] genannt.

[3]Allerdings war Descartes selbst hierbei nicht konsistent. Bei der Herleitung des eigentlich von Snell stammenden Brechungsgesetzes hatte Descartes angenommen, dass Licht sich in einem dichteren Medium schneller ausbreitet. Dies ist zwar falsch, beruht aber auf der grundsätzlich korrekten Annahme einer endlichen Fortpflanzungsgeschwindigkeit des Lichtes. Descartes versuchte sich dieser Schwierigkeit zu entledigen, indem er postulierte, dass Licht nur eine Bewegungstendenz darstelle, eine potentielle Bewegung, die aber den gleichen Gesetzen wie eine tatsächliche Bewegung folge. Daher könne man aus dem Studium letzterer auf die Gesetze ersterer zurückschließen, s. [211]. Zu Leibniz' Behandlung des Themas vgl. [142].

[4]Leibniz kannte Rømer aus seiner Pariser Zeit und schätzte dessen mathematische Arbeiten. Von 1700 an wechselte er mehrere Briefe mit ihm, u. a. über den Kalender und die Bestimmung des Osterdatums.

Leibniz' mathematischer und physikalischer Mentor Huygens berechnete 1678 aus den astronomischen Beobachtungen einen verbesserten Wert für die Lichtgeschwindigkeit [17]. Descartes und Newton hatten angenommen, dass sich Druck in einem Medium, das aus vollkommen inkompressiblen Bestandteilen zusammengesetzt ist, instantan ausbreite. Aber Leibniz hatte, wie wir in Kap. 5 gesehen haben, bei seinen physikalischen Überlegungen, die er im Zuge seiner Widerlegung des Cartesianismus angestellt hatte, gerade eine Analyse von inelastischen Stoßvorgängen entwickelt, bei denen Bewegungsenergie in innere Energie verwandelt wurde, und dabei kann Druck sicher nicht instantan übertragen werden. Kant argumentierte später, dass Gleichzeitigkeit durch eine instantane Ausbreitung der Gravitation vermittelt werde, im Unterschied zur endlichen Ausbreitung des Lichtes. Aber da Leibniz keine mit der newtonschen Theorie vergleichbare Konzeption der Gravitation besaß, war ihm auch dieser Ausweg nicht direkt zugänglich, und es stellt sich die Frage, warum er keinen Widerspruch zwischen seinem Konzept der Gleichzeitigkeit, welches durch instantane Wechselwirkungen zwischen simultan existierenden und aktiven Entitäten gekennzeichnet war, und der Endlichkeit der Übertragungsgeschwindigkeit physikalischer Signale gesehen hat. Hier muss dann wieder das Konzept der prästabilierten Harmonie herangezogen werden, welches die verschiedenen Monaden koordiniert, ohne dass sie dafür in direkter physikalischer Wechselwirkung stehen müssten. Dies ist ein wichtiger Punkt zum Verständnis der leibnizschen Ontologie rein ideal gedachter Relationen, welcher auch mit seinem Zugang zur Logik zusammenhängt, wie unten thematisiert werden wird.

Nun ist es bemerkenswert, dass in der modernen Kosmologie der einheitliche Wirkungszusammenhang des Universums, der sich für Leibniz natürlich ergab, problematisch wird. Das Universum ist zwar nach derzeitiger Vorstellung in seiner Entstehung im Urknall noch Eines, aber nach dem Urknall soll es eine inflationäre Phase gegeben haben, die die verschiedenen Teile mit einer solchen Geschwindigkeit auseinandergeschleudert hat, dass möglicherweise kein Signalaustausch mehr zwischen ihnen stattfinden kann. Wir können dieser kosmologischen Vorstellung zufolge die Existenz und Beschaffenheit uns nicht mehr direkt zugänglicher Teile des Universums nur noch indirekt aus Strahlungsresten aus der Zeit unmittelbar nach dem Urknall erschließen. Es muss dann im Universum also etwas geben, zu dem wir keinen Zugang mehr haben. Wie wir unten erläutern werden, entwickelt die zeitgenössische theoretische Physik sogar noch beunruhigendere Vorstellung von einem Multiversum, dessen einzelne Universen noch nicht einmal in ihrer Entstehung miteinander verknüpft sind.

Für Leibniz ist die Wirklichkeit ein kausal abgeschlossenes System, das festen Naturgesetzen genügt. Es gilt der Grundsatz Ursache = Wirkung. Eine gleiche Ursache muss immer die gleiche Wirkung haben, egal wann und wo sie stattfindet. Daher muss auch die Energie erhalten bleiben. Die Newtonsche Gravitationstheorie führt in diesem Kontext auf die – zumindest im Lichte der leibnizschen Konzeptionen zutiefst verstörende – Schwierigkeit, dass die Schwerkraft aus einem Ding zu verströmen scheint ohne nachzulassen. Tatsächlich stellt sich in der modernen Astrophysik und Kosmologie die Sachlage weniger erfreulich, harmonisch und beschaulich dar als im kepler-newtonschen Weltbild. Irgendwann ist die

Sonne ausgebrannt, kann sich nicht mehr selbst zusammenhalten, gerät aus dem Gleichgewicht und wird zu einem roten Riesen, der die Planeten verschlingt. Nach unserem heutigen astrophysikalischen Verständnis wird es allerdings noch einige Milliarden Jahre dauern, bis das passiert. Aber das Leben auf der Erde könnte auch durch die Strahlung, die bei der Supernovaexplosion eines nahen Fixsterns entsteht, ausgelöscht werden. Konzeptionell noch beunruhigender sind vielleicht die gravitativen Kollapse der Allgemeinen Relativitätstheorie, die zu Schwarzen Löchern führen, Singularitäten der Raum-Zeit, welche zuerst von Karl Schwarzschild [219, 220] im Kontext der Allgemeinen Relativitätstheorie mathematisch beschrieben worden sind. Sofern man nicht quantenmechanische Prinzipien ins Spiel bringt, wie dies zuerst Stephen Hawking getan hat, kann aus ihnen nichts mehr entkommen, weder Materie noch Signale. Dass solche Schwarzen Löcher tatsächlich existieren, ist inzwischen in der Astrophysik allgemeiner Konsens und durch vielfältige Daten untermauert. Kürzlich hat das mehr als eine Milliarde Lichtjahre entfernte Verschmelzen zweier Schwarzer Löcher, bei dem in wenigen Sekunden das Doppelte der Masse unserer Sonne abgestrahlt worden ist, sogar spektakulär zum Nachweis von Gravitationswellen durch hochempfindliche Detektoren geführt. Ob allerdings unter realistischen Annahmen über unser Universum außer dem Urknall auch sog. Nackte Singularitäten, in denen die Kausalität der Raum-Zeit aufgehoben wird, mathematisch möglich sind und vielleicht sogar tatsächlich existieren, ist noch nicht klar. Im Unterschied zu einem Schwarzen Loch ist eine Nackte Singularität nicht durch einen Ereignishorizont, aus dessen Innerem keine physikalische Wirkung mehr auf die Außenwelt ausgeübt werden kann, vom Rest des Universums abgeschirmt. Theoretiker wie Penrose und Hawking haben die Hypothese einer sog. Kosmischen Zensur diskutiert, die so etwas per fiat für unmöglich erklärt. Der Status dieser Hypothese ist derzeit unklar, s. [192]. Zwar können durchaus Lösungen der einsteinschen Feldgleichungen (s. Abschn. 10.2.5) mit solchen Nackten Singularitäten konstruiert werden, aber die bekannten Lösungen verletzen typischerweise bestimmte weitere Bedingungen. Z. B. lassen sie sich nicht aus Cauchyschen Anfangswertproblemen mit einer initialen glatten Hyperfläche entwickeln (vgl. Abschn. 10.2.6 für Einzelheiten). D. h., sie entstehen nicht aus einer regulären Anfangssituation, sondern sind in gewisser Weise von Anfang an singulär. Dies ist jedoch nicht, was man möchte. – Jedenfalls ist das kosmische Geschehen erheblich komplexer und auch spektakulärer als die seinerzeit für ewig gültig angesehenen Gesetzmäßigkeiten der kepler-newtonschen Theorie der Bewegungen der Planeten um unsere Sonne.

Dass die schwere Masse gleich der trägen Masse ist, war ein ungelöstes Rätsel der newtonschen Theorie. Diese Gleichheit folgte schon aus den galileischen Fallexperimenten. Wie Galileo feststellte, fallen verschieden schwere Körper mit der gleichen Geschwindigkeit zur Erde. Trägheit bewirkt, dass ein Körper der Erdanziehung größeren Widerstand entgegensetzt, Schwere, dass er leichter angezogen wird. Galileos Experimente zeigen, dass diese beiden Effekte sich genau kompensieren. Daher spürt man beim freien Fall auch keine Kräfte. Diese Problematik findet erst ihre Lösung in der Allgemeinen Relativitätstheorie Einsteins [77], und die Analyse des freien Falls war ein entscheidender Ausgangspunkt und bildet ein zentrales Paradigma für die einsteinsche Theorie. In dieser Theorie wird aus der newtonschen schwerkraftgetriebenen krummlinigen Bewegung in einem euklidischen Raum eine kräftefreie Bewegung in einem gekrümmten Raum. Die Schwerkraft bewegt nicht mehr Körper, sondern bestimmt die Geometrie des Raumes, in dem sie sich bewegen. In diesem Sinne ist dann die Schwerkraft keine Kraft mehr. Dies erklärt, warum man im freien Fall keine Kraft mehr spürt. Erst wenn man auf der Erdoberfläche aufschlägt, tut es weh, aber nicht wegen der Schwerkraft, sondern wegen der kurzreichweitigen atomaren Abstoßungskräfte der Atome in den physikalischen Körpern.

Aus der newtonschen Dynamik wird somit in der Allgemeinen Relativitätstheorie eine reine Kinematik, die wiederum äquivalent zur Geometrie der Raum-Zeit ist. Die Körper behalten ihre innere Energie, mittels derer sie die Raumzeit krümmen, aber wirken nicht mehr direkt auf andere ein. Man kann dies als eine glänzende Bestätigung der Leibnizschen Prinzipien sehen, auch wenn dies Leibniz noch nicht zu einem Vorläufer der Allgemeinen Relativitätstheorie macht, denn, wie erläutert, ist das Leibnizsche Prinzip der Gleichzeitigkeit, welches für sein Prinzip der Kompossibilität erforderlich ist, nicht mit der Relativitätstheorie verträglich.

Im Grunde räumt die Allgemeine Relativitätstheorie mit einem mindestens seit Aristoteles bestehenden grundlegenden physikalischen Missverständnis auf. Aristoteles hatte Bewegung als Veränderung kategorial der Ruhe als dem Gleichbleibenden entgegengesetzt. Erst vor diesem Hintergrund wird die fundamentale Streitfrage verständlich, ob Bewegung nun durch äußere Kräfte, wie die Newtonianer glaubten, oder durch einen inneren Trieb des jeweiligen Körpers verursacht wurde, wie Aristoteles selbst, Leibniz und dann auch die meisten Intellektuellen der Aufklärung annahmen. Zwar war es schon in der galileischen Physik angelegt, dass eine geradlinige kräftefreie Bewegung als Zustand und nicht als eine Veränderung angesehen werden sollte, aber erst in Einsteins Theorie wird auch die Bewegung in einem Schwerefeld ein natürlicher Zustand. Die Frage, ob Bewegung von außen oder von innen getrieben wird, verliert damit ihren Sinn, denn es wird überhaupt nichts mehr getrieben. Alles löst sich in der gemäß den einsteinschen Feldgleichungen durch die Verteilung der Massen bestimmten Geometrie des Raumes auf. Hierdurch wird auch wieder klar, dass Leibniz kein direkter Vorläufer der Allgemeinen Relativitätstheorie von Einstein war, allerdings aber dem Sachverhalt, so wie er heute gesehen wird, näher als Newton kam.

10.2   Die konzeptionellen und mathematischen Grundlagen und Aussagen der Allgemeinen Relativitätstheorie

Allerdings ist in der heutigen naturphilosophischen Diskussion durchaus umstritten, inwieweit die Allgemeine Relativitätstheorie nicht doch das newtonsche Konzepte eines absoluten Raumes, oder dann genauer einer absoluten Raum-Zeit voraussetzt, enthält oder hervorbringt. Diese Diskussion ist in [40] zusammengefasst und ausgewertet. Ich will nun auf die entsprechenden Sachverhalte eingehen. Zu diesem Zweck ist es erforderlich, die mathematischen Aspekte der Allgemeinen Relativitätstheorie etwas genauer darzustellen. Die nachfolgenden Kapitel werden hierauf keinen Bezug nehmen, so dass der vorliegende Abschnitt als ein Einschub betrachtet und behandelt werden kann. Genauere Einzelheiten finden sich beispielsweise in [109, 141, 184, 249]. Auch wenn ich das als Mathematiker nicht unbedingt gutheißen kann, können Leserinnen und Leser, die dieser Wissenschaft etwas ferner stehen und sich nicht in ihre Einzelheiten vertiefen möchten, diesen Abschnitt daher überschlagen. Deswegen möchte ich an dieser Stelle aber eine zentrale Einsicht hervorheben, die sich unten bei der mathematischen Analyse ergeben wird, die aber für ihre Formulierung keine Formeln mehr benötigt. *Ein System lässt sich oftmals auf verschiedene Weisen lokal beschreiben. Diese Beschreibungsweisen können verschiedenen Standpunkten entsprechen, von denen keiner irgendeinen inneren Vorzug vor den anderen besitzt. Aber die Übergänge zwischen den verschiedenen lokalen Beschreibungen eines Systems müssen bestimmten Regeln genügen, und in diesen Übergangsregeln statt in den einzelnen Beschreibungen wird die Struktur des Systems zum Ausdruck gebracht. Dies ist eine allgemeine Formulierung des Relativitätsprinzips. Die Beschreibungen sind relativ, aber die absolute Struktur des Systems zeigt sich in Kompatibilitätsregeln.* Vielleicht ist dies auch ein Ausdruck sowohl des leibnizschen Relativitätsprinzips als auch seines Kompossibilitätsprinzips.

Wie angekündigt, nun die formalen Aspekte. Wir beginnen mit einer vierdimensionalen differenzierbaren Mannigfaltigkeit M als Modell der Raumzeit. Zunächst betrachten wir eine statische Situation, in der es keine Singularitäten gibt und sich die topologische Struktur nicht in der Zeit ändert. Es stellt sich dann natürlich die Frage, wo M herkommt und wodurch es bestimmt ist – sofern wir nicht schon an dieser Stelle irgendeine absolute Raum-Zeit-Struktur postulieren wollen. Auch die noch grundlegendere Frage, mit der sich viele Naturphilosophen, und insbesondere auch Leibniz ziemlich erfolglos auseinandergesetzt haben, warum die Raum-Zeit vierdimensional, also der Raum drei- und die Zeit eindimensional ist, bleibt hier zwar gestellt, aber unbeantwortet. Verschiedene aktuelle physikalische Theorien glauben, hierauf eine Antwort geben zu können, während andere, wie die Superstringtheorie postulieren, dass wir eigentlich gar nicht in einer vier-, sondern vielmehr in einer zehndimensionalen Raumzeit leben. In dieser Theorie ist die Zahl 10 sehr gut begründet. Die restlichen sechs Dimensionen sollen dieser Theorie zufolge für uns nur deshalb nicht direkt erfahrbar oder zugänglich sein, weil sie auf einer äußerst kleinen Längenskala zu sogenannten Calabi-Yau-Mannigfaltigkeiten aufgerollt sind. Vorläufer dieser Theorie gab es schon zu Einsteins Zeiten, als Theodor Kaluza und Oskar Klein versuchten, ein fünfdimensionales Raum-Zeit-Kontinuum einzuführen, um den Elektromagnetismus, für den in der vierdimensionalen Raumzeit der Gravitationstheorie kein Platz war, mit der Gravitation zu vereinigen. Heute kennt man neben dem Elektromagnetismus auch noch die schwache und die starke Wechselwirkung; erstere tritt beim radioaktiven Zerfall in Erscheinung, letztere hält die Atomkerne und ihre Bestandteile zusammen. Diese Kräfte sind zwar in heutigen Modellen der Elementarteilchenphysik mit dem Elektromagnetismus vereinigt, aber um alle drei auch noch mit der Gravitation zu vereinigen, braucht man eben mehr als nur eine zusätzliche Dimension, und die dahinter stehende mathematische Struktur wird erheblich subtiler.

10.2.1 Der Minkowskiraum

Aber diese Diskussion soll an dieser Stelle nicht weiter verfolgt werden, sondern wir wollen die Struktur der Raum-Zeit analysieren, so wie sie sich in derAllgemeinen Relativitätstheorie und der Kosmologie darstellt. Was ist überhaupt eine (vierdimensionale) differenzierbare Mannigfaltigkeit? Ein solches M ist ein Raum, der lokal durch die Werte von vier unabhängigen Koordinatenfunktionen x^0, x^1, x^2, x^3 beschrieben werden kann. Jedes dieser x^i nimmt seine Werte in einem offenen Intervall der reellen Zahlen $\mathbb{R}$ an. Wir lassen dabei den Index von 0 bis 3 laufen, weil wir die Koordinate x^0 als Zeitkoordinate auszeichnen wollen, während x^1, x^2, x^3 dann die räumlichen Koordinaten sind. Dass eine solche Unterscheidung möglich ist, stellt eine Einschränkung an die Möglichkeiten für M dar, was wir hier aber nicht weiter mathematisch ausführen wollen. Ein Beispiel ist der vierdimensionale cartesische Raum $\mathbb{R}^4$; hier können $x^0, \ldots, x^3$ sämtliche reellen Werte durchlaufen, und durch ein geeignetes Viererertupel von Werten kann jeder Punkt dieses Raumes eindeutig identifiziert werden. Für unseren Zweck, bei dem wir die Zeitkoordinate auszeichnen wollen, schreiben wir diesen Raum als $R^{1,3}$ – also eine Zeit- und drei Raumdimensionen – oder auch als $\mathbb{R} \times \mathbb{R}^3$, als Produkt aus Zeit und Raum.

Genauso wie reelle Zahlen nicht nur ihre numerischen Werte haben, sondern sie auch durch arithmetische Operation, nämlich Addition und Multiplikation, miteinander verknüpft werden können, so hat auch unser Raum $\mathbb{R}^4$ eine zusätzliche Struktur: Wir können zwei Punkte addieren,

$$(x^0, x^1, x^2, x^3) + (y^0, y^1, y^2, y^3) = (x^0 + y^0, x^1 + y^1, x^2 + y^2, x^3 + y^3), \quad (10.1)$$

indem wir also die entsprechenden Koordinatenwerte addieren, und wenn λ eine reelle Zahl ist, so können wir auch mit λ multiplizieren,

$$\lambda(x^0, x^1, x^2, x^3) = (\lambda x^0, \lambda x^1, \lambda x^2, \lambda x^3), \quad (10.2)$$

indem wir also jeden Koordinatenwert mit diesem λ multiplizieren. Mit diesen arithmetischen Mitteln können wir schon definieren, was eine gerade Linie, oder kurz eine Gerade ist: Für einen festen Punkt (x^0, x^1, x^2, x^3) ist

$$(\lambda x^0, \lambda x^1, \lambda x^2, \lambda x^3), \quad (10.3)$$

wenn λ nun alle reellen Werten durchläuft, also variabel ist, diejenige Gerade, die durch den Nullpunkt $(0, 0, 0, 0)$ und (x^0, x^1, x^2, x^3) läuft, und wenn wir λ nur zwischen 0 und 1 variieren lassen, so bekommen wir das Geradenstück von 0 nach (x^0, x^1, x^2, x^3). Allgemeiner beschreibt

$$(y^0, y^1, y^2, y^3) + (\lambda(x^0 - y^0), \lambda(x^1 - y^1), \lambda(x^2 - y^2), \lambda(x^3 - y^3)) \quad (10.4)$$

für variables λ die Gerade, die durch die beiden Punkte (y^0, y^1, y^2, y^3) und (x^0, x^1, x^2, x^3) läuft; für $\lambda = 0$ sind wir im ersten, für $\lambda = 1$ im zweiten dieser Punkte. Man beachte, dass wir somit Geraden alleine mittels arithmetischer Operationen definieren können, ohne dass wir ein Längenmaß zur Verfügung haben müssten.

Wir kommen zu einigen **Bemerkungen:**

1. All dies, und auch das Nachfolgende, funktioniert genauso in beliebiger Dimension statt 4. Somit liefert dies keine Antwort auf die Frage, wie die Dimension unserer Raumzeit zustande kommt.

2. Die Notation mit den Koordinatenindices erscheint umständlich. Wir können unsere Notation vereinfachen, indem wir

$$x = (x^0, x^1, x^2, x^3), \tag{10.5}$$

und analog für y und andere Punkte. Dann definiert (10.1) einfach die Summe $x + y$ und (10.2) das Produkt λx von x mit der reellen Zahl λ. Die Gerade (10.4) wird zu

$$y + \lambda(x - y). \tag{10.6}$$

3. In unserer Behandlung gibt es einen besonderen Punkt, den Nullpunkt $0 = (0, 0, 0, 0)$.[5]

Wenn wir nur an dem System der Geraden interessiert sind, spielt die Wahl des Nullpunktes allerdings keine Rolle. Wählen wir nämlich irgendeinen festen Punkt $x_0 = (x_0^0, x_0^1, x_0^2, x_0^3)$ und transformieren jeden anderen Punkt x zu $x - x_0$. So werden Geraden in Geraden überführt, aber x_0 übernimmt jetzt die Rolle des Nullpunktes. Vom Standpunkt des Systems der Geraden ist also die Auszeichnung eines festen Punktes als Nullpunkt ein Artefakt der Beschreibung durch cartesische Koordinaten. Dies stellt aber nicht das einzige derartige Artefakt dar. Auch die Koordinatenrichtungen und die auf ihnen abgetragenen Skalen sind in dieser Hinsicht willkürlich. Wenn wir nämlich eine Matrix $A = \left(a_j^i \right)_{i,j=0,1,2,3}$ betrachten und jeden Punkt x transformieren in

$$Ax - x_0 = \left(\sum_{j=0,1,2,3} a_j^0 x^j - x_0^0, \sum_{j=0,1,2,3} a_j^1 x^j - x_0^1, \sum_{j=0,1,2,3} a_j^2 x^j - x_0^2, \sum_{j=0,1,2,3} a_j^3 x^j - x_0^3 \right), \tag{10.7}$$

was als affin lineare Transformation bezeichnet wird, so werden Geraden ebenfalls in Geraden überführt. Umgekehrt muss auch jede Transformation, die Geraden in Geraden überführt, affin linear sein, d. h. sich wie in (10.7) durch Multiplikation des Koordinatenvektors mit einer festen Matrix A und Addition eines festen Punktes im Raum vollziehen.

---

[5]Man beachte, dass das Symbol 0 auf der linken Seite einen Punkt im $\mathbb{R}^4$ bezeichnet, auf der rechten Seite 0 dagegen viermal als Koordinatenwert, also als reelle Zahl, auftritt.

Hierzu nochmal eine Bemerkung:

4. Der Unterschied zwischen Zeit und Raum wird bei einer solchen affin linearen Transformation nicht beachtet. Wenn wir diesen Unterschied wahren wollen, müssen wir die Klasse der erlaubten Transformationen einschränken. Diesen Punkt werden wir gleich genauer untersuchen, wenn wir noch eine metrische Struktur einführen.

Jedenfalls folgern wir aus den vorstehenden Überlegungen, dass die Struktur des Systems der Geraden die Beschreibung von Punkten im Raum durch Koordinaten nicht festlegt. Allerdings ist die Koordinatenbeschreibung auch nicht völlig willkürlich, denn sie soll die Struktur des Systems der Geraden respektieren, in dem Sinne, dass Geraden in jeder Koordinatenbeschreibung als solche zu erkennen sind. Die entscheidende Einsicht ist aber, dass der Wechsel zwischen zwei derartigen Koordinatensystemen nicht etwa durch eine beliebige Umbenennung der Koordinaten geschehen darf, sondern durch eine affin lineare Transformation vollzogen werden muss.

Wir haben also eine gewisse Beliebigkeit in der Beschreibung, aber keine vollständige Freiheit. Jede Koordinatenbeschreibung muss den von dieser Beschreibung unabhängigen Gehalt respektieren, hier die Struktur des Systems der Geraden. Hierdurch wird eine spezielle Klasse von Beschreibungswechseln ausgezeichnet, hier die affin linearen Transformationen der Form (10.7).

Dies ist ein allgemeines Prinzip, und wir werden dies auf unserem Weg zur Struktur der Allgemeinen Relativitätstheorie nun weiter ausarbeiten. Wir können jedenfalls schon die folgende abstrakte Überlegung anstellen. Je detaillierter die zu bewahrende Struktur ist, um so kleiner wird die Klasse derjenigen Transformationen sein, die diese Struktur erhalten, und umgekehrt. (Dies ist analog zum Verhältnis von Extension und Intension, das wir bei der Besprechung der leibnizschen Logik in Abschn. 8.2 gesehen haben.)

Es gibt also eine bestimmte geometrische Struktur – und diese wäre das im gegebenen Kontext Absolute –, aber ihre Beschreibung kann auf verschiedene Weise geschehen – und dies ist dann der relative Aspekt. Die beiden sind aber miteinander gekoppelt. Das Absolute lässt Spielraum für das Relative, schränkt dieses aber auch ein, während umgekehrt das unter allen relativen Beschreibungen Invariante gerade das Absolute ist. Invariante Relationen stellen sich also je nach Beschreibung zwar verschieden dar, bleiben aber als solche zu erkennen. Dies scheint mir nun näher an der leibnizschen als an der newtonschen Auffassung zu liegen, aber bevor wir sichere Schlüsse ziehen können, müssen wir geometrische Strukturen untersuchen, die einerseits reichhaltiger und andererseits abstrakter sind. Sie werden reichhaltiger sein, weil metrische Eigenschaften ins Spiel kommen, und abstrakter, weil die möglichen Beschreibungen komplizierter und allgemeiner werden.

Wir beginnen mit dem ersten Aspekt, den metrischen Relationen. Wir führen zu diesem Zweck auf unserem Raum $\mathbb{R}^{1,3}$ ein inneres Produkt ein. Für zwei Punkte $x = (x^0, x^1, x^2, x^3)$ und $y = (y^0, y^1, y^2, y^3)$ setzen wir

$$\langle x, y \rangle = -x^0 y^0 + x^1 y^1 + x^2 y^2 + x^3 y^3. \tag{10.8}$$

Es werden also die Komponenten mit dem Index 0, welche ja der Zeitrichtung entsprechen, mit einem negativen Vorzeichen miteinander multipliziert, während für die räumlichen Indices dem jeweiligen Produkt ein Pluszeichen vorangestellt wird.[6]

Wir setzen auch

$$\|x\|^2 = \langle x, x \rangle = -x^0 x^0 + x^1 x^1 + x^2 x^2 + x^3 x^3. \tag{10.9}$$

Vektoren x mit $\|x\|^2 < 0$ heißen zeitartig, solche mit $\|x\|^2 > 0$ raumartig, und schließlich solche mit $\|x\|^2 = 0$ lichtartig. Hierbei ist *Vektor* zunächst nur eine andere Bezeichnung für einen Punkt in unserem Raum $\mathbb{R}^{1,3}$ – der Unterschied zwischen Punkten und Vektoren wird erst später herauskommen. Ein Vektor ist also zeitartig, wenn die zeitliche Komponente in (10.9) dominiert, raumartig, wenn stattdessen die räumlichen Komponenten dominant sind. Bei einem lichtartigen Weg stehen Zeit und Raum im Gleichgewicht. Dies bedarf noch einer Erläuterung. Wir haben unsere Maßeinheiten statt der im Alltag üblichen Meter und Sekunden so gewählt, dass die Lichtgeschwindigkeit $c = 1$ wird. (Wir werden gleich noch erläutern, wie die Situation bei anderen Maßeinheiten aussieht.) Ein Lichtstrahl durchläuft also in einer Zeiteinheit genau eine Raumeinheit. Bei einem solchen Verhältnis bei einem Vektor x wird aber gerade $\|x\|^2 = 0$. Lichtartige Vektoren geben also Richtungen von Lichtstrahlen an, die im Nullpunkt 0 loslaufen.

Hier scheint der Nullpunkt 0 aber wieder eine spezielle Rolle einzunehmen, obwohl wir vorhin argumentiert hatten, dass es sich hier nur um eine willkürliche Konvention handelt. Dies wird erst später eine Erklärung finden, wenn wir herausfinden, dass jeder Punkt p einer Mannigfaltigkeit dem Nullpunkt 0 seines eigenen Tangentialraumes $T_p M$ entspricht. Wir stellen das also für den Moment zurück.

Wenn wir die Matrix $\gamma = (\gamma_{ij})_{i,j=0,1,2,3}$ mit den Komponenten

$$\gamma = \begin{pmatrix} -1 & 0 & 0 & 0 \\ 0 & 1 & 0 & 0 \\ 0 & 0 & 1 & 0 \\ 0 & 0 & 0 & 1 \end{pmatrix} \tag{10.10}$$

---

[6]Die umgekehrte Konvention, also ein Pluszeichen für die Zeit und ein Minuszeichen für den Raum ist genauso gut möglich und wird von vielen Autoren auch angewandt. Im Kontext physikalischer Theorien haben beide konzeptionelle Vor- und Nachteile. Die letztere Konvention wird heute meist von Physikern bevorzugt, und ich habe sie daher auch in [133] benutzt, während in der naturphiloso-phischen Diskussion meist die hier in (10.8) verwandte Konvention bevorzugt wird.

einführen, so können wir (10.8) auch in Tensornotation als

$$\langle x, y \rangle = \sum_{i,j=0,1,2,3} x^i \gamma_{ij} y^j \qquad (10.11)$$

schreiben. Dies wird für spätere Zwecke nützlich sein.

Weil wir mit dem inneren Produkt (10.8) nun mehr Struktur als vorher haben, wird nach dem dargelegten allgemeinen Prinzip nun die Klasse der Transformationen, die diese Struktur erhalten, kleiner. Die Forderung, dass die Struktur unter einer Transformation A erhalten bleibt, bedeutet, dass sich die Norm nicht ändert, wenn beide Argumente, x und y, dieser Transformation unterworfen werden, also

$$\langle Ax, Ay \rangle = \langle x, y \rangle \text{ für alle } x, y. \qquad (10.12)$$

Außerdem fordert man üblicherweise noch, dass die Zeitrichtung erhalten bleibt. Letzteres führt auf die Bedingung für $A = \left(a^i_j \right)_{i,j=0,1,2,3}$, dass

$$a^0_0 \geq 1 \qquad (10.13)$$

sein muss, während (10.10) genau dann erfüllt ist, wenn

$$A^T \gamma A = \gamma \qquad (10.14)$$

ist, wobei A^T die transponierte Matrix von A ist; $A^T = (b^i_j)_{i,j=0,1,2,3}$ hat die Komponenten $b^i_j = a^j_i$, d.h., wir haben die Zeilen und Spalten gegenüber A vertauscht. Dass (10.14) mit (10.12) gleichwertig ist, ergibt sich mittels linearer Algebra, soll aber hier nicht hergeleitet werden. Der Vorteil der Formulierung (10.14) besteht natürlich darin, dass wir hier nicht mehr über alle x und y quantisieren müssen.

Und zum Abschluss dieses Abschnittes noch eine wichtige physikalische Bemerkung. Im Vorstehenden sind die Einheiten implizit so gewählt, dass die Lichtgeschwindigkeit $= 1$ wird. Wenn wir mit einem allgemeinen Wert c für die Lichtgeschwindigkeit operieren wollen, müssen wir (10.10) durch

$$\gamma = \begin{pmatrix} -c^2 & 0 & 0 & 0 \\ 0 & 1 & 0 & 0 \\ 0 & 0 & 1 & 0 \\ 0 & 0 & 0 & 1 \end{pmatrix} \qquad (10.15)$$

ersetzen. Dann n würde (10.8) durch

$$\langle x, y \rangle = -c^2 x^0 y^0 + x^1 y^1 + x^2 y^2 + x^3 y^3$$

ersetzt, also der Faktor c bei der Norm in zeitlicher Richtung hinzugefügt. Ein lichtartiger Vektor erfüllt dann

$$c^2 x^0 x^0 = x^1 x^1 + x^2 x^2 + x^3 x^3, \qquad (10.16)$$

was sich im klassischen Verständnis als eine Bewegung mit der Geschwindigkeit c interpretieren lässt. Der Wert von c hängt von den gewählten Maßeinheiten ab. Denn als Geschwindigkeit hat c die physikalische Dimension *Länge Zeit^{-1}*, und sein Wert hängt also davon ab, wie wir Länge und Zeit messen. Im dem üblichen metrischen System hat c etwa den Wert 300.000 km/s. Aus Rømers Daten hatte man ursprünglich einen Wert von etwa 225.000 km/s erhalten, dies aber in anderen Maßeinheiten ausgedrückt, weil der Kilometer damals noch gar nicht als Maßeinheit eingeführt war. So gab Huygens den Wert der Lichtgeschwindigkeit mit 16 2/3 Erddurchmessern pro Sekunde an. Wenn man als Längeneinheit dagegen $1\ell = 300.000$ km wählt, so hat die Lichtgeschwindigkeit (annähernd) den Wert 1ℓ/s.

10.2.2 Differenzierbare Mannigfaltigkeiten

Hiermit sind die mathematischen Grundlagen für die Spezielle Relativitätstheorie gelegt. Bevor wir darauf eingehen, wollen wir aber zunächst den mathematischen Rahmen erweitern, um auch die Allgemeine Relativitätstheorie behandeln zu können. Dazu benötigen wir das Konzept einer differenzierbaren Mannigfaltigkeit. Eine solche differenzierbare Mannigfaltigkeit der Dimension 4 soll das Raum-Zeit-Kontinuum repräsentieren. Dieses Konzept ist von Bernhard Riemann bei seinem Habilitationsvortrag im Jahre 1854 eingeführt worden [202]. Der cartesische Raum $\mathbb{R}^n$ von n-Tupeln reeller Zahlen ist ein Beispiel einer differenzierbaren Mannigfaltigkeit. Allerdings trägt dieser Raum eine speziellere Struktur, diejenige eines linearen oder Vektorraumes, die im Konzept der differenzierbaren Mannigfaltigkeit nicht mehr enthalten ist. Trotzdem bildet er aber das Bezugsmodell für das allgemeine Konzept, weil jede differenzierbare Mannigfaltigkeit lokal, im Kleinen, sich durch einen Teil des cartesischen Raumes beschreiben lässt und weil sie infinitesimal genauso wie dieser behandelt werden kann. Global, im Großen, sieht eine andere differenzierbare Mannigfaltigkeit aber anders als der cartesische Raum aus, und sie lässt sich deswegen in ihrer Gesamterstreckung nicht mehr durch diesen erfassen. Außerdem ist die lokale cartesische Beschreibung nicht eindeutig. Dies bedeutet, dass die gegebene differenzierbare Mannigfaltigkeit sich in verschiedenen Beschreibungen verschieden darstellt. In mathematischer Hinsicht ist dies die wesentliche Quelle des Relativitätsprinzips. Es stellt sich dann die zentrale Frage, wie aus diesen verschiedenen Beschreibungen die eigentliche innere, beschreibungsunabhängige Struktur der gegebenen differenzierbaren Mannigfaltigkeit extrahiert werden kann. Dies ist die Frage, die Riemann in dieser Allgemeinheit gestellt und genial gelöst hat. Dadurch hat er dann auch die mathematische Grundlage für die Allgemeine Relativitätstheorie geschaffen.

Die allgemeine Idee, die hinter den Überlegungen von Riemann steht, ist, dass *die Übergänge zwischen den verschiedenen lokalen Beschreibungen eines Systems bestimmten Regeln genügen müssen und dass in diesen Übergangsregeln statt in den einzelnen Beschreibungen die Struktur des Systems zum Ausdruck gebracht wird*. Die einzelnen Beschreibungen sind für sich ziemlich beliebig, aber die verschiedenen Beschreibungen müssen konsistent zusammenpassen. Und wenn wir die Übergangsregeln kennen, so wissen wir auch, wie sich die Beschreibungen einzelner Objekte des Systems transformieren. Das in sich gleiche Objekt wird also verschieden beschrieben, aber wir wissen, wie sich die Beschreibung ändert, und hieraus lässt sich die Identität des Objektes gewinnen.

Zur Veranschaulichkeit kann man die Oberfläche einer Kugel heranziehen, Sphäre genannt (auch wenn hier, wie wir gleich noch sehen, noch eine weitere Struktur ins Spiel kommt). Die Erdoberfläche wird lokal durch Karten auf ein Stück der Ebene abgebildet, material repräsentiert beispielsweise durch ein Blatt in einem Atlas. Ein und derselbe Ort auf der Erdoberfläche hat unterschiedliche Positionen in den verschiedenen Atlasblättern, aber das ändert nichts daran, dass es sich um den gleichen Ort handelt. Zu den Kartenwechseln kommen wir noch. Jedenfalls ist dann die Erdoberfläche in der Gesamtheit ihrer Atlaskarten repräsentiert und kann aus diesen rekonstruiert werden, auch wenn jedes einzelne Blatt nur einen Ausschnitt erfasst.

Diese Idee soll nun formal entwickelt werden.[7] In der Nähe eines jeden Punktes p einer differenzierbaren Mannigfaltigkeit M lassen sich lokale Koordinaten finden, die eine Umgebung U von p umkehrbar eindeutig auf ein Teilgebiet V des cartesischen Raumes $\mathbb{R}^n$ abbilden (n ist dann die Dimension von M; diese ist also schon lokal, ohne Rückgriff auf Beschreibungsübergangsregeln festgelegt). Umkehrbar eindeutig bedeutet einfach, dass jedem Punkt in U genau ein Punkt in V entspricht. So wird sichergestellt, dass einerseits alle Punkte in U erfasst werden, und dass andererseits verschiedene Punkte auch verschiedene Koordinatenwerte haben, also auch in der Koordinatendarstellung voneinander unterschieden werden können. Die lokalen Koordinaten liefern also eine umkehrbar eindeutige Abbildung $x : U \mapsto V$, und wenn q ein Punkt in U ist, so heißen die Werte des n-Tupels $x^1(q), \ldots x^n(q)$ die Koordinaten von q. In einer solchen Beschreibung kann nun kurzerhand q mit $x(q)$ identifiziert werden, und wir können im Bereich des cartesischen Raumes operieren, wenn wir die Mannigfaltigkeit M lokal erfassen wollen.

Wie schon hervorgehoben, ist eine solche Koordinatenabbildung x aber nicht eindeutig bestimmt, sondern nur durch die Forderung der umkehrbaren Eindeutigkeit beschränkt. Es ist auch keine Koordinatenabbildung vor anderen ausgezeichnet, sondern sie sind alle gleichwertig und gleichberechtigt.

Es seien also zwei Koordinatenabbildungen $x_1 : U_1 \to V_1, x_2 : U_2 \to V_2$ gegeben, und ihre Domänen mögen sich überschneiden,

$$U_1 \cap U_2 \neq \emptyset. \tag{10.17}$$

Dann ist die Übergangsabbildung (Koordinatenwechsel)

$$x_2 \circ x_1^{-1} : x_1(U_1 \cap U_2) \to x_2(U_1 \cap U_2) \tag{10.18}$$

---

[7]Für Einzelheiten sei auf [141] verwiesen. Wir können an dieser Stelle nicht alle Details ausführen. Insbesondere muss auch noch eine topologische Struktur zugrunde gelegt werden; dies bedeutet, dass die Stetigkeit von Abbildungen definierbar ist, und alle vorkommenden Abbildungen, insbesondere die Koordinatenabbildungen, müssen stetig sein. Das Konzept der Mannigfaltigkeit ist also etwas subtiler, als es hier dargestellt werden kann.

eine Abbildung von der Teilmenge : $x_1(U_1 \cap U_2) \subset V_1$ (denn x_1 bildet ja U_1 und damit auch die kleinere Menge $U_1 \cap U_2$ nach V_1 ab) des cartesischen Raumes $\mathbb{R}^n$ in die Teilmenge : $x_2(U_1 \cap U_2) \subset V_2$ (aus den gleichen Gründen) des cartesischen Raumes $\mathbb{R}^n$. Der Koordinatenwechsel bildet also eine Teilmenge des Modellraumes $\mathbb{R}^n$ in eine andere Menge dieses Raumes ab. Da der Modellraum nun Struktur trägt, können wir diese Struktur auch für die Übergangsabbildung (10.18) reklamieren. Da wir eine differenzierbare Mannigfaltigkeit definieren wollen, verlangen wir nun, dass die Übergangsabbildung (10.18) differenzierbar ist. Und dies verlangen wir nicht nur für diese eine Übergangsabbildung, sondern für jede (und damit beispielsweise auch für die Umkehrabbildung $x_1 \circ x_2^{-1} : x_2(U_1 \cap U_2) \to x_1(U_1 \cap U_2)$). Und dann sprechen wir von einer *differenzierbaren Mannigfaltigkeit*.

Für die Analyse des sog. Strukturenrealismus (s. z. B. [40, 81, 255] und die dortigen Referenzen), der postuliert, dass zwar die Metrik der Raum-Zeit kontingent, aber deren zugrundeliegende Mannigfaltigkeitsstruktur absolut gegeben und damit real ist, ist nun der folgende, in der wissenschaftsphilosophischen Diskussion allerdings nicht immer klare Punkt wesentlich. *Eine differenzierbare Mannigfaltigkeit ist nicht etwa ein festes System von Punkten, sondern eine Äquivalenzklasse von Beschreibungen. Zwei zueinander diffeomorphe, d. h. durch umkehrbar eindeutige differenzierbare Abbildungen aufeinander beziehbare differenzierbare Mannigfaltigkeiten sind nicht voneinander unterscheidbar.* Man kann also nicht im absoluten Sinne von der Position eines Punktes in einer Mannigfaltigkeit sprechen, sondern diese Position hängt von den gewählten Karten ab. Invariant gegeben sind alleine bestimmte topologische Größen wie die Dimension oder die Zusammenhangsverhältnisse im Großen, beispielsweise die sog. Homologiegruppen.

10.2.3 Transformationsregeln: Invarianz, Kovarianz und Kontravarianz

Es sei nun M eine solche differenzierbare Mannigfaltigkeit. Wir können dann feststellen, ob eine auf M definierte Funktion f, also $f : M \to \mathbb{R}$, differenzierbar ist, indem wir das in lokalen Koordinaten prüfen, also für Koordinatenabbildungen $x : U \to V \subset \mathbb{R}^n$ untersuchen, ob

$$f \circ x^{-1} : V \to \mathbb{R} \tag{10.19}$$

differenzierbar ist. Und da V eine Teilmenge des cartesischen Raumes $\mathbb{R}^n$ ist, ist dies sinnvoll und möglich. Und wir können dann auch Ableitungen ausrechnen. Wenn wir wieder Punkte $q \in M$ mit ihren lokalen Koordinaten $x(q) \in \mathbb{R}^n$ identifizieren, können wir einfach die partiellen Ableitungen

$$\frac{\partial f(x)}{\partial x^i}, \quad i = 1, \dots, n \tag{10.20}$$

in diesen lokalen Koordinaten ausrechnen. Nun entsteht aber ein Problem. Diese Operationen hängen nämlich von den lokalen Koordinaten ab. Wenn $y : U' \to V'$ andere lokale Koordinaten sind, so können wir, wenn wir nun q mit $y(q)$ identifizieren, auch

$$\frac{\partial f(y)}{\partial y^j}, \quad j = 1, \ldots, n \tag{10.21}$$

bilden. Das wird natürlich im Allgemeinen andere Werte als (10.20) liefern. Aber, und nun kommt der wesentliche Punkt, diese Ableitungen sind durch die Kettenregel miteinander verknüpft und ineinander transformierbar. Wenn wir von den Koordinaten x zu den Koordinaten y übergehen, so können wir rechnen

$$\frac{\partial f(x(y))}{\partial y^j} = \sum_{i=1}^{n} \frac{\partial f(x)}{\partial x^i} \frac{\partial x^i(y)}{\partial y^j}. \tag{10.22}$$

Dies benutzt übrigens den wunderbaren leibnizschen Symbolismus, der die Kettenregel in ganz natürlicher Weise enthält.

Also: *Das Konzept der differenzierbaren Mannigfaltigkeit enthält das Prinzip der Differenzierbarkeit als eine unter Koordinatenwechseln invariante Eigenschaft, aber der Wert einer Ableitung ist nicht invariant, sondern transformiert sich gemäß der in (10.22) angewandten Regel.*

Da die gleiche Regel für alle Funktionen f gilt, kann man auch $\frac{\partial}{\partial x^i}$ als abstrakte Objekte, sogenannte Tangentialvektoren, betrachten, die sich dann gemäß der Transformationsregel

$$\frac{\partial}{\partial y^j} = \sum_{i=1}^{n} \frac{\partial x^i(y)}{\partial y^j} \frac{\partial}{\partial x^i} \tag{10.23}$$

bei Koordinatenwechseln verändern. Und dass es solche systematischen Transformationsregeln gibt, ist gerade das, was das Konzept einer differenzierbaren Mannigfaltigkeit ausmacht.

Insbesondere transformieren sich Tangentialvektoren gemäß der Regel (10.23). Der Tangentialvektor $\frac{\partial}{\partial y^j}$ bzgl. der y-Koordinaten wird also eine Linearkombination der Tangentialvektoren $\frac{\partial}{\partial x^i}$ bzgl. der x-Koordinaten, wenn wir von den Koordinaten x zu den Koordinaten y übergehen. Da sich also unser Objekt, der Tangentialvektor, somit in umgekehrter Richtung transformiert, spricht man von einem sich kontravariant transformierenden Objekt. Bei Objekten dagegen, die sich in gleicher Richtung transformieren, handelt es sich um kovariante Transformationen. Solche Objekte sind Differentialformen dx^i; hier gilt, wiederum im klug durchdachten leibnizschen Symbolismus,

$$dx^i = \sum_{j=1}^{n} \frac{\partial x^i}{\partial y^j} dy^j; \tag{10.24}$$

nun ist also dx^i eine Linearkombination der dy^j. Die Differentialformein dx^i sind dadurch charakterisiert, dass

$$dx^i \frac{\partial}{\partial x^k} = \begin{cases} 1 \text{ falls } i = k \\ 0 \text{ sonst} \end{cases} \tag{10.25}$$

gilt. Differentialformen kompensieren also in gewisser Weise Tangentialvektoren. Die Transformationsregeln (10.23) und (10.24) passen gerade so zusammen, dass auch

$$dy^j \frac{\partial}{\partial y^\ell} = \begin{cases} 1 \text{ falls } j = \ell \\ 0 \text{ sonst} \end{cases} \tag{10.26}$$

gilt. Dies sollte auch so sein, damit der Kalkül konsistent ist. Die Positionen der Indices, ob also die Indices oben oder unten stehen, sind übrigens an diese Transformationsregeln angepasst; man kann also an der Positionierung der Indices erkennen, ob es sich um ein kontra- oder ein kovariantes Objekt handeln soll. Objekte, die derartigen – ko- oder kontravarianten – Transformationsregeln genügen, heißen übrigens *Tensoren*.

Wir müssen noch eine wichtige Bemerkung nachtragen. Wenn wir eine Ableitung wie in (10.20) ausrechnen, so tun wir das immer an einem bestimmten Punkt p der differenzierbaren Mannigfaltigkeit M, oder gleichwertig in seinem Koordinatenbild $x(p)$. Die auftretenden Tangentialvektoren $\frac{\partial}{\partial x^i}$ sind daher Tangentialvektoren in diesem Punkt, obwohl wir das in unserer Notation nicht kenntlich gemacht haben. Wir müssten also eigentlich $\frac{\partial}{\partial x^i}(p)$ schreiben (was aber insofern auch missverständlich sein kann, als p hier nicht die Funktion ist, die differenziert werden soll). Die Tangentialvektoren in einem Punkt p bilden den Tangentialraum $T_p M$ von M in diesem Punkt. Es handelt sich hierbei um einen Vektorraum der Dimension n, denn weil die Ableitung eine lineare Operation ist $\left(\left(\sum_i a_i \frac{\partial}{\partial x^i} \right) f = \sum_i a_i \frac{\partial f}{\partial x^i} \right)$, können wir Linearkombinationen von Tangentialvektoren bilden. Den Nullpunkt 0 dieses Tangentialraumes $T_p M$ können wir auch mit p selbst identifizieren, wenn wir Tangentialvektoren als infinitesimale Verschieber auffassen; 0 verschiebt nichts.

Jeder Tangentialraum konstituiert also einen cartesischen Raum $\mathbb{R}^n$. Insofern trägt jede differenzierbare Mannigfaltigkeit infinitesimal die Struktur eines cartesischen Raumes. Dieser ist also nicht nur insofern der Modellraum, als die Koordinaten ihre Werte in ihm annehmen, sondern auch dadurch, dass er die infinitesimale Struktur einer differenzierbaren Mannigfaltigkeit erfasst. Dadurch gewinnt der $\mathbb{R}^n$ auch eine weitere Besonderheit. Der Tangentialraum in jedem Punkt $p \in \mathbb{R}^n$ ist wiederum der $\mathbb{R}^n$. Allerdings ist dies ein gegenüber dem ursprünglichen verschobener $\mathbb{R}^n$, denn wir hatten ja gerade argumentiert, dass wir den Nullpunkt 0 des Tangentialraumes mit dem Grundpunkt p identifizieren wollen. Der Nullpunkt des Tangentialraumes $T_p \mathbb{R}^n$ fällt also nicht mit dem Nullpunkt des $\mathbb{R}^n$ zusammen, sondern wird mit dem Punkt p identifiziert. Mit dieser Einsicht können wir nun auch das Rätsel um (10.8) aufklären, dass die dort definierte Metrik nicht unter Verschiebungen invariant zu sein schien. Sie war zwar invariant unter linearen Transformationen $x \mapsto Ax$, die (10.14) erfüllen, also z. B. solchen, die einfach eine Drehung der räumlichen Koordinaten x^1, x^2, x^3 ausführen, aber anscheinend nicht unter Verschiebungen der Form $x \mapsto x + x_0$ mit einem festen Vektor x_0. Dieses Problem löst sich nun, wenn wir (10.8) als ein Produkt in den jeweiligen Tangentialräumen auffassen. x und y sind also nicht mehr als Elemente des Grundraumes aufzufassen, sondern als Elemente des Tangentialraumes $T_p \mathbb{R}^n$ im jeweiligen Grundpunkt p. Da sich mit einer Verschiebung des Grundpunktes auch der Nullpunkt des Tangentialraumes entsprechend verschiebt, passt nun alles zusammen. Überhaupt sind wir damit auch die von einem geometrischen Standpunkt aus unnatürliche Auszeichnung des Nullpunktes losgeworden. *Geometrisch* sind alle Punkte im Raum gleich, und der Nullpunkt spielt nur eine *algebraische* Rolle. Diese Rolle darf er weiter im Tangentialraum spielen, denn dort geht es um Linearkombinationen von Tangentialvektoren als Ableitungsoperatoren, während es im Grundraum um geometrische Operationen wie Drehungen oder Verschiebungen geht, die das Produkt (10.8), welches, wie wir gleich sehen werden, die wesentliche geometrische Struktur des Raumes darstellt, invariant lassen. Um diesen Aspekt zu respektieren, sollten wir auch unsere Notation ändern. Statt auf Punkte x und y im Raum wollen wir das Produkt auf Tangentialvektoren $V = (v^0, v^1, v^2, v^3)$ und $W = (w^0, w^1, w^2, w^3)$ in einem festen Punkt x_0 anwenden, und wir sollten daher statt (10.8), (10.11) schreiben

$$\langle V, W \rangle = -v^0 w^0 + v^1 w^1 + v^2 w^2 + v^3 w^3 = \sum_{i,j=0,1,2,3} V^i \gamma_{ij} w^j. \tag{10.27}$$

10.2.4 Riemannsche Metriken

Nun können wir eine weitere Struktur einführen. Eine Riemannsche Metrik auf einer differenzierbaren Mannigfaltigkeit ist ein positives inneres Produkt auf den Tangentialräumen. Je zwei Tangentialvektoren $V = \sum_i a^i \frac{\partial}{\partial x^i}$ und $W = \sum_k b^k \frac{\partial}{\partial x^k}$ im gleichen Punkt p wird ein Produkt

$$\langle V, W \rangle = \sum_{i,k} a^i b^k \left\langle \frac{\partial}{\partial x^i}, \frac{\partial}{\partial x^k} \right\rangle \tag{10.28}$$

zugeordnet. Wenn wir zur Abkürzung

$$g_{ik} = \left\langle \frac{\partial}{\partial x^i}, \frac{\partial}{\partial x^k} \right\rangle \tag{10.29}$$

setzen, so wird (10.28) also zu

$$\langle V, W \rangle = \sum_{i,k} a^i b^k g_{ik}. \tag{10.30}$$

Wiederum hängen die g_{ik} vom Grundpunkt p ab, obwohl wir das in unserer Notation unterschlagen haben. Um das richtige Transformationsverhalten zu bekommen, schreiben wir die Metrik (d. h. den metrischen Tensor) auch als

$$\sum_{i,k=1,...,n} g_{ik} dx^i dx^k, \tag{10.31}$$

denn wir brauchen zwei Differentialformen, um gemäß der Regel (10.25) die beiden in (10.28) auftretenden Tangentialvektoren zu kompensieren. Der Wert, der in (10.28) herauskommt, soll nämlich unabhängig von der Wahl der verwendeten Koordinaten sein. Daher müssen sich die Transformationsregeln der beteiligten Objekte kompensieren; den beiden kontravarianten Tangentialvektoren müssen also zwei kovariante Differentialformen gegenüberstehen.

(10.30) hat nun genau die gleiche Struktur wie (10.27), mit dem einzigen Unterschied, dass wir für eine Riemannsche Metrik Positivität des Produktes (10.30) verlangen (in dem Sinne, dass $\langle V, V \rangle > 0$ für alle $V \neq 0$ ist), während in (10.10) eine negative Richtung, nämlich die Zeitrichtung, auftritt. In einem solchen Fall spricht man von einer Lorentzschen statt einer Riemannschen Metrik. Eine differenzierbare Mannigfaltigkeit, die eine solche Lorentzsche Metrik trägt, heißt *Lorentzmannigfaltigkeit*. Wenn wir (10.10) durch

$$g = \begin{pmatrix} 1 & 0 & 0 & 0 \\ 0 & 1 & 0 & 0 \\ 0 & 0 & 1 & 0 \\ 0 & 0 & 0 & 1 \end{pmatrix} \tag{10.32}$$

ersetzen, so erhalten wir die euklidische Metrik auf dem $\mathbb{R}^4$. Ganz analog können wir auf dem cartesischen Raum $\mathbb{R}^n$ für jedes n eine euklidische Metrik einführen. Dann erhalten wir den euklidischen Raum E^n. Der eukldische Raum trägt also gegenüber dem cartesischen Raum eine zusätzliche Struktur, eine euklidische Metrik. In Tensornotation erhalten wir statt (10.27)

$$\langle x, y \rangle = \sum_{i,j} x^i g_{ij} y^j \tag{10.33}$$

Bevor wir aber die Allgemeine Relativitätstheorie auf einer Lorentzmannigfaltigkeit diskutieren können, brauchen wir noch eine fundamentale Einsicht von Riemann [202]. Ein inneres Produkt ist per definitionem symmetrisch, d. h., es muss immer

$$\langle V, W \rangle = \langle W, V \rangle \tag{10.34}$$

gclten. Für die Koeffizienten g_{ik} des metrischen Tensors bedeutet (10.34)

$$g_{ik} = g_{ki} \text{ für alle } i, k. \tag{10.35}$$

Damit bleiben für die n^2 Koeffizienten der Matrix $(g_{ik})_{i,k=1,\ldots,n}$ nur noch

$$\frac{n(n+1)}{2} \text{ Freiheitsgrade} \tag{10.36}$$

übrig. Nun können wir aber die n Koordinaten frei wählen. Damit bleiben noch

$$\frac{n(n+1)}{2} - n = \frac{n(n-1)}{2} \text{ nicht eliminierbare Freiheitsgrade} \tag{10.37}$$

übrig. Eine Riemannsche oder Lorentzsche Metrik auf einer n-dimensionalen differenzierbaren Mannigfaltigkeit muss daher, so das Argument Riemanns, $\frac{n(n-1)}{2}$ infinitesimale

Invarianten tragen. Und Riemann hat diese Invarianten dann im Krümmungstensor dieser Metrik gefunden. Dieser Krümmungstensor besteht im Wesentlichen aus bestimmten Kombinationen der zweiten Ableitungen dieser Metrik. Und weil es sich um Invarianten handelt, sind zwei Metriken mit verschiedenen Krümmungstensoren auch wirklich verschieden, während Metriken mit gleichen Krümmungen lokal nicht unterscheidbar sind. Die Riemannschen Krümmungen können auch geometrisch interpretiert werden. Kugeloberflächen, die Sphären, sind positiv gekrümmt, während die hyperbolischen Räume, also die Räume der nichteuklidischen Geometrie, negative Krümmung tragen. Räume verschiedener Krümmung sind insbesondere nicht verzerrungsfrei aufeinander abbildbar. Dies ist der Grund, warum sich die Erdoberfläche, also eine annähernd sphärische, positiv gekrümmte Fläche, nicht verzerrungsfrei auf ein Atlasblatt, also ein Teilgebiet der euklidischen Ebene abbilden, lässt. Die differenzierbare Struktur ist zwar lokal die gleiche, aber die metrischen Strukturen unterscheiden sich. Bei kleinen Ausschnitten merkt man das nicht besonders, denn weil die Metrik der Sphäre wie jede Riemannsche Metrik infinitesimal euklidisch ist, ist sie lokal annähernd euklidisch. Erst bei Karten von größeren Teilen der Erdoberfläche werden die Verzerrungen deutlich, wenn z. B. auf einer Weltkarte Grönland größer als Australien erscheint oder die Antarktis ganz merkwürdig auseinandergerissen wird.

Wir wollen nun noch die Formeln für den *Riemannschen Krümmungstensor* angeben, auch wenn die genauen Einzelheiten vielleicht für das konzeptionelle Verständnis des Nachfolgenden nicht unbedingt erforderlich sind. Es sei also auf der differenzierbaren Mannigfaltigkeit M eine Riemannsche oder eine Lorentzsche Metrik $g = (g_{ik})$ gegeben – M heißt dann Riemannsche bzw. Lorentzmannigfaltigkeit. Wir benötigen den inversen metrischen Tensor (g^{ik}); als Matrix handelt es sich einfach um die Inverse von g, also

$$\sum_k g^{ij} g_{jk} == \begin{cases} 1 \text{ falls } i = k \\ 0 \text{ sonst.} \end{cases} \tag{10.38}$$

Dann brauchen wir Ableitungen der Metrik, die wir abkürzen:

$$g_{ik,\ell} = \frac{\partial g_{ik}}{\partial x^\ell}, \tag{10.39}$$

und die hieraus gebildeten Christoffelsymbole

$$\Gamma^i_{k\ell} = \frac{1}{2} \sum_j g^{ij} (g_{i\ell,j} + g_{\ell j,i} - g_{ij,\ell}). \tag{10.40}$$

Nun können wir schließlich die Komponenten des Krümmungstensors definieren:

$$R^i_{jk\ell} = \Gamma^i_{j\ell,k} - \Gamma^i_{jk,\ell} + \sum_m \left(\Gamma^i_{mk} \Gamma^m_{j\ell} - \Gamma^i_{m\ell} \Gamma^m_{jk} \right). \tag{10.41}$$

Warum der Krümmungstensor genau diese Gestalt hat, lässt sich geometrisch begründen, aber hierfür verweise ich auf meine Ausführungen in der englischen Version von [202], wo alles genau dargelegt ist. Es fallen aber bestimmte Regelmäßigkeiten in der Notation auf. Beispielsweise wird über einen Index, der zweimal in einem Produkt auftritt, stets summiert, und ein solcher Index tritt dann jeweils einmal als oberer und einmal als unterer Index auf, also einmal kontravariant und einmal kovariant. Das Transformationsverhalten neutralisiert sich also, wie dargelegt, und daher ist dies mit der Elimination des Indexes durch Summation verträglich. Dass das alles so gut zusammenpasst, ist ein Verdienst der klug gewählten Notation. Der hier verwandte Tensorkalkül ist in der Nachfolge von Riemann durch Lipschitz, Christoffel und insbesondere Ricci [200, 201] entwickelt worden. Nach diesem ist auch der folgende, durch Kontraktion aus dem Riemannschen Krümmungstensor entstehende Tensor benannt, der Riccitensor, mit seinen Komponenten

$$R_{ij} = \sum_m R^m_{imj}. \tag{10.42}$$

Man bemerkt übrigens, dass wir die Namen der Indices verändert haben; einmal ist der obere Index des Krümmungstensors ein i, in (10.42) dagegen ein m. Aber die Namen sind beliebig.

Aus dem Riccitensor entsteht durch eine weitere Kontraktion die Skalarkrümmung

$$R = \sum_{i,j} g^{ij} R_{ij}. \tag{10.43}$$

Der Riccitensor und die Skalarkrümmung enthalten nicht mehr die vollständige Information des Krümmungstensors, da durch die Kontraktionen sich Einiges hinweghebt. Da allerdings der Riccitensor noch genauso viele Freiheitsgrade (10.37) wie die Metrik besitzt, könnte man erwarten, dass seine Kenntnis schon zur Bestimmung der Metrik ausreicht, man also den vollständigen Krümmungstensor eigentlich gar nicht benötigt. Das ist zwar nicht völlig richtig, aber auch nicht grundsätzlich verkehrt, sondern mathematisch sehr subtil, was wir hier allerdings nicht explorieren wollen.

10.2.5 Allgemeine Relativitätstheorie

Nun haben wir alles beisammen, um die Einsteinschen Feldgleichungen der Allgemeinen Relativitätstheorie zu definieren. Sie sind gegeben durch

$$R_{ij} - \frac{1}{2} g_{ij} R = \kappa T_{ij}, \tag{10.44}$$

wobei die rechte Seite erklärt werden muss.

$$\kappa = \frac{8\pi g}{c^4}, \quad g = \text{Gravitationskonstante}, \quad c = \text{Lichtgeschwindigkeit}, \tag{10.45}$$

und (T_{ij}) ist der *Energie-Impuls-Tensor*.

Auf der linken Seite stehen metrische Größen, die Ricci- und die Skalarkrümmung, die die Geometrie des Raumes bestimmen, während auf der rechten die physikalischen Massen und Felder auftreten. Letzteres ist der Gehalt des Energie-Impuls-Tensors, wobei wir wieder auf die Details nicht eingehen. Gekoppelt werden die beiden Seiten mittels zweier Konstanten, der newtonschen Gravitationskonstanten g und der Lichtgeschwindigkeit c. Diese Konstanten setzen die physikalischen Dimensionen der beteiligten Variablen in die richtige Beziehung. Die Metrik g_{ij} ist physikalisch dimensionslos, und da sich die Krümmungen durch zweimalige Ableitung nach dem Ort ergeben, haben diese die physikalische Dimension *Länge*$^{-2}$. T_{ij} ist eine Energiedichte, also von der Dimension Energie pro Volumen, *Energie Länge*$^{-3}$. Durch den Faktor $\frac{g}{c^4}$ wird sichergestellt, dass die beiden Seiten von (10.44) die gleiche physikalische Dimension haben, und die Maßeinheiten werden abgestimmt. Hierdurch wird dann mit c auch das Verhältnis zwischen Raum und Zeit, also die Ausbreitungsgeschwindigkeit von Veränderungen, festgelegt. Hierauf werden wir noch zurückkommen. Der numerische Faktor 8π bewirkt, dass sich die Theorie im Grenzfall unendlicher Ausbreitungsgeschwindigkeit auf das netwonsche Gravitationsgesetz reduziert.

Hilbert [115] und Einstein [76] haben die Feldgleichungen (10.44) aus dem Wirkungsfunktional

$$L(g) = \int_M R\sqrt{\det(g_{ij})}dx \tag{10.46}$$

hergeleitet; die Lösungen von (10.44) stellen also Extremalen dieses Funktionals dar, ganz im Sinne des leibnizschen Prinzips der kleinsten (oder genauer, stationären) Wirkung.

Die Gl. (10.44) lässt sich von links nach rechts oder von rechts nach links lesen. Jedenfalls ergibt sich die wesentliche Folgerung, dass die Geometrie des Raumes und die Verteilung der physikalischen Massen und Felder einander bedingen. Was dies für die seinerzeitige Kontroverse zwischen Leibniz und Newton über die Natur des Raumes bedeutet, wollen wir nun analysieren. Allerdings wollen wir auch noch eine Verallgemeinerung von (10.44) mit der sog. kosmologischen Konstante Λ vorstellen. Einstein selber hat diese eingeführt, später aber bedauernd zurückgezogen, weil eine solche Konstante ihm dann doch zu willkürlich erschien. In heutigen kosmologischen Modellen wird diese Verallgemeinerung aber wieder ernsthaft in Erwägung gezogen. (10.44) wird zu

$$R_{ij} - \frac{1}{2}g_{ij}R + \Lambda g_{ij} = \kappa T_{ij}, \tag{10.47}$$

verallgemeinert.

Ähnlich wie bei einem metrischen Tensor g_{ij} nach (10.37) auf einer vierdimensionalen Mannigfaltigkeit nur 6 Komponenten eine invariante geometrische Bedeutung haben, während sich die anderen durch Symmetrien wegheben oder durch die freie Wahl der 4 Koordinatenfunktionen eliminiert werden können, wie in (10.37) festgestellt, so gibt es auch in (10.44) oder (10.47) nur 6 wirkliche Freiheitsgrade. Man kann also erwarten, dass durch diese Gleichungen, wenn wir sie von rechts nach links lesen, also von einer bestimmten Verteilung der physikalischen Objekte ausgehen, die Geometrie der Raum-Zeit bestimmt ist. Wie oben schon bei der Einführung des Riccitensors erwähnt, ist das allerdings ziemlich subtil.

Wir wollen daher etwas anders vorgehen und zunächst mal einige Fragen stellen (zu diesen Fragen vgl. insbesondere die Diskussion in [40]).

Die Grundfrage, die wir gleich in mehreren Teilfragen präzisieren wollen, ist die Folgende. *Nach* (10.44) *oder auch der Variante* (10.47), *von rechts nach links gelesen, bestimmt die Materieverteilung die Geometrie des Raumes. Aber bestimmt sie ihn auch vollständig, oder sind in der Formulierung oder bei der Ausführung nicht doch zusätzliche strukturelle Hintergrundannahmen erforderlich?*

1. Wir sind von einer festen differeinzierbaren Mannigfaltigkeit M ausgegangen, auf der wir dann eine Lorentzmetrik g eingeführt haben. Auch angenommen, dass diese durch die Einsteinschen Feldgleichungen bestimmt wird, woher kommt dann M, denn dieses wird offensichtlich nicht durch die Gleichungen bestimmt, sondern schon bei deren Formulierung vorausgesetzt? Wäre das dann nicht der newtonsche absolute Raum? Er bekommt dann zwar durch die Einsteinschen Feldgleichungen durch die sich in ihm befindlichen Massen eine metrische Struktur verpasst, aber diese ist nur ein anderer Ausdruck für die gravitativen Kräfte. Die eigentliche Grundstruktur ist davon unberührt.

2. Der Minkowskiraum, also der cartesische Raum $\mathbb{R}^{1,3}$ mit der Minkowskimetrik (10.27) hat verschwindende Krümmungen, also insbesondere $R_{ij} = 0$ und daher auch $R = 0$ (s. (10.42), (10.43)) und stellt eine Lösung von (10.44) mit $T_{ij} = 0$ dar, also eine Raum-Zeit ohne physikalische Objekte, ein Vakuum. Da es in ihm keine physikalischen Objekte gibt, ist er auch nicht durch solche bestimmt. Ist dies nicht ein absolutes Grundmodell, das durch die Präsenz physikalischer Objekte dann nur etwas verbogen, gekrümmt wird? Es gibt aber auch andere leere Räume, die eine solche Minkowskimetrik zulassen, z. B. $S^1 \times \mathbb{R}^3$, wobei S^1, die eindimensionale Sphäre, einfach die Kreislinie ist, so dass es in diesem Fall geschlossene zeitartige Kurven gibt. Man kehrt also regelmäßig zu seinem früheren Zustand zurück, wenn man in einem solchen Raum lebt. Man kann auch den Raum beschränkt machen, als einen dreidimensionalen Torus $S^1 \times S^1 \times S^1$. Dann hat man kein unendliches Universum mehr.

3. Wenn wir eine nichtverschwindende kosmologische Konstante Λ zulassen, so gibt es weitere Lösungen von (10.47) ohne physikalische Objekte, die de Sitter- und anti-de Sitter-Räume. Hier ist die Skalarkrümmung

$$R = 4\Lambda. \tag{10.48}$$

Im Falle $\Lambda = 0$ reduzieren sie sich auf den Minkowskiraum $\mathbb{R}^{1,3} = \mathbb{R} \times \mathbb{R}^3$, wobei der erste Faktor $\mathbb{R}$ die Zeit, der zweite Faktor $\mathbb{R}^3$ den Raum vertritt. Der de Sitter-Raum $\Lambda > 0$ hat die topologische Struktur von $\mathbb{R} \times S^3$, wobei S^3 die dreidimensionale Sphäre ist. Der Faktor $\mathbb{R}$ beschreibt wieder die Zeit, der Faktor S^3 den Raum. Dieser ist also hier im Unterschied zum Minkowskiraum nicht mehr unendlich, sondern von endlicher Erstreckung. Ein anti-de Sitter-Raum $\Lambda < 0$ hat die Topologie des $\mathbb{R}^4$ oder auch diejenige von $S^1 \times \mathbb{R}^3$. Wie im Minkowskifall kehrt man in einem solchen Raum regelmäßig zu seinem früheren Zustand zurück. Der räumliche Faktor $\mathbb{R}^3$ trägt hier allerdings eine andere Metrik als im Minkowskifall. Der de Sitter-Raum ist auch als Modell eines stationären Universums, also eines ohne Urknall, diskutiert worden. Für Einzelheiten zu diesen Räumen sei auf die Darstellung in [109] verwiesen. Jedenfalls stellen sie auch Kandidaten für leere absolute Räume dar.

4. Und wenn wir eine Raum-Zeit betrachten, in der sich nur ein einzelnes Objekt befindet, einsam und orientierungslos, das keine anderen Objekte hat, mit denen es in Wechselwirkung treten kann, so können wir zwar die Feldgleichungen lösen, aber die Raum-Zeit kann dann nicht mehr aus Relationen zwischen verschiedenen Objekten bestimmt werden.

5. Diesen Punkt weiterführend, wenn es endliche Massen und Kräfte in einem unendlichen Raum gibt, so können erstere nicht letzteren vollständig bestimmen. Mathematisch gesehen muss zur eindeutigen Lösbarkeit von (10.44) oder (10.47) dann noch eine Randbedingung im Unendlichen hinzugefügt werden. Wäre das dann nicht etwas Absolutes? Insbesondere, wenn man noch eine solche Randbedingung im Unendlichen braucht, wäre dann das Machsche Prinzip nicht mehr ausreichend, welches postulierte, dass Trägheitseffekte durch die globale Verteilung der Massen bestimmt würden?

So formuliert, scheinen diese Fragen schon alle gegen Leibniz zu sprechen. Aber wenn wir versuchen, die Antworten zu finden, wird die Sachlage subtiler. Und für diese Antworten müssen wir die hinter (10.44) und (10.47) stehende mathematische Struktur noch besser verstehen. Es handelt sich um sog. Partielle Differentialgleichungen, und diesen ist der nächste Abschnitt gewidmet. Dadurch werden wir auch einen etwas anderen Blickpunkt gewinnen als in der zeitgenössischen Diskussion (z. B. [40, 81, 255] und die dort angegebenen Referenzen). Insbesondere erlaubt uns dies auch, die Diskussion des sog. Lochargumentes[8] zu umgehen.

10.2.6 Partielle Differentialgleichungen

Wenn wir, um die folgenden Gedankengänge zu motivieren, eine (beliebig oft differenzierbare) Funktion $u : \mathbb{R} \to \mathbb{R}$ einer reellen Veränderlichen x betrachten und wenn die Ableitung von u in jedem Punkt vorgegeben ist,

$$\frac{du(x)}{dx} = \psi(x) \text{ für alle } x, \tag{10.49}$$

---

[8]Das schon auf Einstein zurückgehende Argument besagt, dass, wenn die Punkte der Raumzeit eine dem metrischen Feld vorgängige Existenz besäßen, dann ein Diffeomorphismus (Koordinatenwechsel) der Raumzeit zu physikalisch verschiedenen Situationen führen müsse, was aber nicht mit dem Kovarianzprinzip der Allgemeinen Relativitätstheorie verträglich ist (für die neuere Diskussion s. z. B. [16, 41, 72, 170]).

so ist u selbst bis auf eine Konstante bestimmt,

$$u(x) = \int_{x_0}^{x} \psi(\xi)d\xi + c, \tag{10.50}$$

wobei wir den Punkt x_0 frei wählen und die Konstante c dann von dieser Wahl abhängt. Das ist der Fundamentalsatz der Analysis, ein Grundprinzip der newtonschen wie der leibnizschen Infinitesimalrechnung. Wenn statt (10.49) nur die zweiten Ableitungen von u vorgegeben sind,

$$\frac{d^2 u(x)}{dx^2} = \phi(x) \text{ für alle } x, \tag{10.51}$$

so ist u bis auf eine lineare Funktion von der Form $c_1 x + c_0$ mit Konstanten c_0, c_1 festgelegt, durch eine zweimalige Anwendung des Fundamentalsatzes.

Analoges gilt für Funktionen mehrerer Veränderlicher, $u : \mathbb{R}^n \to \mathbb{R}$. Sind alle ersten Ableitungen von u gegeben,

$$\frac{\partial u(x)}{\partial x^i} = \psi_i(x) \text{ für alle } x \text{ und alle } i = 1, \ldots, n, \tag{10.52}$$

so ist u selbst wiederum bis auf eine Konstante c bestimmt. Und wenn alle zweiten Ableitungen vorgegeben sind,

$$\frac{\partial^2 u(x)}{\partial x^i \partial x^j} = \phi_{ij}(x) \text{ und alle } i, j = 1, \ldots, n, \tag{10.53}$$

so ist u wiederum bis auf eine lineare Funktion bestimmt. Weil die Ableitungen vertauschbar sind, $\frac{\partial^2 u(x)}{\partial x^i \partial x^j} = \frac{\partial^2 u(x)}{\partial x^j \partial x^i}$, gibt es hier $\frac{n(n+1)}{2}$ unabhängige Gleichungen. Würden nur einige dieser verschiedenen Ableitungen festgelegt, so wäre die Lösung u nicht mehr bis auf eine lineare Funktion bestimmt. Überraschenderweise lässt sich u aber aus einer einzigen Gleichung für zweite Ableitungen rekonstruieren, wenn wir u nur irgendwo festlegen. Um dies zu erläutern, führen wir den sog. Laplaceoperator ein,

$$\Delta u(x) = \sum_{i=1}^{n} \frac{\partial^2 u(x)}{\partial (x^i)^2}, \tag{10.54}$$

also die Summe der reinen zweiten Ableitungen. Nun gilt das folgende bemerkenswerte Resultate, eine der grundlegenden Aussagen der Theorie der Partiellen Differentialgleichungen (s. z. B. [134] für Einzelheiten): Es sei Ω ein beschränktes, nicht zu kompliziertes Gebiet im $\mathbb{R}^n$, z. B. das Innere einer Kugel. Der Rand $\partial\Omega$ von Ω wäre bei diesem Beispiel dann eine Sphäre, d. h. eine Kugeloberfläche. Es seien nun eine Funktion f in Ω und eine andere Funktion g auf dem Rand $\partial\Omega$ gegeben.[9] Dann, so die Aussage, gibt es genau eine

---

[9] Alle Funktionen seien beispielsweise differenzierbar, aber die genauen technischen Vorausssetzungen wollen wir hier nicht ausbuchstabieren, sondern hierfür lieber auf [134] verweisen.

Funktion u, die auf dem Abschluss von Ω, d. h. auf Ω selbst und seinem Rand $\partial\Omega$ definiert ist und

$$\Delta u(x) = f(x) \text{ für alle } x \in \Omega \qquad (10.55)$$

$$u(y) = g(y) \text{ für alle } y \in \partial\Omega.$$

Es reicht also aus, u selbst auf einer kleinen Menge, dem Rand von Ω, zu kennen, während wir in Ω nur eine einzige Funktion der zweiten Ableitungen statt sämtlicher $\frac{n(n+1)}{2}$ einzelner dieser Ableitungen von u zu kennen brauchen. Der Laplaceoperator propagiert also in gewisser Weise die Information über die Werte von u vom Rande des Gebietes ins Innere.

Soweit waren nur räumliche Variablen involviert. Wir betrachten nun eine Funktion auf dem $\mathbb{R}^{1,n} = \mathbb{R} \times \mathbb{R}^n$ mit seinen Variablen $t, x^1, \ldots, x^n$. Im Unterschied zu Abschn. 10.2.1 nennen wir jetzt die Zeitvariable nicht mehr x^0, sondern t, für „tempus". Die räumlichen Variablen erfassen wir durch den Vektor $x = (x^1, \ldots, x^n)$. Wir betrachten jetzt ein Gebiet der Form $[0, \infty) \times \Omega$, wobei Ω ein Gebiet in dem Räumlichen Faktor $\mathbb{R}^n$ ist. Das Zeitintervall $[0, \infty)$ beginnt bei 0 (eine reine Konvention; 0 möge beispielsweise für die Gegenwart stehen) und ist in die Zukunft offen. Analog zu (10.55) gibt es jetzt zu gegebenen Funktionen f auf $(0, \infty) \times \Omega$, g auf $[0, \infty) \times \partial\Omega$ und h auf $\{0\} \times \Omega$ genau eine Lösung zu

$$\Delta u(t, x) - \frac{\partial^2 u(t, x)}{\partial t^2} = f(t, x) \text{ für alle } t > 0, x \in \Omega \qquad (10.56)$$

$$u(t, y) = g(t, y) \text{ für alle } t > 0, y \in \partial\Omega$$

$$u(0, z) = h(z) \text{ für alle } z \in \Omega.$$

Wir müssen jetzt also zeitliche Anfangswerte (die Funktion h für $t = 0$) und räumliche Randwerte (die Funktion g für $y \in \partial\Omega$) kennen, um die Lösung der partiellen Differentialgleichung $\Delta u - \frac{\partial^2 u}{\partial t^2} = f$, der sog. Wellengleichung, zu bestimmen. Wenn wir die Anfangswerte an einer Stelle x_0 ändern, so pflanzt sich diese Änderung mit der Geschwindigkeit 1 fort, d. h. zur Zeit t ist die Auswirkung dieser Änderung in dem Bereich $[x_0 - t, x_0 + t]$ zu spüren. Hier ist zu bemerken, dass der Wellenoperator in (10.56) der Minkowskimetrik (10.10) entspricht. Würden wir dagegen die Metrik (10.15) zugrundelegen, so erhielten wir den Wellenoperator

$$\Delta u(t, x) - \frac{1}{c^2} \frac{\partial^2 u(t, x)}{\partial t^2}, \qquad (10.57)$$

und Störungen würden sich mit Geschwindigkeit c ausbreiten, und die Auswirkung wäre zur Zeit t in dem Bereich $[x_0 - ct, x_0 + ct]$ zu spüren. Der Bereich

$$\{(x, t) : x_0 - c(t - t_0) \leq x \leq x_0 + c(t - t_0)\} \qquad (10.58)$$

heißt vorwärtiger Lichtkegel des Raumzeitpunktes $(x_0 . t_0)$. Er stellt also den Bereich der Raumzeit mit Metrik (10.15) und Wellenausbreitungsoperator dar, in dem Veränderungen im Punkte (x_0, t_0) wirken können. Entsprechend ist der rückwärtige Lichtkegel definiert als der Bereich, von dem aus (x_0, t_0) beeinflussbar ist.

Die gleichen Prinzipien gelten auch für die Einsteinschen Feldgleichungen (10.44) und (10.47), bei denen die Ausbreitungsgeschwindigkeit ebenfalls als c gesetzt ist, wobei c nun als Lichtgeschwindigkeit interpretiert wird. Diese Gleichungen sind zwar im Unterschied zur Laplacegleichung (10.55) oder zur Wellengleichung (10.56) nicht mehr linear in den zweiten Ableitungen der gesuchten Größen, hier der Komponenten des metrischen Tensors, vgl. (10.40)–(10.43), und es handelt sich auch nicht mehr nur um eine einzelne Gleichung, sondern um ein System von Gleichungen für alle Komponenten von (g_{ij}), aber das grundlegende Prinzip gilt immer noch, dass wir nämlich eine Lösung dieses Gleichungssystems aus zeitlichen Anfangswerten und räumlichen Randwerten bestimmen können. Und wenn die räumliche Komponente nicht mehr wie der $\mathbb{R}^3$ unbeschränkt, sondern beispielsweise wie der Faktor S^3 des de Sitter-Raumes beschränkt, aber randlos ist, so können wir sogar auf räumliche Randwerte verzichten und brauchen nur zeitliche Anfangswerte. Die Situation ist allerdings auch deswegen komplizierter, weil wir nicht mehr auf einem festen Gebiet arbeiten, sondern sich die Geometrie der Raum-Zeit zeitlich ändert, denn diese wird ja gerade durch die Lösung (g_{ij}) der Feldgleichungen bestimmt. Die Vorstellung, dass wir die Raum-Zeit einfach in ein Produkt $\mathbb{R} \times M$ oder $[0, \infty) \times M$ zwischen der entweder beiderseits unendlichen oder bei 0 beginnenden Zeit und einer festen, idealerweise beschränkten, aber randlosen differenzierbaren Mannigfaltigkeit als Modell des Raumes aufspalten können, ist nicht angemessen. Allenfalls könnte man statt des zeitunabhängigen M eine zeitabhängige differenzierbare Mannigfaltigkeit $M(t)$ ansetzen, also ein Produkt betrachten, bei dem der eine Faktor $M(t)$ von dem Wert t des anderen abhängt. Typischerweise sind aber bei Lösungen der Feldgleichungen Zeit und Raum auf kompliziertere Weise miteinander verschränkt als durch ein solches Produkt beschrieben werden kann.

Die Geometrie entfaltet sich also gemäß der Lösungen der Feldgleichungen dynamisch in der Zeit. So ist es auch nicht mehr völlig klar, wo wir denn eigentlich die Anfangswerte festlegen wollen. Ohne auf die Details einzugehen (vgl. z. B. [109]) brauchen wir ein geeignetes dreidimensionales raumartiges Gebilde, eine sog. Cauchy-Hyperfläche, auf der wir die Anfangswerte festlegen können. Dann ist die Lösung, also die Geometrie der Raum-Zeit für alle späteren Zeiten durch die Feldgleichungen bestimmt.

Was wir brauchen, ist also eine solche Cauchy-Hyperfläche. Der Rest ergibt sich dann automatisch aus den Feldgleichungen, sofern die Raumzeit räumlich beschränkt, aber randlos ist. Eine Cauchy-Hyperfläche ist durch die Eigenschaft charakterisiert, dass sie von jeder zeitartigen Kurve, die nicht noch weiter fortsetzbar ist, also nicht nur ein Stück einer längeren solchen Kurve ist, genau einmal getroffen wird. Es ist eigentlich klar, warum das so sein sollte, denn dann kann das, was auf dieser Hyperfläche gegeben ist, in die Zukunft fortgesetzt werden. Und eine Lorentzmannigfaltigkeit enthält genau dann eine Cauchy-Hyperfläche, wenn sie global hyperbolisch ist, was bedeutet, dass sie erstens keine geschlossenen zeitartigen Kurven enthält und dass zweitens der Schnitt eines vorwärtigen mit einem rückwärtigen Zeitkegel stets kompakt[10] ist, dass also für jeweils zwei Raumzeitpunkte die Menge derjenigen Raumzeitpunkte, die in der Zukunft des ersten und in der Vergangenheit des zweiten liegen, kompakt ist. Geschlossene zeitartige Kurven würden das Kausalitätsprinzip (s. auch Abschn. 12.1) verletzen, denn längs einer solchen kurve könnte man sich in die Zukunft bewegen und irgendwann wieder aus der Vergangenheit an der Ausgangsstelle in die Gegenwart zurückkehren.

Mit dieser Beobachtung, dass also nach Vorgabe der Anfangswerte auf einer Cauchy-Hyperfläche die Feldgleichungen alles Weitere bestimmen, können wir schon einige der Fragen in Abschn. 10.2.5 erledigen. Wir brauchen nicht die Grundstruktur für alle Zeiten vorzugeben, wie in Frage 1, sondern nur Anfangsbedingungen in einer räumlich beschränkten Situation. Die Fragen 3 und 5 haben wir damit gleichermaßen auf Anfangsbedingungen für ein räumlich beschränktes, aber sich dynamisch in der Zeit entwickelndes Universum reduziert. Zu 1 und 4 können wir natürlich auch argumentieren, dass ein Universum ohne Objekte kein sinnvolles Konzept ist,[11] weil wir dann nichts zu messen noch überhaupt einen Maßstab haben, denn der wäre auch ein physikalisches Objekt, und ein Universum mit nur einem Objekt, das nicht mit anderen wechselwirken und dadurch bestimmt und gemessen werden kann, wäre genausowenig physikalisch sinnvoll. Im leibnizschen Ansatz ergeben Relationen ohne Relata keinen Sinn. Der leere Minkowskiraum ist dann in Ausgestaltung dieses Ansatzes nur ein konzeptioneller Hintergrund, welcher infinitesimale Aspekte der tatsächlichen Raum-Zeit unter Absehung von deren materiellem Gehalt beschreibt.

Aber es bleibt die Frage nach der Cauchy-Hyperfläche, also den Anfangsbedingungen. Wo kommen die her? Die Antwort der heutigen Kosmologie ist, dass die Anfangsbedingungen im Urknall gesetzt sind. Aus diesem heraus entfaltet sich das Universum gemäß den Feldgleichungen (10.44) oder (10.47). Der Urknall muss als Anfangspunkt gesetzt werden; er lässt sich nicht mehr kausal erklären, aber alles Weitere ergibt sich dann. Außer dem in diesem Sinne nicht hinterfragbaren Urknall bleibt keine Möglichkeit einer Setzung. Dies ist unsere Antwort auf die in Abschn. 10.2.5 gestellte Leitfrage. Insbesondere gibt es auch keinen Raum für einen newtonschen absoluten Raum mehr. Wir haben aber auch gesehen, dass die Allgemeine Relativitätstheorie in sich selbst die Grenzen ihrer Gültigkeit erzeugt, und zwar durch das Auftreten von Singularitäten. Nach den heutigen kosmologischen Vorstellungen gibt es zumindest eine derartige Singularität, den Urknall, der in der Allgemeinen Relativitätstheorie nicht mehr weiter analysierbar ist, sondern als gegeben vorausgesetzt wird. Das tieferliegende Problem besteht darin, dass die in der Planckschen Konstanten h

---

[10]*Kompaktheit* ist ein mathematischer Begriff; eine Menge ist kompakt, wenn sie beschränkt ist und alle ihre Randpunkte enthält. Z. B. ist das Intervall der reellen Zahlen $0 \leq x \leq 1$ kompakt, weil beschränkt und die beiden Randpunkte 0 und 1 dazugehören. In der hier behandelten raumzeitlichen Situation ist die Beschränktheit die wesentliche Eigenschaft.

[11]Dieses Argument wurde u. a. von Einstein gegenüber de Sitter vorgebracht, als dieser die oben diskutierten Lösungen der Feldgleichungen vorstellte. Weyl übernahm dies in [249]: „daß die Möglichkeit einer leeren Welt den Naturgesetzen, die wir hier als gültig betrachten, widerstreitet"; s. S. 225 in der 1. Aufl. von [249].

zum Ausdruck kommende Diskretheit auch der letztendlichen Raumstruktur konzeptionell nicht mit der Allgemeinen Relativitätstheorie kompatibel ist. Die Einbeziehung von Quanteneffekten bei der Diskussion Schwarzer Löcher durch Hawking und andere hat schon zu überraschenden Einsichten geführt, aber von einem vollständigen Verständnis der Sachlage sind wir wohl noch weit entfernt.

10.2.7 Singularitäten der Raum-Zeit

Es bestehen aber trotzdem noch Probleme. Da die Feldgleichungen (10.44) oder (10.47) nämlich hochgradig nichtlinear sind, ist die mathematische Situation leider nicht ganz so einfach wie gerade skizziert. Es können sich nämlich Singularitäten entwickeln, charakterisiert dadurch, dass bestimmte Größen der Theorie wie die Massendichte unendlich werden. Bekannt sind die Schwarzen Löcher, aber die sind in dem Sinne noch konzeptionell harmlos, dass aus ihnen nichts entkommen kann. Somit kann auch nichts durch die Feldgleichungen nicht mehr Kontrolliertes entweichen und damit die Kausalität der raumzeitlichen Dynamik aufheben. Aber, wie Penrose und Hawking herausgefunden haben, gibt es auch schlimmere Singularitäten, deren Inneres nicht mehr wie bei Schwarzen Löchern durch einen Ereignishorizont vom Rest des Universums abgeschirmt sind, und solche Singularitäten sollten sogar typischerweise bei Lösungen der Feldgleichungen auftreten. Das ist nun ein Problem. Das Entstehen einer Singularität bedeutet schlichtweg, dass die Theorie als Beschreibung der physikalischen Wirklichkeit dort zusammenbricht. Eine vollständige Theorie sollte das aber nicht tun, oder zumindest sollte der Rest von den Wirkungen einer derartigen Singularität abgeschirmt sein. Wie wir schon im Abschn. 10.1 erwähnt haben, kann man postulieren, dass solche nackten Singularitäten nicht auftreten, wie von Penrose vorgeschlagen (vgl. weiterhin [109]), aber es fehlt eine tiefere Begründung für ein solches Postulat. Man muss wohl stattdessen akzeptieren, dass die Theorie prinzipiell unvollständig ist. Wenn so etwas bei einer physikalischen Theorie passiert, muss sie typischerweise durch eine neue und andersartige Theorie auf einer anderen Skala ergänzt werden. Der spezifische Grund liegt hier darin, dass die einsteinsche Relativitätstheorie keine Quanteneffekte berücksichtigt, dass aber für das Verständnis der in dieser Theorie auftretenden Singularitäten gerade Quanteneffekte entscheidend werden. Hawking hat hier wesentliche Erkenntnisse gewonnen, auf die ich aber hier nicht mehr weiter eingehen[12], sondern die Diskussion an dieser Stelle abbrechen will. Es geht nämlich letztendlich um das Zusammenführen von Allgemeiner Relativitätstheorie, also der Theorie der Gravitation, mit der Quantenphysik, oder besser der Quantenfeldtheorie, also der Theorie der anderen bekannten Feldkräfte. Dies ist bisher nicht gelungen, und es muss wohl auf einer tieferen Ebene ansetzen. In der Stringtheorie zeichnen sich aber interessante Verbindungen zur Geometrie von Schwarzen Löchern und anderen Singularitäten der Raum-Zeit ab. Aus einer stringtheoretischen Perspektive gibt es dann vielleicht

---

[12]man vgl. z. B. [230] für die weitere Entwicklung dieses Ideen.

gar keine Singularitäten mehr. Auch der Urknall wäre möglicherweise keine Singularität mehr, sondern würde nur den Übergang in ein anderes Universum markieren, dass zu dem unseren dual oder symmetrisch ist. Immer kleiner werdende Radien R zu dem punktför- mig erscheinenden Urknall aus unserer Perspektive werden in der dualen Perspektive zu immer größeren Radien $1/R$. Da die Forschungen noch im Fluss sind, ist es vielleicht etwas voreilig, schon deren philosophische Konsequenzen auszuloten. Aber dies muss wohl jeder Naturphilosoph für sich selbst entscheiden.

Jedenfalls breche ich an diesem Punkt auch die mathematische Diskussion der Allge- meinen Relativitätstheorie ab und wende mich wieder den konzeptionellen Aspekten zu.

10.3 Gleichzeitigkeit und Bewegung

Wir hatten auch schon den Unterschied zwischen den leibnizschen Vorstellungen von Kom- possibilität, die auf Synchronizität beruht, und der Endlichkeit der Ausbreitungsgeschwin- digkeit physikalischer Wirkungen, die grundlegend für die einsteinsche Theorie ist, hervor- gehoben. Mit der Lichtgeschwindigkeit c enthält die Relativitätstheorie von Einstein eine *absolute* Größe; diese koppelt die Skalen von Raum und Zeit. Eine solche Kopplung von Raum und Zeit, wie sie insbesondere Minkowski [183] emphatisch hervorgehoben hat, liegt allerdings außerhalb der leibnizschen Konzeptionen und ist mit diesen nicht ohne Weiteres verträglich.

Wie dargelegt, lehrt uns die Allgemeinen Relativitätstheorie, dass Bewegung nicht mehr als Veränderung konzipiert werden kann. Für sich selbst bleibt ein Körper immer in Ruhe. Was sich bewegt, ist nur der Rest der Welt. Leibniz ist wohl noch nicht konsequent zu die- sem allgemeinen Relativitätsprinzip vorgedrungen. Aber neben der Bewegung gibt es auch interne Zustandsänderungen, makroskopische Phasenübergänge wie das Gefrieren von Was- ser, oder mikroskopische Zerfallsprozesse wie bei der radioaktiven Strahlung. Zumindest Letztere sind nun tatsächlich physikalische Veränderungen. Damit eine solche Veränderung stattfinden kann, muss üblicherweise eine innere Bindungsenergie überwunden werden, wenn man beispielsweise einen Atomkern in seine Bestandteile, die Protonen und Neutro- nen, oder diese in Quarks zerlegen will. Diese Bindungsenergie kann dabei so hoch sein (gemäß der einsteinschen Formel $E = mc^2$), dass man, um sie zu überwinden, moderne Teil- chenbeschleuniger braucht. Auch hier sind keine beliebigen Veränderungen möglich, so wie die Alchemisten einsehen mussten, dass sie nicht aus anderen Substanzen Gold herstellen konnten (zumindest in seiner Nürnberger Zeit hat Leibniz auch einige Einblicke in alche- mistische Praktiken gewinnen können). Es müssen immer Erhaltungsbedingungen gewahrt bleiben, wie die Baryonenzahl in der Elementarteilchenphysik. Dies stimmt durchaus mit den leibnizschen Prinzipien überein. Aristoteles hatte noch Bewegung als Ortsveränderung und interne Zustandsveränderungen über den gleichen Kamm geschoren. Es war eine der wesentlichen Einsichten der mechanischen Naturphilosophie des 17. Jahrhunderts, dass es hier prinzipielle Unterschiede gibt. Dies hat aber auch die etwas paradoxe Konsequenz, dass diejenige Veränderung, der Ortswechsel, auf den sich diese Naturphilosophie dann konzentriert hat, im Lichte des Relativitätsprinzip eigentlich gar keine Veränderung mehr darstellt. Da eine Bewegung aber auch dann, wenn man sie nicht im Lichte der einsteinschen Kopplung von Raum und Zeit als einen raumzeitlichen Zustand fasst, nur die räumlichen Relationen zu anderen Objekten, aber nicht das – vermeintlich oder für einen externen Betrachter – sich bewegende Objekt innerlich verändert, ist sie somit für Leibniz rein phänomenal oder ideal, und dies ergibt sich natürlich aus seinen Prinzipien. Wir hatten dies in Kap. 1 als Interpretation 1 bezeichnet.

In der einsteinschen Relativitätstheorie sind also die newtonschen Kräfte verschwunden, die eine direkte kausale Einwirkung eines Körpers auf einen räumlich getrennten anderen hervorrufen. Es bleiben die leibnizschen inneren Energien, zumindest wenn man die rechte Seite von (10.44) großzügigerweise in diesem Sinne interpretiert. Es ist hierbei wichtig zu bemerken, dass diese Energien die Lösung der partiellen Differentialgleichung (10.44) nicht nur dort, wo sie sich befinden, beeinflussen, sondern global. Wenn an einem Raumpunkt, oder besser, in einem lokalisierten Gebiet des Raumes, die Massenverteilung verändert wird, so verändert sich die Lösung nicht nur dort, sondern in seinem gesamten vorwärtigen Lichtkegel (10.58). Daher verändern sich auch die Geodäten, also die Teilchenbahnen. Ein externer Beobachter kann das so interpretieren, dass jedes Masseteilchen also umgekehrt den Einfluss aller anderen in seinem rückwärtigen Lichtkegel fühlt, wenn es sich in der Raumzeit bewegt. Es wird dadurch aber nicht in seinem inneren Zustand verändert und merkt daher selbst nichts davon, sondern bewegt sich weiterhin kräftefrei, aber eben in einer anderen raumzeitlichen Geometrie.

Mögliche Welten

11.1   In welchem Sinne existieren mögliche Welten?

Nach Russells Ansicht sind für Leibniz notwendige Aussagen zeitunabhängig und damit analytisch, während kontingente Aussage zeitabhängig und synthetisch sind. Er verweist dann auf die kantische Entdeckung, dass mathematische Strukturen synthetische Aussagen a priori darstellen. Leibniz hat dies nicht so eingeordnet, und die weiteren philosophischen Kontroversen über diese Schlüsselbegriffe sind sehr verwickelt. Durch die Entdeckung der nichteuklidischen Geometrie und die neuartigen geometrischen Konzeptionen Riemanns [202] haben sich neue Gesichtspunkte zur Bewertung des synthetischen a priori eröffnet. Quine [198, 199] hat dann im 20. Jahrhundert überhaupt den Unterschied zwischen analytischen und synthetischen Urteilen in Frage gestellt. Der Ansatz von Kripke zur Begründung der Modallogik und zur Zurückweisung der Quineschen Kritk an modalen Logiken hat nun wiederum Leibniz' Gedanken, dass kontingente, also nicht notwendige Aussagen zeitabhängig sind, dahingehend transformiert, dass solche Aussagen nun in einigen, aber nicht in allen möglichen Welten gelten. Die möglichen Welten spielten ja auch schon in Leibniz' Überlegungen zu Extremalprinzipien und seiner These von der Besten aller möglichen Welten eine Rolle. Und mittels des Konzeptes der möglichen Welten konnte Leibniz schon eine Semantik für Modallogiken einführen, also für Logiken, die mit den Begriffen der Möglichkeit und der Notwendigkeit operieren. Kripke hat dies durch die Einführung einer Erreichbarkeitsrelation zwischen möglichen Welten erweitert. Kripkes Vorschlag [158], zu postulieren, dass Individuen in verschiedenen Welten ihre Identität behalten, hätte aber vermutlich nicht Leibniz' Zustimmung gefunden. Für Leibniz ist eine Monade durch ihr inneres Entwicklungsgesetz bestimmt, und wenn sie sich in einer anderen möglichen Welt daher anders entwickeln würde, würde es sich um eine andere und nicht mehr um die gleiche Monade handeln.

© Springer-Verlag GmbH Deutschland, ein Teil von Springer Nature 2019
J. Jost, *Leibniz und die moderne Naturwissenschaft*, Wissenschaft und
Philosophie – Science and Philosophy – Sciences et Philosophie,
https://doi.org/10.1007/978-3-662-59236-6_11

Lewis [161] hat dann den Gedanken der möglichen Welten wieder in die Philosophie eingeführt und mögliche Welten zur logischen Analyse kontrafaktischer Aussagen herangezogen. Um hier die Beziehung zu den leibnizschen Überlegungen zur Logik in einer über den Begriff der möglichen Welten hinausgehenden Tiefe zu sehen, will ich von dem altbekannten und auch für Leibniz wichtigen (s. Kap. 8) Unterschied zwischen der Extension und der Intension eines Begriffes, zwischen Begriffsumfang und Begriffsinhalt, ausgehen. Je mehr Repräsentanten ein Begriff besitzt, umso weniger Eigenschaften kann er spezifizieren, und je mehr Eigenschaften ein Begriff umgekehrt festgelegt, in desto weniger Exemplaren kann er verwirklicht sein. Diese Dualität ist von Leibniz auch formal in seiner Logik ausgearbeitet worden. Nun hat auch Leibniz hier schon die Schwierigkeit gesehen, dass nicht alle Merkmalskombinationen, die ein Begriff zulässt, auch tatsächlich verwirklicht sind. So gibt es keine in der Antarktis lebenden Landsäugetiere, obwohl es dort Meeressäuger, die Robben, und landlebende Vertebraten, die Pinguine gibt. Weder der Begriff des Säugers noch derjenige des landlebenden Wirbeltieres schließt ein Vorkommen in antarktischen Regionen aus. Landlebende antarktische Säuger wären also prinzipiell möglich. Von der Komplikation, dass solche Säuger vermutlich die Pinguinpopulation ausrotten würden, soll hier im Sinne der logischen Analyse abgesehen werden. Um eine solche kontrafaktische Situation, dass also in der Antarktis Landsäuger leben, zu analysieren, hat Leibniz in seiner Logik die Extension auf mögliche Welten verallgemeinert. Zur Extension eines Begriffs gehört dann alles, was unter diesen Begriff fällt und widerspruchsfrei existieren kann. Lewis zieht ebenfalls das Konzept der möglichen Welten heran. Aus der begrifflichen Möglichkeit wird aber bei ihm jetzt eine Art virtueller Realität, die Existenz in einer zwar anderen, aber möglichen Welt. Nach Leibniz ist dagegen die wirkliche Welt die einzig existierende und als beste unter den möglichen ausgezeichnet.

Jedenfalls wird durch den konzeptionellen Kunstgriff möglicher Welten die Diskrepanz zwischen Begriffsinhalt und Begriffsumfang aufgehoben, indem man den Umfang von den tatsächlich in unserer Welt angetroffenen Exemplaren durch in möglichen Welten anzutreffende Repräsentanten erweitert. Genau hierin scheint mir der Vorteil der Verwendung möglicher Welt in der logischen Analysen des Modalen oder Kontrafaktischen zu liegen, und dies ergibt sich in natürlicher Weise aus den von Leibniz entwickelten Begriffsbildungen, auch wenn der Begriff der Existenz bei ihm grundsätzlich anders gefasst und in sein System verwoben ist.

11.2   Mögliche Welten und kosmologische Spekulationen

Allerdings ergeben sich aus dem Konzept der möglichen Welten auch ontologische Fragen, die zwar für die moderne Modallogik keine Rolle spielen, aber wiederum in aktuelle philosophische Diskussionen der modernen Physik führen. Es werden dabei im Grunde leibnizsche Fragestellungen wieder aufgegriffen, wenn auch nicht in der gleichen philosophischen Tiefe behandelt, wie Leibniz dies seinerzeit getan hat. Da beispielsweise die Grundgleichungen der Stringtheorie keine eindeutige Lösung besitzen, sondern eine zwar endliche, aber sehr große Anzahl von Lösungen zulassen, wird gefragt, ob es irgendein Auswahlprinzip gibt, welches unsere Welt vor den anderen möglichen auszeichnet und ihr Existenz verleiht, oder es wird spekuliert, dass alle durch die Theorie zugelassenen Welten auch tatsächlich existieren, und es somit kein einzelnes Uni-, sondern ein Multiversum gibt. Zumeist wird aber jegliche Möglichkeit einer Wechselwirkung zwischen den einzelnen Universen ausgeschlossen. In wieweit man ihnen dann aber Existenz zuschreiben kann, bleibt unklar. Aber es kann auch darüber hinaus spekuliert werden, ob es vielleicht sogar Welten gibt, in denen die Naturkonstanten andere Werte haben oder noch nicht einmal die uns bekannten Naturgesetze gelten. Dies führt natürlich zurück zu der leibnizschen Frage nach der Kontingenz der Naturgesetze. Leibniz hat die Naturgesetze letztendlich aus einem Optimalitätsprinzip, demjenigen der Besten aller möglichen Welten, und der hieraus abgeleiteten prästabilierten Harmonie begründet. Stattdessen wird in der aktuellen Diskussion das sog. anthropische Prinzip bemüht, dass nämlich in einer Welt, in der Menschen leben und denken können, die Naturgesetze und -konstanten so sein müssen, wie sie sind, weil es uns sonst eben nicht geben könnte. Dies Argument kommt allerdings einem Zirkelschluss bedenklich nahe. Man kann aber das anthropische Argument auch als eine philosophisch verflachte Variante des leibnizschen Arguments der Besten aller möglichen Welten wenden. Wenn es zum Begriff der Besten aller möglichen Welten gehört, dass in ihr notwendig Menschen existieren, oder salopper formuliert, „Wenn es mich nicht gäbe, wäre die Welt nicht so toll", so müssen die Naturkonstanten derart beschaffen und untereinander abgestimmt sein, dass dies möglich ist.

Wenn man eine solche Vorstellung von einem Multiversum ernst nimmt, so postuliert man die Existenz von etwas, das in keiner Weise irgendeiner Wahrnehmung, so indirekt sie auch sein mag, zugänglich ist, sondern das nur aus allgemeinen Naturgesetzen erschlossen werden kann. Das Vakuum kann durch Quantenfluktuationen etwas aus Nichts erzeugen, und man kann dies noch nicht einmal durch ein Attribut wie „ständig" oder „jederzeit" begleiten, denn eine einem solchen Attribut zugrundeliegende Zeitlichkeit kann nicht vorausgesetzt werden, weil Zeit erst in einem schon entstandenen Universum ein sinnvoller Begriff wird.

Leibniz hätte hier wohl argumentiert, dass man von der Gesamtheit aller Möglichkeiten auf die Individualität eines notwendigen Seins schließen müsse, also seinen ontologischen Gottesbeweis ins Spiel gebracht, um diese Parallelwelten in einer übergeordneten Einheit einzufangen. Und da Leibniz Relationen letztendlich ideal gedacht und nicht auf physikalische Wechselwirkungen zurückgeführt hat, könnte durch prästabilierte Harmonie immer noch eine Abstimmung zwischen den Parallelwelten erfolgen, auch wenn diese in keinem physikalischen Kontakt stehen. Vielleicht hätte er auch gesagt, dass ein jedes solches Universum, wenn es existiert, dann schon das bestmögliche sein müsse. Da dies für jedes Universum gilt, wären sie somit alle gleich. Da sie sich somit weder durch innere Eigenschaften voneinander unterscheiden noch durch zwischen ihnen bestehende Relationen einen Platz in einem Gefüge zugewiesen bekommen, denn nach der Konzeption des Multiversums bestehen ja gerade keinerlei Relationen zwischen den einzelnen Universen, sind sie nicht voneinander unterscheidbar. Da aber nach Leibniz' Prinzip des zureichenden Grundes das nicht Unterscheidbare identisch sein muss, wären sie alle miteinander identisch. Hieraus folgt aber, dass es nur ein einziges Universum gibt.

Wenn man, wie Kant, den ontologischen Gottesbeweis nicht mehr akzeptiert, weil Existenz kein reales Prädikat ist, bleibt eine Lösung durch prästabilierte Harmonie oder durch eine von Gott eingerichtete Optimalität verschlossen. Das allgemeine Problem für die heutige Naturphilosophie, das hier wieder zum Vorschein kommt, ist die Spannung zwischen der Allgemeinheit der Naturgesetze und der Individualität und Spezifizität der Welt, zwischen Notwendigkeit und Kontingenz.

11.3   Mögliche Welten und die Interpretation der Quantenmechanik

Die Vielzahl möglicher Welten taucht noch in einem weiteren Kontext, nicht nur in der Modallogik und in der Kosmologie, sondern auch in einem Interpretationsversuch der Quantenmechanik. Da in der Quantenmechanik grundsätzlich nur die Wahrscheinlichkeiten von Ereignissen, nicht aber die Ereignisse selbst bestimmt sind, und es somit dem Zufall überlassen zu sein scheint, welches der nächstfolgende zu einem gegebenen Weltzustand ist, hat Everett [82] die radikale Lösung vorgeschlagen, dass sämtliche möglichen Nachfolgezustände auch tatsächlich eintreten, gleichzeitig, aber in verschiedenen Welten, die sich aus dem jetzigen Zustand als gleichberechtigte Zukunftsalternativen abzweigen, aber fortan untereinander nicht mehr wechselwirken können. Diese unendliche Verzweigung passiert Everett zufolge in jedem Zeitpunkt. Als Motto hat Everett übrigens seiner Arbeit einen Abschnitt aus Borges' Erzählung vom „Garten der sich verzweigenden Pfade" [26] vorangestellt. Der sehr belesene Borges hat nun wiederum die Leibnizschen Ideen gekannt und bewundert.[1] Und neuerdings ist in der physikalischen Literatur [35, 190] auch vorgeschlagen worden, dass das Multiversum der Kosmologie, so wie es sich aus dem Inflationsszenarium ergibt, und die vielen Welten der everettschen Quantenmechanik das Gleiche sind. Die Verbindung soll dabei durch den oben in Abschn. 7.3 erläuterten Mechanismus der Dekohärenz geleistet werden.

Da für Everett das leibnizsche Auswahlprinzip entfällt, werden nun alle möglichen Welten auch wirklich. Philosophisch problematisch ist natürlich hierbei, dass damit der Modalitätsunterschied von Möglichkeit und Wirklichkeit aufgehoben wird. Für Leibniz war dies grundlegend anders. Möglichkeitsurteile waren für ihn analytische Urteile, Existenzsätze dagegen kontingent, also in der Russell folgenden Terminologie der leibnizschen Begriffsbildungen synthetisch. Somit waren für Leibniz Möglichkeit und Wirklichkeit kategorial verschieden, und die Klärung des Verhältnisses dieser beiden war eine Leitfrage seiner Philosophie, wie auch vieler nachfolgender philosophischer Systeme. Nichtsdestoweniger gibt es einen tiefen Zusammenhang mit leibnizschen Überlegungen. Wir hatten schon dargelegt,

---

[1] Deleuze [58, S. 103] erklärt Borges kurzerhand zum Schüler von Leibniz. Allerdings kannte Deleuze wohl wiederum nicht Everett, und ob dieser Leibniz kannte, ist zweifelhaft.

dass für Leibniz das Stetigkeitsprinzip die Determiniertheit des Naturgeschehens gewähr-leistet. Dadurch wird aus dem Jetztzustand eindeutig jeder nachfolgende Zustand der Welt ausgewählt. Wenn nun aber die Quantenmechanik das Stetigkeitsprinzip aufgibt, so werden viele Nachfolgezustände möglich, die nur durch die allgemeine Bedingung der Kompos-sibilität der in ihnen jeweils realisierten Existenzen eingeschränkt sind. Und wenn es keinen Grund oder Anhaltspunkt mehr gibt, zwischen den verschiedenen everettschen Welten zu unterscheiden, so würde vielleicht auch Leibniz ihnen allen gleichermaßen Existenz zuge-stehen. Sonst würde man wieder bei dem von Leibniz zurückgewiesenen Occasionalismus von Malebranche landen, der Gott in jedem Moment eine Welt als Nachfolgerin der vorher-gehenden auswählen lässt.

Nach Leibniz hatte Gott anfangs die wirkliche Welt schon als bestmögliche konzipiert, und dies hat zur Folge, dass in ihr das Stetigkeitsprinzip und daher auch das Kausalgesetz gilt. Gott hat die Welt also gerade so weise eingerichtet, dass er in ihren Verlauf nicht mehr einzugreifen braucht. Deswegen gilt das Kausalprinzip. Wenn nun aber das Weltgeschehen nicht mehr aus den Anfangsbedingungen bestimmt wäre, sondern sich in jedem Augenblick verschiedene Möglichkeiten ergäben, so müsste Gott jeweils die bestmögliche dieser Mög-lichkeiten auswählen und dadurch verwirklichen. Natürlich hätte er auch schon vorhersehen können, welches die jeweils bestmögliche ist, und dann dafür sorgen können, dass diese automatisch verwirklicht wird. Nur hätte dann eben statt des Stetigkeitsprinzips und des Kausalgesetzes noch ein anderes Prinzip herangezogen werden müssen.

Das von Leibniz dann angewandte Extremalprinzip taucht aber auch in der Quanten-mechanik wieder auf, und zwar in Gestalt der Feynmanschen Pfadintegrale. Hier wird nicht mehr ein eindeutiger Verlauf ausgewählt, wie im Euler-Maupertuisschen Prinzip der kleins-ten Wirkung, welches wohl übrigens ebenfalls von Leibniz als konkrete Ausgestaltung seines allgemeines Optimalitätsprinzips schon vorweggenommen worden war, wie im Kap. 1 kurz beschrieben. Sondern jeder Verlauf wird exponentiell mit dem negativen Wert seines Wir-kungsintegrals gewichtet, und dies bestimmt dann seine Wahrscheinlichkeit (s. z. B. [133]). Jeder kleiner die Wirkung, umso wahrscheinlicher ist also der entsprechende Verlauf. Wenn man dann noch die Plancksche Konstante als einen variablen Parameter konzipiert und gegen Null streben lässt, so sind asymptotisch die exponentiellen Unterschiede in den Wahrschein-lichkeiten so groß, dass alles auf den Verlauf kleinster Wirkung zufällt, also denjenigen, der durch das klassische Extremalprinzip ausgezeichnet wird.

Die Frage nach der Rolle der Kausalität führt ins nächste Kapitel.

Kausalität

12

In diesem Kapitel werden wir zwei Aspekte des Kausalitätsbegriffes im Lichte der leibniz-schen Philosophie diskutieren, zum Einen das Verhältnis von Kontingenz und Determiniert-heit des Naturgeschehens, zum Anderen dasjenige von Naturbestimmtheit und menschlicher Freiheit.

12.1 Kontingenz und Kausalität

Die Frage nach Wesen und Rolle der Kausalität ist ebenfalls eine der naturphilosophischen Leitfragen. Die philosophiegeschichtlichen Eckpunkte wurden durch die Positionen von Spinoza, Hume und Kant gesetzt. Für Spinoza gibt es keinen Unterschied zwischen logi-scher und faktischer Notwendigkeit. Das Kausalprinzip hat den gleichen Status wie eine logische Schlussregel. Hume dagegen sieht nur Korrelationen zwischen Effekten statt kau-saler Beziehungen zwischen Ursachen und ihren Wirkungen. Kausalität wird nur induktiv aus beobachteten zeitlichen Regelmäßigkeiten erschlossen, ist also eine letztendlich nicht beweisbare Hypothese. Für Kant ist Kausalität eine Kategorie des Verstandes, die wir zur Ordnung der Erscheinungswelt heranziehen. Kausalität ist damit im Kantschen Sinne syn-thetisch, nicht analytisch, aber notwendig.

Leibniz' Position liegt dazwischen. Die kausale Verknüpfung ist im Unterschied zu Hume invariabel, stets vorhanden, wie bei Kant synthetisch, aber nicht notwendig im kantischen Sinne. Sie ergibt sich vielmehr aus dem Satz vom zureichenden Grunde, der willkürliche Abfolgen, wie sie für Hume durchaus möglich wären, ausschließt, und sie folgt damit letzt-endlich wieder aus dem Optimalitätsprinzip der besten aller möglichen Welten, denn eine dem Kausalitätsprinzip genügende Welt ist besser als jede andere. Hierin liegt der zurei-chende Grund.

Nach Russell hat das leibnizsche Prinzip des zureichenden Grundes allerdings zwei Aspekte, einen, welcher sich auf alle möglichen Welten bezieht, und nicht nur auf die

© Springer-Verlag GmbH Deutschland, ein Teil von Springer Nature 2019
J. Jost, *Leibniz und die moderne Naturwissenschaft,* Wissenschaft und
Philosophie – Science and Philosophy – Sciences et Philosophie,
https://doi.org/10.1007/978-3-662-59236-6_12

bestmögliche und daher tatsächlich verwirklichte, und einen, der diese bestmögliche Welt bestimmt.

Über das Verhältnis von Notwendigkeit und Kontingenz bei Leibniz ist viel geschrieben worden, und es sind ihm auch, insbesondere, wie gerade erwähnt, durch Russell [208] Widersprüche vorgeworfen worden, aber das Folgende sollte eigentlich die philosophischen Aspekte erfassen. Für Leibniz ist nicht mehr das einzelne Faktum kontingent, sondern das Naturgesetz, das es hervorgebracht hat, nicht mehr die Aktion einer Monade zu einem bestimmten Zeitpunkt, sondern das Entwicklungsgesetz, das dieser Monade zugrundeliegt. Nun sind aber auch diese Gesetze nicht willkürlich, sondern von Gott nach dem Prinzip des Besten ausgewählt, und dadurch gewinnen sie und dann auch die aus ihnen abgeleiteten einzelnen Fakten ihre Existenz im Unterschied zu den möglichen Alternativen. Dass Gott die beste aller Möglichkeiten auswählt, folgt wiederum aus seiner vollständigen Freiheit, die ihm gemäß dem in Abschn. 12.2 diskutierten leibnizschen Freiheitsbegriff die Möglichkeit gibt, das von ihm als das Beste Eingesehene zu verwirklichen. – Die physikalischen Aspekte sind im Lichte der heutigen Physik schon in Kap. 11 angesprochen worden.

Eine grundlegende Frage ist diejenige nach dem Verhältnis von logischer Notwendigkeit und naturgesetzlicher Bestimmtheit, ob also die Naturgesetze logisch notwendig sind. Wenn die Naturgesetzte logisch notwendig sind, so ist dann auch alles, was aus ihnen folgt, notwendig, im Rahmen der klassischen Physik also, wenn die Anfangsbedingungen gesetzt sind, das gesamte Weltgeschehen. Die subtile Position Leibniz' zu dieser Frage haben wir schon dargelegt. Auch in der Physik des 20. Jahrhunderts hat es Versuche gegeben, Naturgesetzlichkeit aus logischen Prinzipien abzuleiten, beispielsweise durch C.F. von Weizsäcker [244].

Kausalität ist mehr als naturgesetzliche Notwendigkeit, denn Kausalität postuliert insbesondere, dass die Ursache der Wirkung zeitlich vorausgehen muss. Es wird also eine Zeitrichtung zugrunde gelegt. In der klassischen Mechanik ist allerdings keine Zeitrichtung ausgezeichnet, denn alle mechanischen Prozesse können genausogut in umgekehrter Zeitrichtung ablaufen, ohne dass dadurch irgendein physikalisches Gesetz verletzt würde. Auch das leibnizsche Prinzip der Energieerhaltung hat zur Folge, dass man aus einer Energiebilanz keine zeitliche Reihenfolge ableiten kann. Überhaupt gerät man ja in einen Zirkel, wenn man die Zeitrichtung durch Kausalität bestimmt und Kausalität aus der zeitlichen Reihenfolge ableitet. In der Physik wird daher meist die statistische Mechanik zur Erklärung der Zeitrichtung herangezogen. Nach dem Zweiten Hauptsatz der Thermodynamik kann die Entropie in einem geschlossenen System nicht ab-, sondern nur zunehmen.[1] Für die Verrichtung von Arbeit nutzbare Energie geht als Wärme verloren. Wenn sich das Universum anfänglich in einem Zustand hoher Ordnung befunden hat, so geht es allmählich in einen Zustand größerer

---

[1] Auch in der modernen Datenanalyse wird man auf den Unterschied zwischen reiner Korrelation und Kausalität geführt. Interessanterweise zieht man dort zur Bestimmung der Richtung, in der Kausalität wirkt, beispielsweise die Fortpflanzung von Rauscheffekten in einem System heran. Die Richtung, in der zufälliges Rauschen propagiert wird, ist dann diejenige der Kausalität.

Unordnung über, und dieser Prozess wird als Zeitverlauf empfunden, so das Argument. Dies bedeutet nun, dass auf der Ebene der Elementarteilchen keine Zeitrichtung ausgezeichnet ist. Daher könnte auf dieser Ebene auch Kausalität in beiden Richtungen laufen, von einem makroskopischen Betrachter aus, dem die Entropiezunahme die Zeitrichtung angibt, also sowohl zeitlich vorwärts als auch zeitlich rückwärts.

Es ist auch in der Quantenphilosophie spekuliert worden, s. z. B. [66, 196] und die – reservierte – Diskussion in [80], dass bei dem beschriebenen Einstein-Podolsky-Rosen-Phänomen physikalische Signale sowohl vorwärts als auch rückwärts laufen. Dies scheint aber wohl auf einem Missverständnis zu beruhen. Der entscheidende Punkt scheint nämlich die Nichtlokalität der quantenmechanischen Welt zu sein [18, 19].

12.2 Wirk- und Finalursachen

Einerseits ist das Weltgeschehen kausal determiniert, andererseits wird das Kontingente erst durch Finalursachen bestimmt. Zwar ist der Mensch frei, aber das Handeln des einsichtsvollen Menschen vollzieht sich nach dem Prinzip des Guten oder des Bestmöglichen. Es ist daher zwar nicht kausal, aber final bestimmt. Diese Denkfigur mag zwar zweifelhaft erscheinen, findet sich aber auch in der heute dominanten neoklassischen wirtschaftswissenschaftlichen Theorie unter dem Konzept der Rationalität. Dieser Theorie zufolge sind die ökonomischen Akteure zwar auch frei, aber ihr Handeln wird trotzdem rational durch ihre Nutzenmaximierung bestimmt. Genauso wie die leibnizsche bewusste Monade optimiert auch der ökonomische Akteur, der repräsentative Agent der neoklassischen Wirtschaftstheorie eine Zielfunktion, und daraus lässt sich sein Verhalten ableiten und vorhersagen. Theoretisch wird dies durch das Gesetz des effizienten Marktes begründet, welcher suboptimal agierende Teilnehmer unweigerlich in den Ruin treibt und somit eliminiert.

Die Akteure sind also sowohl bei Leibniz als auch in der Wirtschaftstheorie frei, aber wenn sie rational sind, bleibt ihnen nichts anderes übrig, als sich optimal im Sinne einer Zielfunktion zu verhalten. Dadurch wird ihr Verhalten bestimmt und somit vorhersehbar, in der leibnizschen Theorie nur für Gott, in der Volkswirtschaftslehre aber auch für den Ökonomieprofessor. Wenn wirtschaftswissenschaftliche Prognosen falsch liegen, wird dies nicht als Problem für die Theorie angesehen, sondern auf externe Effekte zurückgeführt. Bei Leibniz ist die Sachlage subtiler, denn das Universum ist im Gegensatz zur Wirtschaft ein geschlossenes und damit auch ein kausal abgeschlossenes System. Schließlich führt dies auf den leibnizschen Gottesbegriff und die Gottesbeweise. Denn der Einzige, der noch in das Weltgeschehen eingreifen könnte, wäre Gott, aber im Gegensatz zum newtonschen Gott, der der Welt regelmässig neue Energie zuführen muss, weil das newtonsche Weltgeschehen ständig Energie verbraucht, ist dies für den leibnizschen Gott nicht erforderlich, weil er die Anfangsbedingungen so gesetzt und die grundlegenden physikalischen Gesetze so gewählt oder die Abstimmung zwischen den einzelnen Monaden durch die prästabilierte Harmonie so festgelegt hat, dass sein Eingreifen nicht mehr erforderlich ist.

Der leibnizsche Freiheitsbegriff scheint formal von demjenigen Spinozas inspiriert zu sein, auch wenn er sich inhaltlich von diesem unterscheidet. Spinoza hatte nämlich eine neue, dialektische Denkfigur in die Diskussion der Freiheit eingebracht. Hobbes hatte Freiheit noch einfach als die Freiheit angesehen, willkürliche Handlungen zu vollziehen, und diese Freiheit der Individuen müsse daher, so Hobbes, durch den Herrscher eingeschränkt werden, damit politische Ordnung entsteht. Spinoza dagegen bindet die Freiheit an die Vernunft, das Richtige einzusehen. Der wahrhaft freie Mensch, so Spinoza, handelt entsprechend nach seiner Vernunft, und im politischen und sozialen Leben äußert sich Freiheit daher darin, dass man die Gesetze, sofern vernünftig, akzeptiert und befolgt. Freiheit besteht also nicht darin, willkürlich handeln zu können, sondern vernunftgeleitet zu handeln. Im Unterschied zu Hobbes, der den Menschen als sinnliches und triebhaftes Naturwesen konzipiert hatte und für den daher auch die menschliche Vernunft nicht inhaltlich oder normativ bestimmt war, sind im spinozistischen System auch die Inhalte der Vernunft aus systematischen Prinzipien abgeleitet. Trotz aller inhaltlicher Unterschiede scheint diese spinozistische Denkfigur der vernunftbestimmten Freiheit in der Philosophie, von Leibniz bis Kant, sehr wirksam gewesen zu sein. Weniger subtile Denker konnten allerdings zumeist mit dieser Dialektik von Determiniertheit und Freiheit nicht umgehen. Für Leibniz ist der Mensch auch eine im Inneren selbstbestimmte Monade, die, weil sie vernünftig handeln kann und insofern sie vernünftig handelt, frei ist. Gott hat gerade diejenige Welt ausgewählt, in der diese Monade ihre derartige innere Anlage am besten verwirklicht, unter den Bedingungen der Kompossibilität mit den anderen Monaden. In diesem Sinne ist Gott das freieste Wesen.

Auch in der Rechtswissenschaft stellt sich das Problem des Verhältnisses von Determiniertheit und Freiheit. (An dieser Stelle sollten wir auch nicht vergessen, dass Leibniz ausgebildeter Jurist war und auch als Jurist gearbeitet hat.) Einer der bedeutendsten Rechtstheoretiker des 20. Jahrhunderts, Hans Kelsen, sieht „die moralische und rechtliche Freiheit [des Menschen] mit der kausalgesetzlichen Bestimmtheit [dadurch] vereinbar" [147, S. 190], dass es sich bei der Freiheit um eine Zurechnung handelt; „Dem Menschen wird nicht darum zugerechnet, weil er frei ist, sondern der Mensch ist frei, weil ihm zugerechnet wird." [147, S. 189]. Dieser, als rechtspositivistisch bezeichnete Ansatz ist natürlich ganz anders als der leibnizsche.

Wenn man die menschliche Freiheit aufgibt, kann man wie Laplace auch postulieren, dass sich bei genügend genauer Kenntnis der Anfangsbedingungen die weitere Entwicklung des Universums vollständig aus den physikalischen Gesetzen ableiten lasse. Bekanntlich hat Laplace auf die Frage Napoleons, wo sich denn in seinem Gott finde, geantwortet, dass er einer solchen Hypothese nicht mehr bedürfe. Auch hier ist Leibniz' Position subtiler. Aber bevor wir den leibnizschen Gottesbegriff weiter diskutieren, soll noch ein anderer Aspekt erwähnt werden. Leibniz zufolge spiegelt jede Monade in sich das gesamte Universum wieder, wenn auch nur in konfuser, undeutlicher Weise. Alles in der Welt ist also mit allem verkettet. Dies ist nun nicht nur eine Folge des leibnizschen Verständnisses von Kompossibilität, dass also die verschiedenen Substanzen sich in ihren Existenzbedingungen gegenseitig einschränken und nur das miteinander Verträgliche gleichzeitig existieren kann, was wir schon physikalisch unter dem Begriff der instantanen Wirkungsausbreitung und ideal unter dem Gesichtspunkt der prästabilierten Harmonie diskutiert haben, sondern hat umgekehrt auch eine große Komplexität des Weltgeschehens zur Folge. Wenn alles mit allem wechselwirkt, kann eine kleine Veränderung oder Instabilität an einer Stelle sofort Auswirkungen auf das gesamte Weltgeschehen haben. Aus einer ganz anderen Richtung, der modernen Chaosforschung, ist dieses Phänomen als „Schmetterlingseffekt" thematisiert worden, dass also bei einer solchen komplexen Verknüpfung der Flügelschlag eines Schmetterlings in Brasilien durch eine Verkettung von Wirkungen und Verstärkung von Fluktuationen einen Wirbelsturm in Nordamerika auslösen kann. Diesem Gedanken zufolge verlieren sich Wirkungen nicht wie die Spuren der Fische im Wasser oder die Fährten der Vögel in der Luft, sondern können sich aus kleinsten Anfängen immer weiter aufschaukeln. Allerdings ist dies nicht immer so, denn die Welt ist nicht völlig chaotisch. Fluktuationen und kleine Instabilitäten können sich unter manchen Bedingungen aufschaukeln, werden aber in anderen Situationen gedämpft und klingen ab. Es gibt ein Wechselspiel von Konvergenzen und Divergenzen, wie auch Leibniz es sich vorgestellt hat.

Biologie

13

Wir wollen uns nun der Biologie zuwenden und sehen, wieweit hier die leibnizschen Konzepte und Prinzipien inm Lichte der modernen Erkenntnislage tragen können.

Zunächst einmal stellen wir fest, dass in der Biologie die Zeit eine ganz andere Rolle als in der Mechanik spielt. Mechanische Vorgänge sind reversibel, umkehrbar, und die entsprechenden Differentialgleichungen der mathematischen Physik zeichnen keine Zeitrichtung aus. Dies ändert sich erst in der statistischen Physik, aber da zu Leibniz' Zeiten das Konzept der Entropie noch nicht entwickelt war, ist dies hier nicht so relevant. Allerdings gab es auch in der klassischen Physik schon eine zeitliche Richtung. Schwere Körper fallen zur Erde und steigen nicht von alleine hoch. Diese Beobachtung passte gut in die teleologische Konzeption des Aristoteles, nach der Körper ihrem natürlichen Ort zustreben, welcher sich für schwere Objekte auf der Erdoberfläche befindet. Und die von Leibniz, Maupertuis und Euler entwickelten Aktionsprinzipien schienen auch teleologisch konzipiert zu sein (vgl. z. B. [217]). Aber in der Biologie ist die Zeitrichtung noch viel wesentlicher, und zwar sogar unter drei verschiedenen Aspekten:

1. Ein Lebewesen entwickelt sich von der Geburt zum Tode. Es entfaltet sich anscheinend zielgerichtet nach einem vorgegebenen Programm aus kleinen Anfängen, einem Ei oder Embryo, zu seiner vollen Gestalt.
2. Die biologische Evolution hat eine Zeitrichtung. Aus einfachen Anfängen entwickelt sich über ausgestorbene Vorgängerpopulationen die ganze heute anzutreffende Vielfalt des Lebendigen. Und insbesondere wenn man den Menschen als höchstes Lebewesen ansehen möchte, handelt es sich hier um eine Höherentwicklung.
3. In unserem Bewusstsein – sofern wir dies an dieser Stelle unter die Biologie subsumieren dürfen – erinnern wir uns in der Gegenwart an Vergangenes und erwarten Zukünftiges. Während wir die Vergangenheit nicht mehr ändern können, versuchen wir planend die Zukunft zu gestalten.

© Springer-Verlag GmbH Deutschland, ein Teil von Springer Nature 2019
J. Jost, *Leibniz und die moderne Naturwissenschaft,* Wissenschaft und
Philosophie – Science and Philosophy – Sciences et Philosophie,
https://doi.org/10.1007/978-3-662-59236-6_13

Das klingt nun ziemlich banal, aber schon die Frage, wie diese verschiedenen Aspekte der Zeit zusammenpassen, ist schon nicht mehr so banal. Darwin hat bekanntlich teleologische Ansätze endgültig aus der Biologie verbannt, aber wie lässt sich dann noch die offensichtlich zielgerichtete Individualentwicklung höherer Lebewesen konzeptionalisieren? Dies stellte tatsächlich ein Problem für die neodarwinistische Synthese dar, die die Artenentwicklung durch Selektion und das mendelsche Genkonzept zu verbinden suchte. Hierauf werden wir im Abschn. 13.2 eingehen. Und ist das bewusste Planen nur eine nicht mehr so blinde Alternative zum blinden Wirken der natürlichen Selektion? Und wie kann das vorausschauende Bewusstsein aus der nicht vorausschauenden Evolution entstanden sein? Wir werden allerdings sehen, dass auch schon bei der Evolution die Sachlage subtiler ist. Anpassungsfähigkeit und Evolvierbarkeit können selber evolvieren, und in der systembiologischen Perspektive, die wir im Abschn. 13.3 entwickeln werden, ist die Kontrolle zukünftiger Abläufe ein fundamentales Prinzip der Evolution.

Die philosophischen Systeme der Antike stoßen auf unterschiedliche Probleme, wenn sie mit biologischer Entwicklung konfrontiert werden. Der parmenidisch-platonische Ansatz des zeitlosen Seins ewiger Wahrheiten oder Ideen hat überhaupt keinen Blick für biologische Entwicklung. Nach solchen Vorstellungen kann sich allenfalls das Immergleiche zyklisch wiederholen. Auch das von Nietzsche formulierte und von Poincaré mathematisch entwickelte Gesetz der ewigen Wiederkehr lässt der biologischen Höherentwicklung keinen wirklichen Raum.

Während viele Mathematiker und Physiker weiterhin einer Art von platonischer Philosophie anhängen, der zufolge sie ewige Wahrheiten entdecken, hat Aristoteles für die Biologie mehr zu sagen. Zumindest war Aristoteles durchaus ein scharfsinniger Naturbeobachter, und manche seiner Vorstellungen waren sogar aus heutiger Sicht zutreffender als vieles, was während der sog. wissenschaftlichen Revolution des 17. Jahrhunderts verfochten wurde. Während seine Vorstellung, dass Naturprozesse zielgerichtet ablaufen, in der cartesischen Physik zurückgewiesen wurde, stellt sich dies in der Biologie subtiler dar, und erst im Laufe des 18. Jahrhunderts entwickelten sich langsam modernere Konzeptionen. Und spätestens seit Darwin sind die aristotelischen Zweckursachen auch in der Biologie ein Anathema.

Aber zunächst zurück zu Leibniz. Genauso wie der Raum, den wir ausführlich im Kap. 6 behandelt haben, ist auch die Zeit für Leibniz relativ. Er definiert sie als *Ordnung des Nacheinander*. Daher hat auch eigentlich jede Monade ihre eigene, individuelle Zeit. Koordination findet, wie erläutert, durch das Prinzip der Kompossibilität oder der universellen Harmonie statt. Nun ist eine Monade gleichzeitig eine diskrete, nicht mehr raumzeitliche Entität, und in der leibnizschen Logik, die wir im Kap. 8 behandelt haben, ist sie aus einfacheren Prädikaten aufgebaut. Wenn sie sich dagegen in der kontinuierlichen Zeit entfaltet, kann sie, analog zu den Überlegungen des Abschn. 7.2, selbstähnlich sein und aus sich heraus eine unendliche Kette von gleichartigen Nachkommen hervorbringen. Deswegen konnte sich Leibniz gegen die seinerzeit kursierenden Ideen von Spontanzeugungen wenden, s. [Stahl]. Die Zukunft war in der Monade schon angelegt, und in diesem Sinne brauchten keine neuen Lebewesen aus dem Nichts, oder nach den damaligen Vorstellungen aus Verwesung und

Fäulnis entstehen. Seinerzeit war dies ein fortschrittlicher Ansatz, der sich systematisch aus der leibnizschen Philosophie ergab. Allerdings stellte sich dann später für die darwinsche Evolutionstheorie das Problem, wie Leben, wenn es nicht spontan entstehen konnte, aber auch nicht von Anfang an da war, überhaupt hatte entstehen können. Zwar scheint heute die Lösung dieses Problems in Reichweite, aber erreicht ist sie noch nicht.

13.1   Die mendelschen Gene als kombinatorische, zufällig veränderliche Bausteine

Die mechanistische Naturphilosophie des 17. Jahrhunderts ist im Gegensatz zu ihren großen Erfolgen in der Physik bei biologischen Fragestellungen wenig erfolgreich gewesen, und sie ist sogar nicht einmal wirklich zum Kern dieser Fragestellungen vorgedrungen (für eine konzeptionelle Analyse der Struktur der Biologie sei auf [100] verwiesen). Aus Gründen, die wir wohl erst heute langsam zu verstehen beginnen, ist das Phänomen des Lebens nicht so zugänglich für systematische naturphilosophische Überlegungen wie die Mechanik. Daher können wir hierzu auch von Leibniz keine richtungsweisenden Erkenntnisse erwarten. Nichtsdestoweniger hat Leibniz auch zum Phänomen des Lebens Ansichten entwickelt, die im Kontext seiner Zeit vernünftig und fortschrittlich waren (s. z. B. [68, 210]). Evolutionäre Denkansätze des 18. Jahrhunderts, wie diejenigen von La Mettrie, Maupertuis, Buffon oder Lamarck bezogen sich teilweise direkt auf Leibniz, s. [203].

Leibniz war der Überzeugung, dass auch Leben mit mechanischen Prinzipien erklärbar sei. Auch Descartes war schon dieser Ansicht gewesen. Allerdings hatte er sich ein Lebewesen einfach als eine Maschine vorgestellt und nur mechanische Effekte gesehen. Descartes wollte das Organische einfach auf das Mechanische reduzieren.[1] Wie dargelegt, hatte Leibniz eine andere Konzeption der Materie als Descartes, und er stellte sich statt rein mechanischer Wechselwirkungen eine innere Kausalität vor. In gewisser Weise wollte Leibniz mit seinem Monadenbegriff eine Gemeinsamkeit zwischen dem Mechanischen und dem Organischen aufdecken, statt einfach letzteres auf ersteres zu reduzieren. Und genau mit diesem Ansatz wollte er die Defizite der cartesischen Physik überwinden, die so offensichtlich bei dessen biologischen Vorstellungen zutage traten und auch zeitgenössische Erkenntnisse wie diejenigen von Vesalius und Harvey ignorierten, und die Physik erweitern und die Biologie einschließen, anstatt wie viele Gegner des Cartesius der Biologie ein prinzipiell nicht physikalisch zugängliches Reservat einzuräumen.

Daher stellte sich Leibniz in einer berühmten Debatte gegen den Vitalismus von Stahl (s. [225] und die Analyse von F. Duchesneau und J. Smith in [Stahl]), also die Behauptung, dass es eine nicht weiter reduzierbare Lebenskraft gäbe. Leibniz war ein Präformationist, was bedeutet, dass das Leben aller Nachkommen schon im Samen des Erzeugers enthalten ist. Dies war einerseits durch die Entdeckungen der Spermien durch die holländischen Mikroskopiker Swammerdam und van Leeuwenhoek motiviert, die Leibniz mit großer

---

[1] Einen interessanten Blick eröffnet [24].

Aufmerksamkeit verfolgte. Allerdings waren dies in wissenschaftsgeschichtlicher Perspektive auch Entdeckungen, die durch eine damals neue Technologie, das Mikroskop, zustande kamen, für die man aber noch keinen geeigneten theoretischen Rahmen oder Begriffsapparat kannte, in den man sie einorden und mit dem man sie interpretieren konnte, so dass sie zu vielen verfehlten Interpretationen und Folgerungen führten, die erst im 19. Jahrhundert klargestellt werden konnten. (Dies steht übrigens in Kontrast zu den wegweisenden Ergebnissen, die Galilei mit dem anderen neuen optischen Instrument, dem Teleskop, gewinnen konnte, und für die er kohärente und theoretisch begründete Interpretationen vorlegte.) Andererseits fügte sich die Präformationslehre gut in Leibniz' logische Konzepte ein, dass nämlich, wie dargelegt, alle Prädikate in einem Subjekt und damit auch Vergangenheit und Zukunft in der Gegenwart einer Monade enthalten sind. In diesem Sinne konzipierte Leibniz also Leben als Prozess und nicht als Zustand, was ein durchaus moderner Gesichtspunkt ist. Überdies passen diese biologischen Vorstellungen auch mit seinen im Abschn. 7.2 diskutierten Konzepten der Selbstähnlichkeit und Skalenfreiheit zusammen. Ein Lebewesen wiederholt sich in seinem Samen, der dann wieder die Samen seiner Nachkommen enthält, usw. in einer unendlichen Reihe. In jeder Stufe wird die Struktur kleiner, bleibt aber trotzdem inhaltlich gleich, so dass wir hier das Prinzip der Selbstähnlichkeit verwirklicht sehen. Ganz abgesehen von dem hier vernachlässigten Phänomen der geschlechtlichen Rekombination ist es aber nicht so, dass im Samen, oder nach heutiger Vorstellung im Genom, der gesamte zukünftige Organismus schon vollständig angelegt ist und sich nur aus diesem in der Zeit entfalten muss. Wie in den Abschn. 13.2 und 13.3 erläutert, enthält das diskrete Genom nur diejenige Information, die zu der von der Umwelt bereitgestellten komplementär ist und die die selektive Kontrolle dieser Umwelt ermöglicht.

Das Prinzip der Stetigkeit, welches für Leibniz auch die Kontinuität des Lebens garantiert, führte ihn allerdings auch zu einer Folgerung, die von der späteren Biologie nicht mehr geteilt wurde ([Cassirer, Bd. 1], „Über das Kontinuitätsprinzip", pp. 327–330). Leibniz schloss nämlich aus diesem Prinzip der Stetigkeit, dass es keine klar voneinander getrennten biologischen Arten (Spezies) gäbe, sondern stattdessen ein Kontinuum überlappender Formen. Im Rückblick liegt hier tatsächlich ein subtiles Problem. Wenn sich die elterlichen Eigenschaften, wie schon Aristoteles glaubte, in den Nachkommen stetig mischen, ist es nicht klar, wie sich diskrete Unterschiede in der Nachkommenschaft herausbilden können, und dies stellte noch für Darwin ein Problem dar, das er nicht lösen konnte [54]. Erst durch die Mendelsche Entdeckung der Gene, also diskreter Einheiten, die sich in der Vererbung rekombinieren, wird verständlich, wie sich auf der Basis diskreter Veränderungen, der genetischen Mutationen, durch das Wirken der Selektion distinkte Arten herausbilden können. Dass also der Vererbung eine diskrete Kombinatorik nicht weiter reduzierbarer Einheiten statt einer kontinuierlichen Mischung von Eigenschaften zugrunde liegt, widerspricht erst einmal dem leibnizschen Prinzip der Kontinuität. Allerdings war Leibniz auch, wie dargelegt, ein Pionier der Kombinatorik. Nur wollte er wohl Leben als in Raum und Zeit kontinuierliches Phänomen erfassen, da er der Ansicht war, dass die Natur keine Sprünge mache, um, wie schon bei den physikalischen Prinzipien erläutert, dem Zufall keinen Raum zu geben.

Das Problem geht aber noch tiefer. Keines der drei wesentlichen Prinzipien, der Satz von der Identität, der Satz vom zureichenden Grunde und das Kontinuitätsprinzip, die wir im Kap. 1 als die tragenden Säulen der leibnizschen Philosophie dargelegt hatten, erlaubt die Entstehung von etwas genuin Neuem. Insbesondere sind die leibnizschen Monaden in ihrem Wesen unveränderlich, und es kann daher für ihn nichts Neues durch zufällige Mutationen entstehen. Es kann sich nämlich prinzipiell nichts Neues entwickeln, wenn sich ein Lebewesen aus einem Keim entfaltet wie in der Logik ein Subjekt aus seinen Prädikaten oder eine Folgerung aus ihren Prämissen. Dies folgt aus dem Satz von der Identität. Bei logischen Schlüssen können zwar die Prämissen reduziert oder vereinfacht werden, denn aus der Folgerung können sie nicht mehr unbedingt zurückgewonnen werden, genauso wie man zwar aus den Summanden ihre Summe berechnen, aber aus der Summe nicht mehr die Summanden rekonstruieren kann. Auch lässt sich für die Entstehung von etwas Neuem durch eine zufällige Mutation kein zureichender Grund angeben. Und wir hatten schon dargelegt, dass diskrete Sprünge nicht mit dem Kontinuitätsprinzip verträglich sind, weder in der Physik noch in der Biologie. Leibniz' Ansatz scheint also die Entstehung von Neuem unmöglich zu machen, denn keines der Prinzipien, auf denen er sein System aufbaut, weder der Satz von der Identität noch der Satz vom zureichenden Grunde noch das Kontinuitätsprinzip erlaubt einen zufälligen, nicht schon von vornherein angelegten und begründeten Sprung.

Genetische Mutationen sind aber nun gerade derartige Sprünge, die Neues hervorbringen können, und genau hierdurch kommt der Zufall als wesentliches Element in die biologische Evolution. Und in der heutigen Vorstellung wird die Evolution jedenfalls für ihre Fähigkeit bewundert, durch zufällige genetische Änderungen ständig nicht nur neue, sondern auch immer besser angepasste Strukturen hervorzubringen. Mit Leibniz muss allerdings die Frage gestellt werden, inwiefern das alles wirklich neu und nicht nur die Entfaltung und Verwirklichung schon vorhandener Möglichkeiten des Lebens ist. Man könnte argumentieren, dass auch die zufälligen Mutationen nur latent schon vorhandene Möglichkeiten realisieren und dass, wenn alle Möglichkeiten ausgeschöpft oder durchprobiert sind, auch der durch die Evolution hervorgerufene Komplexitätszuwachs des Lebens auf der Erde aufhören muss, oder dass die Evolution vielleicht sogar die maximal mögliche Komplexität fast schon erreicht hat, wie z. B. Gould [100] glaubt. Und eine etwas andere Fassung des Problems der Neuheit, die Frage nach dem Verhältnis von anpassbarer Funktion und vorgegebener Struktur, nämlich inwieweit die Selektion durch Mutationen beliebig Neues hervorbringen kann oder inwieweit sie dies durch die in den vorhandenen Strukturen, beispielsweise den Bauplänen der verschiedenen Tierstämme oder den genetischen Regulationsmechanismen, angelegten Möglichkeiten einerseits eingeschränkt und andererseits kanalisiert ist, durchzieht eigentlich die ganze Konzeptionsgeschichte der Biologie, von dem berühmten Pariser Akademiestreit zwischen Geoffroy St. Hilaire und Cuvier vor 200 Jahren [8], von Goethe, dessen biologische Konzeption eigentlich beide Standpunkte umfasste, verwundert beobachtet [30], oder der Auseinandersetzung zwischen Owen und Darwin (s. z. B. [4]) bis hin zu heutigen Debatten über Gene und Strukturen (s. z. B. [100]). Dieses Thema diskutiere ich ausführlicher in [143], und wir wenden uns daher wieder den genetischen Mutationen zu.

Durch das Verständnis der molekularen Basis der Gene und ihrer Veränderungen wird nun auch eine physikalische Verknüpfung zwischen dem quantenmechanischen und dem genetischen Zufall möglich, auch wenn die jeweiligen strukturellen Gesetzmäßigkeiten andere sind.

Dies ist nun ein wichtiger Punkt in der Evolutionslehre von Darwin (und Wallace): Nur durch solche Mutationen, zufällige Veränderungen in der Nachkommenschaft, gibt es einen Ansatzpunkt für eine differentielle Selektion, dass also in einer bestimmten Umwelt bestimmte Individuen fitter sind als andere, ihnen zwar ähnliche, aber in einigen Aspekten genetisch und daher phänotypisch verschiedene Individuen. Und nur durch Selektion kann es zu einer Höherentwicklung kommen, die zu immer komplexeren und besser an eine gleichfalls komplexer werdende Umwelt angepassten Lebewesen führt. Letztendlich ist also der Zufall, den Leibniz ausschließen wollte, der aber auf der quantenmechanischen Ebene irreduzibel ist, dafür verantwortlich, dass die natürliche Entwicklung von einem Klümpchen Schleim in der Ursuppe, die sich durch chemische Reaktionen in der energiereichen frühen Atmosphäre der Erde gebildet hat, bis zum Menschen geführt hat. Gerade Nichtdeterminiertheit ermöglicht Evolution und Entwicklung, und dies ist grundlegend anders als in den teleologischen Prinzipien von Leibniz gedacht. Teleologie ist zu einem Anathema in der darwinschen Evolutionstheorie geworden. Hierauf werden wir zurückkommen.

Die Entstehung von Neuem wurde wohl naturphilosophisch systematisch erst im deutschen Idealismus um 1800 behandelt (s. z. B. [29]). Für Schelling [212] wird die Selbstorganisationsfähigkeit gerade die charakteristische Eigenschaft der Natur, die sie dem denkenden Bewusstsein eigenständig gegenübertreten lässt. In Hegels berühmter Parabel vom Herrn und Knecht [110] entsteht Neues aus dem Zwang, sich mit Knappheit und Beschränkung auseinanderzusetzen, und dies wird für ihn der Motor der Entwicklung. Hier kann man, wenn man will, Verwandtschaften zur Evolutionslehre sehen. Allgemeiner vollzieht sich Höherentwicklung bei Hegel in einem dialektischen Prozess, bei dem Vorhandenes durch Entgegensetzung überwunden und in Höheres überführt wird. Allerdings ist auch diese Entwicklung zielgerichtet und manifestiert letztendlich nur die Entfaltung des Weltgeistes. Die autonomen leibnizschen Monaden sind also nun dialektisch in diesem Weltgeist aufgehoben.

Aber durch die Mendelsche Entdeckung tritt ein anderer wesentlicher neuer Gesichtspunkt auf, dass nämlich Biologie in ihrem Kern nicht mit den kontinuierlichen Methoden der klassischen Mechanik beschreibbar ist, sondern durch die Kombinatorik aus einem physikochemikalischen Substrat emergenter diskreter Einheiten erfasst werden muss.

Und es gibt noch einen weiteren wichtigen Unterschied zwischen der Physik und der Biologie. In der Physik sind die verschiedenen Skalen voneinander getrennt. Man kann Physik auf der atomaren Skala betreiben, ohne sich um die komplizierten Vorgänge auf der Elementarteilchenskala oder gar die noch nicht vollständig verstandene Planckskala kümmern zu müssen. Und Kontinuumsmechanik braucht die atomare Skala nicht, usw.[2] Die Übergänge zwischen benachbarten Skalen, beispielsweise zwischen der Nano- und der

---

[2]Die Beziehung zwischen Kosmologie und Elementarteilchenphysik, die bei der Entstehung des Universums oder der Analyse schwarzer Löcher eine Rolle spielt, scheint allerdings eine wichtige Ausnahme zu sein.

Mikroskala, können allerdings subtil sein. Aber auf einer höheren Skala werden typischer-weise nur kollektive, aber nicht individuelle Effekte der niederen Skala wirksam. In der Bio-logie sind dagegen die verschiedenen Skalen nicht so säuberlich getrennt. Eine molekulare Veränderung wie die Mutation eines Nukleotides in der DNA einer Zelle kann phänotypi-sche Auswirkungen auf der Ebene des Organismus haben oder auch ein Krebswachstum auslösen, das den Organismus tötet. Umgekehrt können Einflüsse, denen der Organismus als Ganzes ausgesetzt ist, selektive Auswirkungen innerhalb bestimmter Zellen haben. Und auf einer noch höheren Ebene kann ein einzelnes Individuum oder auch nur ein zufälliges Ereignis den Lauf der Geschichte verändern.

13.2 Grundlegende Konzepte der Biologie

Die zeitgenössische Biologie besitzt drei fundamentale Konzepte (s. [135, 143]),

- das Gen als Einheit von Kodierung, Funktion und Vererbung (s. z. B. [145, 214]),
- die Zelle als Einheit des Stoffwechsels (s. [3]) und
- die Art als Gleichgewicht zwischen den divergenten Wirkungen von genetischen Muta-tionen und organismischer Selektion und der konvergenten Wirkung geschlechtlicher Rekombination (s. [31, 182]).

Das Lebewesen wird dann zum Träger von Genen, zum organisierten Verbund von Zellen und zum Mitglied einer Art, und gleichzeitig der wesentliche Angriffspunkt der Selektion. Wie ein Lebewesen lebendig wird, ist zwar in groben Umrissen in der heutigen Biologie erkennbar, aber im Detail noch lange nicht verstanden. Zu diesem Zweck wurde in den letzten Jahren das neue Gebiet der Systembiologie ausgerufen.

Lebewesen erhalten sich in ihrem Stoffwechsel, pflanzen sich in ihrer Eigenart fort und können Störungen kompensieren, s. z. B. [67]. Als grundlegende Kriterien des Lebens gelten daher Fortpflanzung und Stoffwechsel, und manchmal werden zusätzlich noch Reizbarkeit und Beweglichkeit genannt. Die Robustheit gegen Störungen wird zwar meist nicht als genuin biologisches Kriterium aufgeführt, ist aber in den drei obigen Konzepten implizit vorhanden, beim Gen allerdings nur indirekt, insofern als der Übergang vom Genotyp zum Phänotyp in beiden Richtungen mehrwertig sein kann. Verschiedene genetische Sequen-zen können zum gleichen Phänotyp führen, und umgekehrt kann es auch bei gegebener genetischer Ausstattung eine erhebliche phänotypische Plastizität geben, insbesondere als Reaktion auf äußere Bedingungen.

Bei Bakterien vollzieht sich Fortpflanzung durch Zellteilung und ist damit mit dem Zell-wachstum durch Stoffwechsel verknüpft. Bei sich sexuell vermehrenden Spezies verbindet das Konzept der Fortpflanzung dagegen über verschiedene Skalen hinweg die fundamenta-len Begriffe des Gens als abstrakter Einheit der Informationsübertragung, des Organismus als Einheit der Selektion und der Spezies als dynamisches Reservoir der Rekombination. In der neodarwinistischen Synthese ist die Fortpflanzung derjenige Prozess, der die Aspekte der Selektion, Vererbung und Mutation miteinander verknüpft. An dieser Synthese wird aber heutzutage kritisiert, dass sie den Aspekt der Individualentwicklung ausblendet, und der Ansatz der Evo-Devo versucht, dies zu korrigieren, wie wir unten noch darlegen werden.

Die grundlegende Einheit des Stoffwechsels ist zunächst die Zelle, die dann aber in Vielzellern mit gleichartigen anderen Zellen in Gewebe eingebunden werden kann, die dann wiederum mit andersartigen Geweben Organismen konstituieren. Spezialisierung der Funktion wie auch Anpassung an variable äußere Umstände der Zelle beruhen dabei auf der selektiven Auswahl von Genen in einem komplexen Regulationsgefüge. Ein Gen wäre hierbei allerdings nicht mehr wie oben als Einheit der Informationsübertragung zwischen Generationen, sondern als abstrakte Repräsentation eines funktionalen, aus einem begrenzten Alphabet von Bestandteilen zusammengesetzten Moleküls (Polypeptid oder funktionale RNA) zu verstehen [214].

Die Kriterien der Reizbarkeit und Beweglichkeit sind zunächst ebenfalls ganzheitlich vom Organismus her gedacht, beruhen aber letztendlich auch auf Mechanismen der Signalübertragung und Gestalt- und Positionsänderung spezifischer Zellen.

All dies ist mit gutem Grund ganzheitlich und organismisch gedacht, auch wenn die Konzepte des Gens und der Zelle auf niedrigeren Skalen ansetzen. Schließlich will die Biologie das Leben als Ganzes erfassen, und nicht nur einzelne physikalische Strukturen oder biochemische Reaktionen. Die heutige Datenlage aber ist eine andere. Schon der sich in der zweiten Hälfte des 20. Jahrhunderts entwickelnden Biochemie und Molekularbiologie wurde vorgehalten, dass sie zwar sehr präzise einzelne Reaktionen verstehen kann, aber nicht erklären und im Grunde noch nicht einmal konzeptionalisieren kann, wie sich heraus ein als Einheit konstituierter Organismus ergibt. Dieses Problem verschärft sich nach dem Paradigmenwechsel zu Hochdurchsatzdaten in der Omics-Ära. Aus der Sequenzierung eines Genoms ergibt sich noch kein Verständnis des Funktionierens einer Zelle.

Es fehlen konzeptionelle Bindeglieder und Übergänge zwischen den ganzheitlichen Charakterisierungen des Lebens und den spezifischen biochemischen Vorgängen und den riesigen Omics-Datensätzen.

Nun hat Leibniz aber in seinem Monadenbegriff gerade hinter der kontinuierlichen Erscheinungswelt stehende diskrete Einheiten konzipiert. In diesem Begriff wollte Leibniz nach heutiger Sichtweise sehr verschiedenartige Einheiten in einem einzigen Begriff zusammenfassen, von der physikalischen Substanz über das Lebewesen bis zum Bewusstsein. Dazu konzipierte er eine Hierarchie von Monaden. In einem Lebewesen sind einer dominanten Monade andere Monaden, beispielsweise die Organe, subordiniert, so wie nach heutiger biologischer Vorstellung ein Lebewesen aus Organen und Geweben besteht, die wiederum aus Zellen zusammengesetzt sind. Dies passt nun also gut mit den leibnizschen Konzeptionen zusammen. Allerdings kehrt die heutige Biologie diesen Ansatz um und sieht, wie dargelegt, das Lebewesen nicht mehr als eine grundlegende Einheit, sondern als ein aus physikalischen und molekularbiologischen Prozessen emergentes Phänomen an. Wahrscheinlich täte die

Systembiologie aber gut daran, den leibnizschen Gesichtspunkt der hierarchischen Kontrolle nicht völlig zu vernachlässigen, auch wenn der Kontrolleur schwer greifbar ist, und, wie schon Leibniz gesehen hat, abstrakter konzipiert werden muss. Auch hierauf werden wir zurückkommen. Jedenfalls hat die Biologie die schon von Leibniz seinerzeit bekämpften vitalistischen Vorstellungen inzwischen vollständig überwunden.

Es gibt aber noch einen weiteren wesentlichen Unterschied zwischen den leibnizschen Vorstellungen und der darwinschen Evolutionstheorie. Auch hier ist es aber nicht einfach so, dass Darwin recht und Leibniz unrecht hatte, sondern die Sachlage ist subtiler. In seinem erdgeschichtlichen Werk „Protogaea"[Protogaea], welches insbesondere auch durch seine Diskussionen mit dem dänischen Anatomen und Geologen Nicholas Steno[3] (1638–1686, ursprünglicher Name Niels Steensen) angeregt und beeinflusst war, der nachdem er vom Cartesianismus zum Katholizismus konvertiert war, als päpstlicher Gesandter in Hannover war,[4] entwickelt Leibniz eine Geschichte des Universums, die von seinen philosophischen Prinzipien ausgeht oder zumindest mit diesen in Einklang steht [206]. Nach Leibniz' Vorstellungen entfaltet sich die Welt wie ein Embryo zu einem reifen Lebewesen aus den in ihr angelegten Möglichkeiten nach einem vorgegebenen Programm. Dieses Programm ist auf die Beste aller möglichen Welten angelegt, und dass dies als eine Entfaltung durch Wandel und Störungen angesehen werden muss, liegt nur an der beschränkten Perspektive des menschlichen Geistes, im Unterschied zu demjenigen Gottes. Die moderne Entwicklungsbiologie untersucht nun ebenfalls, wie sich das genetische Programm eines Embryos in Komplementarität mit seiner Umwelt entfaltet. Allerdings konzipierte Darwin die Evolution nicht als Entfaltung von Möglichkeiten, sondern als das durch die scharfe Konkurrenz der Lebewesen getriebene zufällige Auffinden immer besserer Anpassungen an eine sich ständig wandelnde Umwelt. Während sich also Individualentwicklung in gewissem Sinne (allerdings anders als bei Aristoteles) final verstehen lässt, ist nach dem darwinschen Paradigma die Evolution rein kausal zu denken. Darwin hat sämtliche teleologischen Aspekte aus der Evolution eliminiert. Die Eigenschaften rezenter Populationen erklären sich aus vererbten Anpassungen in Vorgängerpopulationen. Da diese aber Anpassungen an frühere Umwelten darstellen, sind sie nicht unbedingt optimal in der rezenten Umwelt, und hieran kann die Selektion angreifen, indem zufällig verbesserte Individuen größeren Fortpflanzungserfolg haben. Dies bringt nun aber die Entwicklungsbiologie in konzeptionelle Schwierigkeiten, denn hier gibt es ja im Genom ein auf zukünftige Entfaltung hin angelegtes Schema. Die Beziehung zwischen Evolutionstheorie und Entwicklungsbiologie stellte tatsächlich ein Problem für die Biologie dar, welches man heutzutage im Rahmen des Evo-Devo (evolutionary development) zu lösen versucht (s. z. B. [42, 246]). Einerseits werden zwar Organismen selegiert, aber nur sich entfaltende Baupläne vererbt, aber andererseits können durch Umstrukturierung dieser Baupläne und der Abläufe

---

[3]Da es die Geologie als eigenständige Wissenschaft damals noch nicht gab, ist es vielleicht ein Anachronismus, hier schon von einem Geologen zu sprechen, aber Steno hatte tatsächlich in seinem „Prodromus" (1669) schon wesentliche geologische Prinzipien dargelegt, wie die Schichtung der Sedimente und die Herkunft der Fossilien aus früheren Lebewesen.

[4][124] unterschätzt die Intensität der Kontakte zwischen Steno und Leibniz.

ihrer Entfaltung statt durch willkürliche punktuelle Änderungen, wie es das klassische
(d. h. neodarwinistische) Verständnis von Mutationen nahelegen würde, neue evolutionäre
Möglichkeiten erschlossen werden. Es kann also in der Evolution nicht einfach mal alles
ausprobiert werden, und die Evolution ist keine unstrukierte, rein zufällige Suche in einem
riesigen Möglichkeitsraum, sondern was möglich ist, ist zwar einerseits durch die hochorga-
nisierte Struktur des Vorhandenen eingeschränkt, aber der systematische Umbau hochent-
wickelter Strukturen ermöglicht andererseits auch eine wesentlich effizientere Suche, um es
mal in der Terminologie heutiger artifizieller Optimierungsverfahren zu formulieren. Diese
Perspektive wird durch bedeutende biologische Entdeckungen untermauert, wie beispielsweise diejenige der sog. Hoxgene.[5] Hier handelt es sich um Steuerungsmodule, die einerseits
in einem Organismus die Herausbildung einer ganzen Reihe von Strukturen in Gang setzen und in ihrem Ablauf regulieren und andererseits auch bei sehr verschiedenen Arten die
Entfaltung nicht nur funktional gleicher, sondern eben wegen dieser gemeinsamen Steue-
rung auch homologer Strukturen verursachen. Ein Beispiel ist das Auge. Auch wenn sich
beispielsweise die Facettenaugen von Arthropoden und die Linsenaugen von Vertebraten in
ihrem Aufbau fundamental voneinander unterscheiden, so wird ihre Ausbildung doch durch
die gleichen (genauer: homologen) Hoxgene induziert. Setzt man das entsprechende Hoxgen
einer Maus in eine Fruchtfliege, so induziert es dort die Herausbildung eines Fliegenauges
[105]. Und umgekehrt. Ein anderes wichtiges Beispiel für Evo-Devo ist die Möglichkeit
der zeitlichen Umorganisation von Entwicklungsprozessen, wie sie sich beispielsweise im
unterschiedlichen Verhältnis von Larven- und adulten Stadien bei verschiedenen Insekten
zeigt. Zwar behält bei dieser Betrachtungsweise letztendlich die Evolution das konzeptionelle Primat, aber ohne ein Verständnis der zielgerichtet ablaufenden Individualentwicklung
lässt sich auch Evolution nicht verstehen. Allerdings sind auch hier einige Vorsichtsbemer-
kungen erforderlich. Es ist nicht etwa so, dass das Genom des Embryo das sich hieraus
entwickelnde Lebewesen determiniert. Vielmehr kann sich eine solche Entwicklung nur in
einer Umwelt vollziehen, die vielfältige Bedingungen und Komplementaritäten bereitstellt.
Im Genom muss daher nur das kodiert werden, was die komplexe Umwelt nicht schon von
sich aus bereit stellt. Und viele genetische Abläufe setzen sich erst dann in Gang, wenn das
entsprechende Signal aus der Umwelt eintrifft. Letztendlich muss hier eine physikalische

---

[5] „Hoxgen" ist eine Abkürzung für „Homöoboxgen", wobei die Homöobox (neuerdings meist „Ho-
meobox" gechrieben) ein charakteristisches DNA-Segment ist, das die homöotischen Gene enthält,
die dadurch charakterisiert sind, dass bei Mutanten ganze Körpersegmente oder Teile davon in die entsprechenden Strukturen anderer Segmente transformiert werden, s. [247], Abschn. 3.12. Bei Mutanten
werden also bestimmte Strukturen durch andere, aber homologe Strukturen des gleichen Grundbau-
plans ersetzt. Es entstehen also morphologisch richtige Strukturen an der falschen Stelle. Vereinfacht
ausgedrückt regulieren Hoxgene also die Herausbildung größerer struktureller Einheiten. Wichtig
dabei ist, wie auch im Text dargelegt, dass diese Gene selber in dem Sinne unspezifisch sein können,
dass ein- und dasselbe Gen abhängig vom zellulären Kontext die Herausbildung sehr unterschiedlicher
Strukturen steuern kann, sowohl in ein- und demselben Lebewesen, als auch bei sehr verschiedenen
Tieren. Genauer kommen solche Hoxgene bei den Bilaterien, den höheren Tieren, vor, aber auch in
anderen Taxa scheint es Varianten zu geben.

Konzeption mit einer informationstheoretischen kombiniert werden. Jedenfalls gibt es auch in der heutigen Philosophie der Biologie jede Menge Missverständnisse.

Der letztere Punkt beleuchtet allerdings auch ein Problem der leibnizschen Theorie, zumindest der in Kap. 1 entwickelten Interpretation 1. Nach Leibniz war das Entwicklungsgesetz einer Monade vollständig in ihr selbst angelegt, und die Beziehungen zwischen verschiedenen Monaden mussten daher durch die Bedingung der Kompossibilität eingeschränkt und durch den Kunstgriff der prästabilierten Harmonie gerettet werden. So könnte man nun auch das sich in einem Lebewesen entfaltende Genom konzipieren, und die verschiedenen Lebewesen würden dann durch den Kampf ums Dasein als modernisierte und verschärfte Variante der Kompossibilität eingeschränkt. Dies kommt auch vielen landläufigen Vorstellungen der Evolutionsbiologie nahe, ist aber grundsätzlich falsch. Es ist keineswegs so, dass sich ein Lebewesen autonom aus dem in seinem Genom angelegten Bauplan entwickelt. Vielmehr vollzieht sich die Individualentwicklung, die Ontogenese, aus einem Wechselspiel zwischen internen Steuerungsmechanismen, externen Auslösern und von der physikalischen, chemischen und biologischen Umwelt bereitgestellten Strukturen. Im Genom muss nur diejenige Information kodiert werden, die nicht von der Umwelt zur Verfügung gestellt wird, und ein Entwicklungsschritt ist auf ein externes Signal angewiesen, das ihn in Gang setzt. Ein komplexes Lebewesen kann sich nur in einer noch komplexeren Umwelt entfalten, die ihm die benötigten Strukturen zur Verfügung stellt. Das Genom kodiert nur, wie die in der Umwelt vorhandene Energie und Information ausgenutzt werden kann, und wartet für jeden Schritt auf entsprechende Signale. Dieser Schritt wird innerhalb des Genoms wiederholt. In der Molekularbiologie führt dies zu der konzeptionellen Unterscheidung zwischen cis und trans, also dem, was in dem betreffenden kodierenden Abschnitt des Genoms enthalten ist, und dem, was von anderen Abschnitten des Genoms aufgenommen wird (s. z. B. meine Überlegungen [145] mit dem Molekularbiologen Klaus Scherrer). Kein Organismus und kein Gen entfaltet sich autonom, sondern die Entwicklung vollzieht sich immer im Wechselspiel mit aus der jeweiligen Perspektive externen Signalen unter Ausnutzung anderswo bereitgestellter Strukturen. Der Unterschied zwischen interner Entwicklungsinformation und äußeren Wechselwirkungen mit anderen Entitäten besteht zwar, aber es gibt in der Entwicklung von Organismen ein durch evolutionäre Prozesse subtil abgestimmtes Wechselspiel zwischen vererbter genetischer Information und den in einer komplexen Umwelt vorhandenen Informationen und Strukturen. Hier besteht nun zwar ein Unterschied zu Leibniz' Konzeption von rein im Subjekt angelegten Prädikaten, die sich mit denjenigen anderer Subjekte nur durch eine universelle Harmonie vermitteln lassen, aber auf einer abstrakteren Ebene hat Leibniz in tiefer Weise das Wechselspiel zwischen sich nach ihren eigenen Entwicklungsgesetzen entfaltenden Substanzen und der Abstimmung mit dem Weltganzen erfasst, wobei die Biologie allerdings das Weltganze bescheidener beispielsweise durch die Uexküllschen Konzepte [236] der Umwelt, der Merkwelt und der Wirkwelt ersetzt.

Leider herrscht auch in der heutigen Biologie hierüber noch viel theoretische Unklarheit. Populäre Vorstellungen von eigensüchtigen Genen etc. haben hier viel konzeptionelles Unheil angerichtet. Bei solchen Ansätzen wird sogar schon die offensichtliche Tatsache

unter den Tisch gekehrt, dass die räumliche Organisation des Genoms und andere strukturelle Fakten, die nicht auf einzelne Gene reduzierbar sind, für differenzierte Regulationspro-
zesse eine wesentliche Rolle spielen (s. z. B. [25]). Die Systembiologie täte gut daran, sich
mit diesen Aspekten in vertiefter Form auseinanderzusetzen, und das durch die leibnizsche
Philosophie aufgeworfene Problem des Verhältnisses von in einer Monade intern angelegten Entfaltungsmöglichkeiten und dem Wechselspiel zwischen verschiedenen Monaden im
Kontext der Spannung zwischen Molekular- und Evolutionsbiologie zu durchdenken. Es
scheint mir, dass hier ein entscheidender, über die darwinschen Vorstellungen wesentlich
hinausgehender Gesichtspunkt zum Verständnis des Lebens liegt.

Derzeit werden allgemeine informationstheoretische Methoden entwickelt, um die Beiträge verschiedener Quellen oder Einflussgrößen, hier Genom und Umwelt, und ihrer Wechselwirkung auf die Herausbildung eines gemeinsamen Resultates, hier des entwickelten
Organismus, zu quantifizieren. Ein Teil der Information kann exklusiv in einer der Quellen
enthalten sein, ein anderer Teil kann in beiden enthalten sein, und ein letzter Anteil, die sog.
komplementäre Information, ergibt sich erst in deren Zusammenspiel und kann aus keiner
einzelnen extrahiert werden. Der erste systematische Ansatz stammt von Williams und Beer
[253]. Da dieser Ansatz aber noch bestimmte Schwächen aufwies, sind dann verschiedene
alternative Zugänge entwickelt worden. Derzeit findet wohl derjenige aus [23] die meiste
Zustimmung, aber die Sachlage ist anscheinend noch nicht völlig geklärt, und die Forschung
ist weiter im Fluss. Jedenfalls eröffnet dies ein neues und vertieftes Verständnis des Wechselspiels von Genom und Umwelt, das die unseligen Debatten über „nature vs. nurture", wie
es im Angelsächsischen heißt, überwinden kann. Man könnte auch spekulieren, dass dies
für die leibnizsche universelle Harmonie eine bessere Grundlage bereit stellen kann.

13.3   Ein neuer Ansatz einer biologischen Systemtheorie

Mit den leibnizschen Einsichten und Konzeptionen im Hinterkopf, insbesondere seiner Idee
einer Hierarchie von Monaden, wollen wir nun einen neuen konzeptionellen Ansatz vor-
schlagen und entwickeln. Wir setzen als Grundprinzip Kontrolle und Regulation an. Es geht
um die Überführung eines allgemeinen Inputs in einen spezifischen Output und um die
Kanalisierung und Reproduzierbarkeit von Vorgängen.

Wir sagen also, dass es für ein biologisches System wesentlich, oder schärfer, konstitutiv ist, einen Vorgang unter Kontrolle zu bringen und ihn damit für einen Strukturaufbau
einsetzen zu können. Wir wissen, dass auch andere, insbesondere soziale und ökonomische
Systeme, dies tun. Wir müssen daher den biologischen Aspekt noch schärfen.

Wichtig ist hierbei, dass der Kontrollmechanismus selber nicht spezifisch zu sein braucht.
In der Tat ist es sogar so, dass Kontrollmechanismen gerade aus ihrer Allgemeinheit das
Potential gewinnen, spezifische Vorgänge unter ihre Kontrolle zu bringen. Dies beruht auf
einer Komplementarität zwischen der in dem zu kontrollierenden Vorgang enthaltenen Information und der für die Kontrolle benötigten zusätzlichen Information.

Dieses Komplementaritätsprinzip lässt sich vielleicht am besten an den Viren verdeutlichen. Ein Virus „weiß" nicht, wie sein Wirt die vom Virus benötigten Proteine herstellt, und braucht dies auch nicht zu „wissen", sondern er muss nur „wissen", wie er dies im Wirt induzieren kann. Oder, um ein anderes Beispiel heranzuziehen, eine Säugerzelle braucht nicht zu „wissen", wie sie bestimmte Vitamine synthetisieren kann, sondern der Säuger muss nur wissen, welche Pflanzen er fressen muss, um an diese Vitamine zu gelangen. Im Unterschied zum Virenbeispiel findet hier auch noch ein Transfer von der zellulären auf die organismische Ebene statt.

Weitere biologische Beispiele dafür, dass Kontrollmechanismen sehr allgemein sein können und gerade daraus die Fähigkeit entwickeln, verschiedene spezifische Vorgänge zu kontrollieren:

- Die Ablesung der DNA im Kern einer Eukaryontenzelle wird auf verschiedenen Ebenen kontrolliert. Spezifische Proteine, die an bestimmte Stellen mit spezifischen Sequenzmotiven in der Nähe einer abzulesenden und kodierenden Region der DNA binden, initiieren, hemmen oder beenden die Ablösung. Diese Sequenzmotive sind also für die kontrollierenden Proteine spezifisch, nicht aber unbedingt für die jeweils abzulesende kodierende Sequenz. Dies ist insbesondere dann sinnvoll, wenn verschiedene kodierende Regionen gleichzeitig abgelesen werden müssen, weil verschiedene Gene zur Sicherstellung einer bestimmten Zellfunktion zusammenwirken.
- Allgemeiner liegt die DNA im Zellkern nicht in reiner Form, sondern ist mit verschiedenen Proteinen zu Chromatinstrukturen verwoben. Dabei gibt es nicht nur die Histone, Proteine, auf denen die DNA aufgewickelt ist, sondern auch verschiedene andere, die die Genexpression, die Replikation der DNA und die Reparatur defekter Teile der DNA steuern. Insbesondere werden in Vertebratenzellen größere Regionen der DNA durch Methylierung der Ablesung entzogen. Dies wird wiederum durch Proteine bewerkstelligt, und wichtig für unsere Zwecke ist hierbei, dass diese Proteine unspezifisch binden, also unabhängig davon, was die jeweilige DNA-Sequenz kodiert. Diese Proteinbindungen können auch über Zellteilungen hinweg weitergegeben werden. Dies ist ein wichtiger Mechanismus der sog. epigenetischen Vererbung, s. [125]. Dies bedeutet, dass nicht nur die genetische Sequenz weitergegeben wird, sondern auch weitere Strukturen, die der Kontrolle und Regulation dieser genetischen Sequenz dienen. Weiterhin ermöglichen die räumliche Struktur der Chromosomen und die topologische Organisation der DNA im Zellkern die Kontrolle systematischer Ablesungen von Genkomplexen. Vgl. [25] für eine konzeptionelle Analyse.
- Dies geht weiter auf der Ebene der RNA, die nicht nur eine Zwischenstufe zwischen Ablesung aus der DNA und Übersetzung in Polypeptide, die Bestandteile der Proteine, darstellt, sondern auch selbst eine Vielzahl von Funktionen ausführen kann und bei der insbesondere entscheidende Regulationsschritte ausgeführt werden, die wiederum durch Proteine oder andere RNA-Sequenzen kontrolliert werden. In einer differenzierten Eukaryontenzelle müssen selektiv je nach Zelltyp und äußeren Umständen spezifische Kombinationen von Genen aktiviert werden. Dies kann beispielsweise (s. [145] für ein

solches Modell) dadurch erreicht werden, dass in einer Kombinatorik von Proteinen, die an mRNAs[6] binden und deren Translation verhindern, selektiv bestimmte Proteine abgelöst werden, wodurch dann in koordinierter Weise Gruppen von mRNAs die Translation ermöglicht wird. Das Kontrollsignal muss also nur bestimmte Proteine benennen und zur Ablösung freigeben. Die Spezifizität steckt nicht im Kontrollsignal, sondern in den Bindungen zwischen RNAs und Proteinen. Hier ist es wichtig, dass ein und dasselbe Signal gleichzeitig verschiedenartige spezifische Makromoleküle affektiert. Ähnliches gilt für die Regulation von mRNAs durch andere RNAs (miRNA, siRNA, etc.).

- Die schon genannten Hoxgene enkodieren allgemeine Regulationsmechanismen zur Herausbildung spezifischer Strukturen. Einerseits kann ein- und dasselbe Hoxgen in verschiedenen Tierstämmen die Herausbildung von jeweils artspezifischen Augen induzieren. Analoges gilt für Gliedmaßen. Andererseits kontrolliert ein- und dasselbe Hoxgen auch in Säugern die Entstehung verschiedenster Strukturen, vom Auge bis zum Riechsystem. Daher ist es nicht verwunderlich, dass die (mehrfache) Verdopplung von Hoxgenclustern zu den wichtigsten evolutionären Ereignissen in der Stammlinie der Vertebraten gehört.

- Proteine wie Interleukin-6 sind an einer Vielzahl von Regulationsvorgängen in der eukaryontischen Zelle beteiligt, von spezifischen Signaltransduktionskaskaden bis zur Apoptose.

- Der große evolutionäre Erfolg der Insekten beruht insbesondere darauf, dass sie mit einem allgemeinen Kontrollprinzip verschiedenartige sensorische Inputs in spezifische motorische Outputs übertragen können. Dies ist beispielsweise wichtig für das Verständnis der vielen gleichzeitig spezifischen und flexiblen Leistungen von Ameisen in Kolonien. Genauso wichtig ist das dafür, zu verstehen, wie sich Insekten evolutionär sehr schnell neue Nahrungsquellen erschließen können.

Wie schon dargelegt, versucht die moderne Entwicklungsbiologie unter dem Stichwort Evo-Devo, systematisch zu erfassen, wie Umschichtungen von Kontrollmechanismen in der Individualentwicklung zu evolutionären Neuerungen führen können. Durch Veränderungen der zeitlichen Reihenfolge der Induzierung verschiedener Entwicklungsprozesse können beispielsweise bei Insekten Vorgänge zwischen der Larven- und der adulten Phase verschoben werden. Auf diese Weise können teilweise dramatische Konsequenzen in der Lebensweise durch eine einfache Neuanordnung spezifischer und bewährter Module erreicht werden.

Dieser Ansatz eröffnet konkrete Perspektiven zur quantitativen Analyse biologischer Prozesse. Und zwar kann immer gefragt werden, wieviel Information in dem Prozess selber steckt, und welche Information noch zu seiner Kontrolle hinzukommen muss.

Vor allem aber können Kontrollen aufeinander aufbauen. Möglich ist sowohl eine sequentielle Reihung, bei welcher der Output eines Prozesses den Input für einen neuen

---

[6] „mRNA" ist die Abkürzung für „messenger ribonuclein acid", also Moleküle, die durch Ablesung von Abschnitten der DNA im Genom und nachfolgende modifizierende Prozesse gebildet worden sind und deren Sequenz die Bauanleitung für ein Polypeptid bildet, einen Proteinbaustein. (Ich benutze hier die englischsprachige Terminologie, schreibe also „DNA" (desoxyribonuclein acid) statt „DNS" (Desoxyribonukleinsäure) und „Protein" statt „Eiweiß").

kontrollierten Prozess liefert, als auch eine hierarchische Anordnung mit Kontrollen immer höherer Stufen. Auf einer abstrakten Ebene kommt beides den leibnizschen Vorstellungen nahe.

Nun kommen wir zu einem wichtigen Punkt, der Rolle der Zeit in der Biologie. Diese unterscheidet sich fundamental von derjenigen in der Physik.[7] Physikalische Gesetze und Vorgänge sind deterministisch (wenn wir hier von den quantenmechanischen Aspekten absehen, wo sich nur noch die Wahrscheinlichkeiten gemäß der Schrödingergleichung deterministisch entwickeln) und zeitlich reversibel. Erst dann, wenn wir in der Thermodynamik zu einer statistischen Betrachtungsweise übergehen, entsteht ein Zeitpfeil, durch die Zunahme der Entropie entsprechend dem Zweiten Hauptsatz. Dies ist mit einem Strukturabbau verbunden. Die biologische Evolution zeichnet sich aber durch einen Strukturaufbau und einen Komplexitätsgewinn aus. Natürlich widerspricht dies nicht dem Zweiten Hauptsatz, weil sich in der Gesamtbilanz des Systems Erde die Entropie tatsächlich erhöht, was man sieht, wenn man die zugeführte Sonnenstrahlung mit dem vergleicht, was dann von der Erde wieder abgestrahlt wird. Das Leben auf der Erde wird also immer komplexer, auch wenn das wohl nicht ewig so weitergehen kann. Hier haben wir also schon eine Zeitrichtung, vom Einfachen zum Komplexen, statt von der Ordnung zur Unordnung wie in der Thermodynamik. Aber wodurch entsteht dieser Gegensatz?

Die Ausübung von Kontrolle, die wir als wesentlich für Leben postuliert haben, bezieht sich nicht nur auf gegenwärtig ablaufende Vorgänge, sondern legt vor allem auch künftige Entwicklungen fest. Oder besser, ermöglicht diese überhaupt erst. Dies sind aber keine völlig neuen Entwicklungen, sondern es werden solche wiederholt, die in der Vergangenheit zu einem erfolgreichen Abschluss gekommen sind. Verbesserungen, sei es durch Mutationen, sei es durch systematische Umstrukturierungen von Entwicklungsprozessen, sind dabei möglich, und diese können dann wiederum zukünftig wiederholt werden.

In diesem Sinne beruht Fortschritt auf Regelmäßigkeit. Nur weil wir in einem Energie- und Temperaturbereich leben, in dem Strukturen einerseits aufgebaut werden können, aber andererseits genügend lange Bestand haben und nicht sofort wieder zerfallen, und weil immer die gleichen physikalischen Gesetzmäßigkeiten gelten, können Prozesse so komplex werden, dass sie andere Vorgänge unter ihre Kontrolle bringen und sich dadurch replizieren können. Diese Prozesse sind also keine autonomen periodischen Prozesse, sondern solche, die eine ständige Energiezufuhr organisieren müssen, um dadurch (in der Terminologie von Maturana und Varela [180]) ihre Autopoiesis aufrecht zu erhalten. Aber es wird auch nicht einfach ein Prozess aufrecht erhalten, sondern der Prozess setzt seine eigene Replikation in

---

[7]Die Rolle der Zeit in der Biologie unterscheidet sich auch von derjenigen in der Kognition. Husserl [123] hat zu Letzterer die Konzepte der Retention und der Protention entwickelt, also des Gedächtnisses und der Antizipation, oder, wie er es schön ausdrückt, der Wiedererinnerung und der Vorerinnerung, und die Analogie zum biologischem Zeitgefüge ist von Bailly, Longo und Montévil exploriert worden, s. z. B. [167]. Für unsere Zwecke sind aber nicht nur diese Gemeinsamkeiten, sondern auch die Unterschiede zwischen einer kognitiven Antizipation möglicher Zukünfte und der strukturellen Vorwegnahme künftiger Abläufe als Wiederholung realer vergangener Abläufe wesentlich. Dies kommt in den unterschiedlichen Modifikationsmöglichkeiten zum Ausdruck.

einem neuen materiellen Substrat in Gang. Eine Zelle teilt sich in zwei, und sich geschlecht-
lich vermehrende Organismen erzeugen zusammen Nachwuchs. Stoffwechsel, also die Auf-
rechterhaltung des eigentlichen Prozesses, und Fortpflanzung sind daher getrennt. Statt den
Stoffwechsel ewig weiterzuführen, wird die für den Prozess erforderliche Strukturinfor-
mation weitergereicht. Stoffwechsel dient dann letztendlich nur noch der Gewinnung von
Energie für diese Informationsweitergabe. Aber umgekehrt beinhaltet diese Information
gerade den Aufbau und die Organisation des zugrunde liegenden Stoffwechselprozesses.

Weil die Gegenwart ähnlich wie die Vergangenheit ist, kann das, was in der Vergangenheit
erfolgreich war, auch heute wieder erfolgreich seine Zukunft organisieren. Sofern diese dann
wieder ähnlich wie die Gegenwart sein wird, wird sich der Vorgang wiederholen können.
Dabei können Varianten ausprobiert werden, und weil der Möglichkeitsraum von so hoher
Dimension ist, dass es praktisch unmöglich ist, eine perfekte Lösung zu finden, kann es
immer Varianten geben, die besser als ihr Urbild sind, und diese können sich dann gegenüber
getreueren Kopien dieses Urbildes oder anderen, nicht ganz so guten Varianten durchsetzen.
Völlig perfekte Kopien sind sowieso aus Gründen, die die statistische Physik erleuchtet hat,
nicht möglich. Allerdings muss sichergestellt werden, dass die Varianten noch genügend
nahe am Original sind, um den Strukturaufbau noch hinzukriegen. Es darf also nicht zu
viel Information verloren gehen. Hierfür haben sich im Laufe der Evolution ausgeklügelte
Fehlerkorrekturmechanismen entwickelt.

Nun können wir besser verstehen, warum Leben zielgerichtet erscheint, obwohl Darwin
teleologische Vorstellungen aus der Biologie verbannt hat. Erstens werden nicht Strukturen
vererbt, sondern Anleitungen für Entwicklungsprozesse, die auf sehr spezifische externe
Bedingungen angewiesen sind, die wiederum oft durch die Prozesse selbst kontrolliert werden müssen. Ein höheres Lebewesen entwickelt sich also zielgerichtet aus einer Ei- und
einer Samenzelle. Diese enthalten nur einen Bruchteil der Information, die das entwickelte
Lebewesen tragen wird. Es sind im wesentlichen Kontrollanleitungen zur Beschaffung des
geeigneten Strukturmaterials und der erforderlichen Energie aus anderen Quellen. Diese
müssen unter Kontrolle gebracht werden. Diese Kontrolle kann auf sehr verschiedenen
Ebenen stattfinden. Ein bestimmtes Gen kann die Herausbildung einer ganzen Struktur in
Gang setzen. Eine bestimmte räumliche Organisation[8] kann die koordinierte Expression
verschiedener Gene kontrollieren. Eine Zelle kann durch geeignete Signale die koordinierte
Reaktion eines Zellverbandes kontrollieren. Gehirnzellen können motorische Antworten auf
sensorische Inputs steuern. Und vor allem kontrolliert ein Lebewesen die für sein Überleben
und seine Fortpflanzung wesentlichen Teile seiner Umwelt, seine Wirkwelt in der Terminologie von Uexküll [236]. Die Kontrollen auf den verschiedenen Ebenen stehen dabei in
hierarchischen und zeitlichen Beziehungen. Jedenfalls entfaltet sich ein Lebewesen nicht
einfach autonom aus einem Embryo oder gar aus einer Samenzelle, wie Leibniz es sich

---

[8]Mit dem Biochemiker Klaus Scherrer habe ich hierfür den Begriff des *Topons* als abstraktem räumli-
chem Organisationsschema geprägt, als Gegenstück zum *Genon* [213, 214] als abstrakter Regulations-
instruktion für die Bildung von Proteinen durch Ablesung und Prozessierung geeigneter Abschnitte
des Genoms.

als Präformationist vorgestellt hat. Anstelle der prästabilierten Harmonie würden wir ein kontrolliertes Wirkgefüge sehen. Mit seiner Vorstellung einer monadischen Hierarchie hat Leibniz aber wohl schon einen wichtigen Schritt in diese Richtung gedacht.

Es gibt aber noch einen weiteren Aspekt, der die lineare Abfolge von Vergangenheit, Gegenwart und Zukunft komplex verschränkt. Strukturen sollten nicht nur angepasst, sondern auch anpassungsfähig sein. Sie sollten nicht nur gut auf die gegenwärtig vorhandene Umwelt passen, sondern auch in der Lage sein, auf Veränderungen der Umwelt durch eigene strukturelle Veränderungen zu reagieren. Ein einfacher Aspekt ist die sogenannte phänotypische Plastizität, was bedeutet, dass auch bei gleichem zugrundeliegendem Genotyp je nach Erfordernis innerhalb einer bestimmten Bandbreite variierende Phänotypen herausgebildet werden können. Konzeptionell interessanter ist die sogenannte Evolvierbarkeit. Dies bedeutet, dass die Gene nicht einfach mit einer bestimmten – kleinen – Wahrscheinlichkeit ziellos herummutieren, um dann zu sehen, welche Mutation sich zufällig als vorteilhaft erweist – so die naive Sichtweise des Neodarwinismus –, sondern dass Rate, Typ und Art von Mutationen und vor allem strukturelle Abhängigkeiten zwischen verschiedenen Mutationen selber evolvieren und sich anpassen können. Und vor allem haben sich Strukturen entwickelt, die sich wie die Kontrollmechanismen für Aktuatoren bei Insekten sehr flexibel und schnell (also innerhalb weniger Generationen) an neue Situationen anpassen können. In diesem Sinne können also aktuelle Anpassungen schon in struktureller Flexibilität vorweggenommen sein (im Kontext der Morphologie hierzu [140]). Zwar ist dies immer noch nicht teleologisch, aber die Fähigkeit, sich an zukünftige Veränderungen anzupassen, kann sich schon in der Vergangenheit entwickelt haben.

Somit ist auch das, was für die Evolution des Lebens grundlegend ist, nämlich die Erschließung neuer Lebensräume, nicht nur als das unbeabsichtigte Ergebnis fehlerhafter Reproduktion zu verstehen, dass eben eine fehlerhafte Kopie zufällig besser als das Original sein kann, sondern dies muss selbst als eine Anpassung auf einer fundamentaleren Ebene verstanden werden. In gewisser Weisse ist also auch Zielgerichtetheit selbst evolviert.[9]

Was erfolgreich ist, wird heute entschieden, und deswegen sind eben die Vorgängertypen, oder besser, die Stammlinien besonders erfolgreich, die schon damals die Möglichkeit einer erfolgreichen Anpassung an die heutige Situation in sich trugen. Dies ist die Subtilität des biologischen Fitnessbegriffs [129]. Von heute aus gesehen erscheint also die damalige Struktur zielgerichtet, auch wenn dies in der damaligen Perspektive nicht so war.

---

[9]Vielleicht liegt hier doch eine tiefe Analogie zu der husserlschen Phänomenologie [123]. Die phänomenologische Zeiterfahrung der Gegenwart bildet sich aus der Verschränkung von Vergangenheit und Zukunft durch Retention und Protention, und dies kann dann reflexiv wieder zu einem Akt der Erfahrung werden, indem der Mechanismus von Retention und Protention auf einer höheren Stufe greift, weil diese Gegenwartserfahrung selber wieder erinnert und vorweggenommen werden kann. Entsprechend kann der evolutionäre Akt der Verschränkung von Vergangenheit und Zukunft durch die Weitergabe von Kontrollanleitungen, die in der Vergangenheit zu erfolgreichen Ergebnissen geführt haben, wiederum ein Ansatzpunkt der Evolution werden. Genauso wie in der Phänomenologie die Erfahrung des Bewusstseins der Ausgangspunkt ist, kann dies vielleicht auch der Ansatz zu einem vertieften Verständnis biologischer Evolution werden.

Zeit

14

14.1 Periodische, entropische und evolutionäre Zeit

Im Kap. 6 hatten wir schon den Raum aus der Perspektive der leibnizschen Philosophie behandelt. Man mag fragen, warum wir nicht im Lichte von Kant und Einstein daran eine systematische Behandlung der Zeit angeschlossen haben. Tatsächlich hatten wir im Kap. 10 und insbesondere dort im Abschn. 10.1 schon die Struktur der Raum-Zeit in der Perspektive der Allgemeinen Relativitätstheorie behandelt. Allerdings hatten wir im Kap. 5 schon die grundsätzliche Verschiedenheit von Raum und Zeit im leibnizschen System herausgearbeitet. Und die Zeit spielte dann im Kap. 13 in der und für die biologische Evolution eine ganz andere Rolle als der Raum. Auch im nachfolgenden Kap. 15 zur Kognition wird dieser Unterschied wesentlich sein. Daher ist dies, die Stelle zwischen Biologie und Kognition, vielleicht die geeignete Stelle für eine Analyse der Zeit.

Das bekannteste philosophische Zitat zur Zeit stammt vermutlich von Augustinus. Da wir aber auch im leibnizschen Sinne darüber hinausgehen wollen, braucht dieses Zitat hier wohl nicht wiederholt zu werden, auch wenn es oft als Ausdruck tiefer Weisheit angesehen wird.

Wir hatten schon herausgestellt, dass die Zeit, obwohl vom Raum kategorial verschieden, für Leibniz wie dieser relativ und nicht absolut gedacht war. In diesem Sinne sind die Wahl eines Zeitpunktes und die Auswahl einer Maßeinheit für die Zeitdauer beliebige Setzungen. Allerdings hat die Zeit natürlich eine Richtung, und Vergangenheit und Zukunft können daher nicht wie links und rechts im Raum miteinander vertauscht werden, ohne dass sich ein Unterschied ergäbe.

© Springer-Verlag GmbH Deutschland, ein Teil von Springer Nature 2019
J. Jost, *Leibniz und die moderne Naturwissenschaft,* Wissenschaft und
Philosophie – Science and Philosophy – Sciences et Philosophie,
https://doi.org/10.1007/978-3-662-59236-6_14

Wenn wir versuchen, uns dem Problem der Zeit systematisch zu nähern, gibt es zunächst einmal eine grundlegende Unterscheidung zwischen

1. entropischer Zeit, die die Zeitrichtung bestimmt, und
2. periodischer Zeit, die für die Zeitmessung herangezogen wird.

Die entropische Zeit bestimmt das Nacheinander und den Unterschied zwischen Vergangenheit und Zukunft, die periodische Zeit verknüpft diese durch regelmäßige Wiederholungen. Einfacher ausgedrückt geht es um den Unterschied zwischen Zeitpunkten und Zeitdauer.

Zunächst zur periodischen Zeit, weil diese physikalisch einfacher verständlich erscheint. Regelmäßig wiederkehrende Ereignisse können zur Zeitmessung oder genauer zur Definition einer der Messung zugrunde liegenden Zeiteinheit herangezogen werden. Wenn man nur einen sich wiederholenden Prozess beobachtet und diesen zur Zeitmessung benutzt, gerät man in einen logischen Zirkel. Was zwischen zwei Wiederholungen liegt, gilt als gleichlang, und der Prozess braucht dann für jede Periode die gleiche Zeit. Wenn aber zwei oder mehr unabhängige periodische Prozesse in einer festen Relation zueinander stehen, so kann man eine diesen gemeinsame Zeit postulieren. Historisch waren dies natürlich die Bewegungen von Sonne und Mond und auch der Planeten und die jährliche und tägliche Bewegung der Erde, oder nach ursprünglicher Vorstellung des Himmels. (Allerdings sind nach den Erkenntnissen der newtonschen Physik die Umläufe von Sonne und Mond nicht unabhängig voneinander, sondern ergeben sich aus den gravitativen Wechselwirkungen im Sonnensystem.) Man stellte dann fest, dass diese mit bestimmten physikalischen Vorgängen, dem Ablaufen einer geeichten Sand- oder Wasseruhr oder dem Schwingen eines Pendels, in festen periodischen Beziehungen standen. Später wurden stattdessen atomare Schwingungen herangezogen.

Mit der periodischen Zeit wird also eine Zeitdauer dadurch bestimmt, wie oft das Gleiche wiedergekehrt ist. Man kann aber auch die entropische Zeit zur Zeitmessung heranziehen, indem man nämlich feststellt, wieviel sich verändert hat. Je größer die Veränderungen, umso mehr Zeit ist verstrichen. Und wenn die Entropie gleichmäßig zunimmt (eine Annahme, die wieder die Gefahr eines Zirkels birgt), so wird die Zeitdauer proportional zur Entropiezunahme. Nun hatte Leibniz allerdings noch nicht den physikalischen Begriff der Entropie. Seine Zeitvorstellung war aber auch nicht periodisch, sondern eher linear, als zunehmende Entfaltung und Fortschritt, oder genauer, in einem von Leibniz selbst verwendeten Bilde, spiralenförmig, also eine zyklische Umkreisung eines Entwicklungspfades [7].

Jedenfalls lässt sich Zeit nicht nur durch periodische Abläufe zählen, sondern auch als Veränderungsrate quantifizieren. Wenn sich die Welt kontinuierlich verändert, so lässt sich die verstrichene Zeit dadurch messen, wieviel sich die Welt dazwischen gewandelt hat. Man stellt dazu den Grad der Korrelation zwischen den betreffenden Zuständen fest.

Und auch das durch die Quantenmechanik aufgeworfene und im Abschn. 7.3 besprochene Problem, dass die physikalische Zeit im Kleinsten diskret und daher sprunghaft ist, lässt sich hier umgehen. Die Korrelationen zwischen Vergangenheit, Gegenwart und Zukunft sind nämlich nicht unbedingt auf die Kontinuität der Zeit angewiesen. Die zwischen zwei Zuständen verstrichene Zeit ließe sich durch den Grad der Ähnlichkeit dieser Zustände messen, ohne dass man hierfür irgendwelche Zwischenzustände heranziehen muss. In der Quantenmechanik werden solche Zwischenzustände wie in der Heisenbergschen Streumatrix, die nur die Beziehung zwischen Eingangs- und Ausgangsteilchen enthält, als irrelevant oder sogar prinzipiell nicht erkennbar angenommen oder wie in den Feynmanschen Pfadintegralen ausintegriert, nachdem ihnen Wahrscheinlichkeiten in Abhängigkeit von ihrem Wirkungsfunktional zugewiesen worden sind. In einer solchen Betrachtungsweise wäre jedenfalls die für die Zeit konstitutive Annahme, dass diese Ähnlichkeit mit der Länge der verstrichenen Zeit gleichmäßig abnimmt.

Quantenmechanisch gibt es allerdings noch keine Zeitrichtung. Diese wird erst makroskopisch bestimmt, entweder negativ durch fortschreitende Unordnung oder positiv durch Entfaltung und Entwicklung.

Aber es besteht nicht nur diese Spannung zwischen Zerfall und Aufbau. Die gerichtete, entropisch oder entfaltend aufgefasste, und die periodische Zeit, gerichtete Entwicklung und Wiederholung, scheinen inkompatibel zu sein. Wie schon erwähnt, löste Leibniz diese Inkompatibilität aber in seinem Bilde der Spirale auf.

Nun hatten wir im Abschn. 13.3 schon dargelegt, dass diese beiden Arten von Zeit, die periodische und die entropische, durch das Leben miteinander verschränkt werden, insofern als das Prinzip des Lebens die Kontrolle von Prozessen ist. Auf diese Weise wird durch Ausnutzung von Periodizität und Regelmäßigkeit Strukturaufbau statt entropischem Zerfall möglich. Evolutionär Entwicklung beruht auf der hierarchischen Kontrolle von regelmäßigen, wiederkehrenden Prozessen. In der statistischen Physik wird hierzu das Konzept der freien Energie als Gegenstück, formal als Legendretransformation, der Entropie entwickelt (s. z. B. [15]).

Dadurch wird aus der entropischen eine evolutionäre Zeit. Wiederholbarkeit ist durch Anpassungen in Vorgängerpopulationen sichergestellt worden, wie im Abschn. 13.2 dargelegt.

14.2   Erlebte und geplante Zeit

Es gibt dann aber noch die beobachtete und erlebte Zeit, die im Kap. 15 wichtig werden wird. Diese beruht auf dem Gedächtnis, mit Hilfe dessen das gegenwärtig Beobachtete und Erlebte mit den Erfahrungen der Vergangenheit verglichen werden kann. Es muss dabei allerdings Unterschiede geben, denn wenn sich das Identische wiederholen würde, so könnte man auch keinen Unterschied zwischen Vergangenheit und Gegenwart feststellen, und es gäbe auch keine Zeit, um wieder das leibnizsche Prinzip des zureichenden Grundes heranzuziehen. Erst so gewinnt die Gegenwart ihre Eigenart, und die Zukunft wird – teilweise – offen. Wenn aber die Zukunft völlig offen und daher in keiner Weise mit der Vergangenheit verknüpft wäre, so gäbe es keine Kontinuität und damit auch keine Zeit. Zeit entsteht also erst aus der Kombination von Zyklizität und Neuheit. Das leibnizsche Kontinuitätsprinzip (in einer nach der vorstehenden Diskussion ggf. quantenmechanisch modifizierten Form) entfaltet hier seine für die Zeit konstitutive Rolle.

Wie erwähnt, fasste Leibniz die Kombination von Zyklizität und Neuheit in seinem Bilde der Spirale. Das Verhältnis von Zyklizität und Neuheit ist offensichtlich auch wichtig für die Geschichtswissenschaft. Vielleicht noch wesentlicher ist aber das Verhältnis von Determiniertheit und Zufälligkeit, ob sich also die Gegenwart systematisch aus der Vergangenheit ergibt oder Geschichte nur eine Abfolge von mehr oder weniger zufälligen Ereignissen ist. Als Historiker konzipierte Leibniz eine Universalgeschichte, in der die Geschichte des Welfenhauses, sein eigentliches Thema, in die Geschichte der Erde und der Menschheit eingebettet war, s. Abschn. 13.2. Wir können dabei nicht nur eine Verwirklichung seiner dargelegten philosophischen Vorstellungen von der Entfaltung der Gegenwart aus der Vergangenheit und des Zusammenhangs von allem in der universellen Harmonie erkennen, sondern auch wichtige methodische Prinzipien und Ideen für die Geschichtswissenschaft, von systematischen Prinzipien der Erschließung und Dokumentation historischer Materialien als erhaltener Spuren der Vergangenheit bis hin zu dem Ansatz, historische Migrationsbewegungen aus dem Vergleich rezenter Sprachen und Dialekte zu rekonstruieren [7]. Wichtig ist, dass Leibniz ganz bewusst einen allgemeineren Ansatz als Chronologien, Genealogien oder Dynastie- und Ortsgeschichten anstrebt. In seiner philosophisch durchdachten Konzeption tritt auch die für die spätere Reflexion der Geschichtswissenschaft systematische Spannung zwischen Kontingenz und Kontinuität, zwischen Ereignisgeschichte und Longue durée [27] (s. z. B. [52]) nicht auf. Aber da das Thema dieses Buches die Naturwissenschaften sind, will ich hier der historiographischen Zeitkonzeption von Leibniz nicht weiter nachspüren.

Während sich das Gedächtnis auf die Vergangenheit bezieht, versucht Planung die Zukunft zu gestalten. Dadurch gewinnt die Zeit einen weiteren Aspekt. Man fragt nicht nur „Was wird später passieren, wenn ich jetzt dieses tue?", sondern auch „Was muss ich jetzt tun, damit später jenes eintritt?". Es werden also nicht nur die sich aus verschiedenen jetzt möglichen Handlungen ergebenden verschiedenen zukünftigen Entwicklungen analysiert, sondern in der Zukunft liegende Ziele bestimmten die Aktionen in der Gegenwart.

Dies ist beispielsweise grundlegend für die Ökonomie, aber die sich hieraus ergebende Dynamik von Erwartungen scheint in dieser Wissenschaft noch nicht in voller Tiefe und Breite konzeptionalisiert und analysiert zu sein. Es gibt dort nur das Konzept des rationalen Erwartungsgleichgewichtes, s. z. B. [165]. Dies bedeutet im Wesentlichen, dass die Erwartungen der rational optimierenden Marktteilnehmer reflexiv so ausbalanciert sind, dass sie sich, wenn es keine unvorhersehbaren Einflüsse gibt, selbst erfüllen. Die Dynamik, die sich daraus ergibt, dass Zukunftserwartungen jetzige Marktpreise bestimmen und dass man darum, um seine eigenen Erwartungen anzupassen, die Veränderungen in den Erwartungen anderer beobachten oder noch besser antizipieren muss, wird bei diesem Konzept einfach in einem asymptotischen Gleichgewicht aufgelöst. Dies kollabiert die Zeit und sieht nur das Gleichgewicht, aber nicht, ob und wie es erreicht werden kann. Ohnehin setzt dies unrealistisch idealisierte, völlig rationale Marktteilnehmer voraus. Dies kann sicherlich der Komplexität des tatsächlichen Marktgeschehens nicht gerecht werden. Hier mangelt es an einer tieferen Analyse der Rolle der Zeit, also der gerade skizzierten komplexen Verschränkung von Vergangenheit, Gegenwart und Zukunft, und das Versäumnis ist hier noch drastischer als in der Evolutionsbiologie.

Im Abschn. 15.3 werden wir das Thema der Verschränkung von Vergangenheit und Zukunft noch einmal aufgreifen und die husserlschen Protentionen und Retentionen diskutieren.

14.3   Komplexe Zeit und Physik

Mit der gewonnenen Unterscheidung zwischen Vergangenheit und Zukunft und der daraus resultierenden Komplexität der Zeit im Verbund mit einer konsequenten Anwendung des leibnizschen Prinzips des zureichenden Grundes können wir auch noch einmal zu einigen der in früheren Kapiteln behandelten physikalischen Probleme zurückkehren. Im Abschn. 11.3 hatten wir das Everettsche Konzept der vielen Welten besprochen. Everetts Lösung des quantenmechanischen Unbestimmtheitsproblems bestand darin, dass sich die Welt in jedem Augenblick in sämtliche möglichen Fortsetzungen aufspaltet. Diese Aufspaltung schafft eine fundamentale Asymmetrie zwischen Vergangenheit und Zukunft, da sich die jeweilige Welt nur in vorwärtiger, aber nicht in rückwärtiger Zeit aufspaltet, oder anders ausgedrückt, dass eine Welt sich in der Zeit verzweigen, aber nicht verschiedene Welten zusammenlaufen können. Diese Asymmetrie zwischen Vergangenheit und Zukunft kann nun aber nicht quantenmechanisch begründet werden, sondern entsteht erst aus einer makroskopischen Größe, der Entropie, und der dieser entgegenwirkenden Entwicklung durch Strukturaufbau. Ich sehe nicht, wie man das quantenmechanisch fassen kann.

Leibniz hatte, wie dargelegt, stattdessen zwischen der wirklichen als der bestmöglichen und den anderen, nur möglichen Welten unterschieden. Deswegen brauchte er sich auch nicht mit der Frage auseinanderzusetzen, inwieweit die parallelen everettschen Welten noch in einer gemeinsamen Zeit leben, ob man also sinnvoll von gleichzeitigen Ereignissen in verschiedenen Welten reden kann, s. [93].

Und dann noch einmal zur einsteinschen Relativität der Zeit, die uns gezwungen hat, das leibnizsche Postulat der Kompossibilität ideal zu fassen (vgl. Abschn. 10.1). Zwei erinnernde Wesen brauchen für eine Koordination nämlich nicht unbedingt eine instantane Signalübertragung, die es nach der Relativitätstheorie nicht geben kann, sondern können sich auch auf eine gemeinsame Vergangenheit beziehen. Wenn A und B zu einer Anfangszeit t_0 am gleichen Ort sind, so können sie ihre Uhren synchronisieren und sich beispielsweise mit der gleichen Geschwindigkeit in verschiedene Richtungen entfernen und ausmachen, dass sie zu einer Zeit t_1 auf ihren Uhren umkehren, um sich zur Zeit $2t_1 - t_0$ wieder am ursprünglichen Ort zu treffen. Auch bei unterschiedlichen Geschwindigkeiten, solange diese kleiner als die Lichtgeschwindigkeit sind, können sie noch ausrechnen, wann sie umkehren müssen, um gleichzeitig wieder zurückzukehren. Natürlich ist dies noch weit von einer vollständigen

Synchronisation zwischen verschiedenen Raumpunkten entfernt. Eine solche Synchronisation hätte eine vollständige Absprache zum gemeinsamen Zeitpunkt des Urknalls erfordert. Dann hätten sich alle im Big Bang Entstandenen wieder zum Big Crunch verabreden können. Aber damals gab es noch keine Strukturen, die sich hätten erinnern können, denn dies beruht auf der evolutionären Zeit, und diese wiederum auf der hierarchischen Kontrolle von Prozessen. Und ganz abgesehen davon wäre so etwas wohl auch nicht mit dem Inflationsszenarium der theoretischen Kosmologie verträglich. Und überhaupt ginge das nicht mit den sich mit Lichtgeschwindigkeit entfernenden Photonen, für die keine innere Zeit abläuft. Aber vielleicht noch fundamentaler wäre der leibnizsche Einwand, dass es dann keinen erkennbaren Unterschied zwischen der vorwärts ablaufenden Zeit bis zur Umkehr und der danach umgekehrt laufenden Zeit gäbe und diese als nicht unterscheidbar folglich gleich sein müssten. Vor allem wäre es dann unsinnig, am Umkehrpunkt von einer Zeitumkehr zu sprechen.

Hirnforschung und Kognitionstheorie 15

15.1 Das Bewusstsein als Gegenstand der Philosophie

Dieses Kapitel wollen wir mit einer (allerdings sehr knappen) philosophischen Bestandsaufnahme beginnen, gewissermaßen als Hintergrundfolie für leibnizsche Überlegungen. Um den richtigen Kontrast zu gewinnen, loten wir im nächsten Abschnitt einige der Untiefen der heutigen philosophischen Diskussion des Bewusstseins aus, und zwar insbesondere derjenigen Argumentationsstränge, die ohne Bezug zu neueren neurobiologischen Erkenntnissen operieren, wobei ich mir allerdings nicht immer neurobiologische Einwände verkneifen kann.[1] Das, was uns die Neurobiologie zu sagen oder auch nicht zu sagen hat, werden wir im darauf folgenden Abschnitt zur Diskussion stellen.

Auch wenn gelegentlich behauptet wird, dass Bewusstsein ein elusives Phänomen sei, so handelt es sich doch um eine der zentralen Fragestellungen der Philosophie, selbst für diejenigen Philosophen, die das Thema umgehen möchten. Insbesondere ist die Frage nach der Natur und der Struktur des Bewusstseins eng mit der Erkenntnistheorie verknüpft. Auch wenn die philosophischen Debatten bisher zu keinem allgemein akzeptierten Ergebnis geführt haben, so konnten doch zumindest einige Fehlschlüsse entlarvt und einige wichtige Unterscheidungen herausgearbeitet werden. Allerdings vollzieht sich auch heute noch ein großer Teil der Diskussion ohne jeglichen Kontakt mit den Neurowissenschaften. Daher bleibt es nicht aus, dass manchmal großer Unsinn verzapft wird. Dafür sind allerdings die Philosophen, die die neuzeitliche Diskussion angestoßen haben und auf die auch die heutige Diskussion noch vielfach Bezug nimmt, nämlich Descartes, Locke, Leibniz und Kant nicht verantwortlich.

---

[1] Einige nützliche Argumente finden sich beispielsweise auch in [222]. Es ist auch viel über eine mögliche Beziehung zwischen Quanteneffekten und Bewusstsein spekuliert worden. Dies soll hier allerdings nicht aufgegriffen werden. Eine Referenz ist z. B. [20].

© Springer-Verlag GmbH Deutschland, ein Teil von Springer Nature 2019
J. Jost, *Leibniz und die moderne Naturwissenschaft,* Wissenschaft und
Philosophie – Science and Philosophy – Sciences et Philosophie,
https://doi.org/10.1007/978-3-662-59236-6_15

In der Umgangssprache drückte „Bewusstsein" verschiedene Dinge aus. Wenn man nach einem Unfall auf der Straße liegt und der Sanitäter einen fragt „Sind Sie bei Bewusstsein?", so will er zunächst herausfinden, ob man auf Reize anspricht und Gesprochenes versteht. Insbesondere ist die Antwort „Nein" nicht wirklich möglich, denn schon die Tatsache, dass man die Frage versteht, impliziert, dass man bei Bewusstsein ist. Es geht also um mehr als nur die einfache Reaktion auf einen Reiz, sondern auch, dass es einem klar ist, dass man auf Reize reagieren kann, und möglicherweise sogar die Einsicht in diese Tatsache. – Nun ist aber das Kriterium, dass man nur dann bewusst ist, wenn man eine solche Frage versteht, unfair gegenüber Säuglingen und vielleicht sogar gegenüber höheren Tieren, weil man diesen vielleicht Bewusstsein zusprechen möchte, weil sie nicht nur auf Reize reagieren, sondern ein Konzept des Selbst und der eigenen Identität besitzen und sich vielleicht sogar als Akteure empfinden, obwohl sie (noch) nicht in der Lage sind, dies zum Ausdruck zu bringen.

In heutigen Diskussionen zum Bewusstsein wird auch oft dessen phänomenaler Charakter hervorgehoben, die besondere Qualität des Gefühls, etwas Rotes zu sehen oder Schmerz zu empfinden.

Wenn wir nun versuchen, etwas systematischer an die Sache heranzugehen, so lassen sich in (heutigen) philosophischen Diskussionen zwei Aspekte des Bewusstseins unterscheiden.

1. Der *intentionale* Aspekt, der sich auf externe Objekte bezieht, und
2. der *reflexive* Aspekt, der sich auf das Selbst bezieht (Selbstbewusstsein).

Außerdem gibt es die grundlegende Unterscheidung zwischen

1. *Wahrnehmungen* und
2. *Empfindungen.*

Diese Unterscheidung hat wichtige Konsequenzen, denn es wird argumentiert (auch wenn dieses Argument von Sellars [223] und anderen kritisiert wird), dass man sich bezüglich seiner Wahrnehmungen, aber nicht bezüglich seiner Empfindungen irren kann. Man kann irrtümlicherweise glauben, dass man eine bestimmte Person sieht, und man kann daher das, was man sieht, in Frage stellen, aber wenn man Zahnschmerzen hat, ist man sich dessen vollkommen sicher, so meinen zumindest viele zeitgenössische Philosophen. (Das ist aber schon problematisch, wenn man an die Gliederschmerzen beim Ischias oder gar an die Phantomschmerzen in amputierten Gliedmaßen denkt. Man hat eine Schmerzempfindung, das soll hier nicht bestritten werden, aber ob dies nun wirklich von den Zähnen oder anderswoher kommt, ist unklar, auch wenn man Zahnschmerzen empfindet.) Oder anders ausgedrückt, man kann sich darin irren, dass man etwas weiß, aber nicht darin, dass man etwas glaubt.[2]

---

[2]Zumindest dann, wenn man Wissen als sachlich korrektes und begründetes Glauben definiert, wie das zumeist geschieht. Wenn man aber wie Williamson [254] umgekehrt Glauben aus Wissen ableitet, geht das schon nicht mehr.

Natürlich kann man etwas irrtümlich glauben, aber man kann sich nicht darin irren, dass man es glaubt. Andererseits kann man aber das, was man sieht, im Prinzip beliebig genau beschreiben und mitteilen, aber nicht das, was man fühlt. Deswegen kann man sogar daran zweifeln, ob andere Menschen auf die gleiche Weise oder im gleichen Maße bewusst sind wie man selbst. Man sollte aber natürlich, wenn man über die Privatheit des Bewusstseins redet, nicht die beiden Aspekte miteinander verwechseln, dass die eigenen Empfindungen, also die Inhalte des Bewusstseins, einerseits

1. unbestreitbar und offensichtlich wahr, und andererseits
2. nicht (oder nicht vollständig) mitteilbar sind.

Man kann auch nicht schließen, dass das, was empirisch zuerst kommt, der Inhalt des Bewusstseins, deswegen auch logische Priorität besitzt. Man darf aber auch nicht in den entgegengesetzten Irrtum verfallen, dass, wenn man versteht, wie etwas zustande kommt, was es auslöst oder unter welchen Bedingungen es erscheint, man damit auch schon seine nur begrenzte Gültigkeit folgern kann (außer wenn man Nietzsche folgt). Übrigens geht die fundamentale Unterscheidung zwischen

1. *Genese,* also kausaler Erklärung, und
2. *Geltung*

auf Leibniz zurück, und sie ist dann systematisch von Kant in seiner Unterscheidung zwischen dem Empirischen und dem Transzendentalen eingesetzt worden. Wenn wir also durch eine Rekonstruktion der Evolution des Säugerhirns verstanden haben, wie Bewusstsein in unserer Spezies evolutionär entstanden ist, oder wie sich Bewusstsein in der frühkindlichen Entwicklung herausbildet, oder welche neuronalen Dynamiken bewussten mentalen Prozessen zugrunde liegen, so können wir deswegen noch nicht die Gültigkeit unseres bewussten Denkens in frage stellen. Umgekehrt ist letzteres natürlich noch keine kausale Erklärung.

Nach diesen einfachen systematischen Vorüberlegungen können wir uns nun der Begriffsgeschichte zuwenden.[3] Die moderne Geschichte fängt bekanntlich mit Descartes an, dessen Philosophie von der fraglosen Richtigkeit und Evidenz seines eigenen Denkens ausging. Seine dualistische Philosophie arbeitete den Gegensatz zwischen der ausgedehnten Materie (res extensa) und dem nicht ausgedehnten Geist (res cogitans) heraus. Locke führte dann die fundamentale Unterscheidung zwischen Mensch und Person ein. Im Gegensatz zu Descartes werden für Locke Einheit und Identität des Selbst als einer Person durch das Bewusstsein konstituiert. (Reid wandte dann hiergegen ein, dass Identität transitiv ist, Bewusstsein aber nicht unbedingt. Der junge Mann kann sich an seine Empfindungen als Kind erinnern, aber der alte Mann erinnert sich vielleicht nur noch an die Empfindungen des jungen Mannes, aber nicht mehr an die des Kindes.) Locke versuchte dann, epistemische Tatsachen auf nicht-epistemische psychologische Prozesse zu reduzieren, aber ihm

---

[3]Hilfreiche Quellen sind [104, 117].

wurde dann ein Kategorienfehler vorgehalten. Leibniz unterscheidet zwischen Perzeption, der internen Repräsentation externer Objekte, und Apperzeption, der reflexiven Einsicht in diesen internen Zustand. Wolff (dem wir übrigens auch das deutsche Wort „Bewusstsein" zu verdanken haben) argumentierte, ausgehend von Leibniz' Philosophie, dass das Bewusstsein oder die Erinnerung an unsere Identität uns zu Personen macht, im Gegensatz zu Locke, für den das Bewusstsein unserer Gedanken die persönliche Identität herstellt. (Der Unterschied mag geringfügig erscheinen, ist aber sehr tief und berührt das Verhältnis von Ontologie und Epistemologie.) Für Kant war Bewusstsein als transzendentale Einheit der Apperzeption die Voraussetzung für die Möglichkeit der Existenz von Dingen. Auch wenn der Inhalt des Bewusstseins eines Objektes von diesem Objekt abhängt, so müssen doch all die verschiedenen empirischen Inhalte des Bewusstseins durch die und in der Einheit des Selbstbewusstseins als deren Vorbedingung miteinander verknüpft werden. Kants transzendentales Subjekt schließt die Gültigkeit einer Aussage daraus, dass es empirische Anschauungen zu Begriffen in Beziehung setzt. Für Kant besteht „Erkenntnis", contra Aristoteles und Locke, nicht im Wissen von Tatsachen, sondern von Aussagen. Reinhold sagte dann, dass Bewusstsein dazu dient, die Repräsentation sowohl vom Repräsentierten als auch vom Repräsentierenden zu unterscheiden und es zu beiden in Beziehung zu setzen. Selbstbewusstsein ist dann das Bewusstsein eines Subjektes im Akt des Repräsentierens. Im Selbstbewusstsein fallen Subjekt und Objekt des Bewusstseins zusammen. (Zu diesem Punkt sei auf die unten folgende Diskussion der Reflexivität verwiesen, wo dargelegt wird, dass jede Selbstrepräsentation notwendigerweise unvollständig ist, und dass daher eine solche Identität nicht erreicht werden kann. Dieser Einwand trifft aber genauso Fichtes gegen Reinhold gerichtetes Argument eines unendlichen Regresses.) Fichte geht dann von der Selbstsetzung des Subjektes aus und leitet hieraus das Selbstbewusstsein ab. Für Hegel und dann auch für Marx gewinnt das Bewusstsein dann eine überpersönliche Funktion, aber dies ist nicht unser Thema. Die husserlsche Phänomenologie kehrt dagegen zu dem Gedanken des transzendentalen Bewusstseins als Grundlage jeder Konstitution des Seins zurück und betont dabei dessen intentionalen Charakter.

15.2   Zur heutigen philosophischen Diskussion des Bewusstseins

Weite Teile der Philosophie des 20. Jahrhunderts sind mit der Natur von „Erkenntnis" als Wissen befasst und wollen den klassischen Ansatz einer Wechselwirkung zwischen einem wahrnehmenden Subjekt und einer äußeren Realität, die zur Wahrnehmung und dem Wissen von Tatsachen führt, zurückweisen. Die kantianische Unterscheidung zwischen analytischen und synthetischen, oder notwendigen und kontingenten Wahrheiten wird ebenfalls in Frage gestellt. So argumentiert beispielsweise Quine [198], dass die Bedeutung und die Wahrheit einer Aussage von dem theoretischen Kontext abhängen, in dem sie steht, und daher nicht unabhängig von diesem Kontext festgestellt werden können. Dadurch fällt nicht nur die kantianische Unterscheidung zusammen (wobei allerdings Strawson [229] gegen Quine auf

der Unterscheidung und Wechselbeziehung zwischen allgemeinen Begriffen und wahrge-
nommenen Instanzen solcher Begriffe besteht), sondern auch der Zugang der analytischen
Philosophie bedroht, welcher darin besteht, die externe Gültigkeit als Entsprechung von
Wahrnehmung und Tatsache durch die interne Analyse der Konsistenz eines Systems von
Aussagen zu ersetzen.

Nach Sellars [223] gibt es einen grundlegenden Unterschied zwischen dem Wissen um
die Empfindung, die X auslöst, und dem Wissen darum, um welche Art von Gegenstand
es sich bei X handelt. In der Nachfolge von Wittgenstein und Dewey wird oftmals die
soziale Natur des Bewusstseins hervorgehoben. Wiederum wird der Blick von der Interaktion zwischen einem autonomen, bewussten, wahrnehmenden Subjekt und einer von ihm
unabhängigen äußeren Wirklichkeit abgezogen und auf die soziale Konstruktion dessen,
was wahrgenommen wird, gerichtet, insbesondere durch die Mittel, die Sprache bereitstellt.
Dies hat wichtige Implikationen für unser Verständnis von Bewusstsein, und zwar:

1. Ein in sozialer Isolation aufgebrachtes Individuum, das keine Gelegenheit zum Austausch
   mit anderen Individuen hat, kann kein Bewusstsein erwerben oder besitzen.
2. Bewusstsein hängt von der Erkenntnis ab, dass es andere Individuen gibt, die man als in
   ähnlicher Weise, wie man selbst es ist, als autonom erkennt, und die man deswegen als
   Individuen mit einer ähnlichen innteren Verfassung, wie man selbst sie hat, anerkennen
   muss.
3. Man braucht die Interaktion mit anderen derartigen Subjekten, um seine eigene Identität zu entwickeln und über sich selbst zu reflektieren, indem man sich unterscheidend
   mit anderen vergleicht und seine eigenen Fähigkeiten zu Wahrnehmung, Handlung und
   Kommunikation mit denjenigen anderer in Beziehung setzt (s. z.B. [197]). Jede Wahrnehmung beruht auf einer Unterscheidung oder erzeugt eine solche, und die vorstehende
   Unterscheidung ist notwendig für die Wahrnehmung und daher für die Entwicklung des
   eigenen Bewusstseins.
4. Bewusstsein benötigt die sprachliche Kommunikation mit anderen, auch wenn die Erfahrung des eigenen Bewusstseins selbst nicht kommunizierbar ist. Jedenfalls gibt es, worauf
   Wittgenstein hingewiesen hat, keine Privatsprache.

Ausgehend von der Infallibilität, Direktheit und empirischen Priorität von Empfindungen
und deren phänomenaler Natur kehren einige Philosophen wie Chalmers [50] sogar zu
einem cartesianischen Dualismus zurück und behaupten nicht nur einen epistemischen,
sondern sogar einen ontologischen Unterschied zwischen der physischen Welt und mentalen
Prozessen. Die neo-dualistische Argumentationskette sieht dabei folgendermaßen aus (ich
folge hier [204], auch für wichtige Gegenargumente, aber diese Argumentation wird z.B.
in [50] ständig wiederholt):

1. Eine Aussage wie „Ich habe gerade einen Schmerz empfunden" ist unbezweifelbar wahr.
2. Schmerzempfindung ist ein mentales Ereignis.

3. Neuronale Vorgänge sind physikalische Ereignisse.
4. „Mental" und „physikalisch" sind inkompatible Prädikate.
5. Schmerzempfindung ist daher kein neuronales Ereignis.
6. Es gibt also nicht-physikalische Ereignisse, womit der Materialismus widerlegt ist.

Nun haben die oben beschriebene Quinesche Analyse und auch die Argumente für die soziale Konstruktion von Bewusstsein bereits 1. widerlegt, während eine Wittgensteinsche Analyse 2. zurückweisen würde. 4. ist ebenfalls höchst fragwürdig. Rowlands [207] weist auch darauf hin, dass diese Argumentationskette auf einer Äquivokation epistemischer und ontologischer Begriffe beruht.

Zur Untermauerung ihrer Argumentation haben die Neodualisten auch eine ganze Reihe seltsamer Geschöpfe erfunden, u. a. (vgl. [207] für eine kritische Diskussion)

1. Den Zombie, ein physisch und funktional menschliches Wesen ohne phänomenale bewusste Erfahrung.
2. Mary, eine Wissenschaftlerin, die in einer vollständig farblosen Umwelt aufgewachsen ist, die aber die weltweit führende Expertin zur Neurobiologie der Farbwahrnehmung geworden ist. Sie versteht daher die neurophysiologischen Grundlagen der Farbwahrnehmung, aber ihr fehlt die phänomenale Erfahrung von Farbe – bis, und so geht die Geschichte manchmal weiter, sie ihr schwarz-weißes Zimmer zum ersten Mal verlässt und dadurch plötzlich die phänomenale Erfahrung von Farbe entdeckt. (Jeder Neuro-wissenschaftler würde hier natürlich einwenden, dass Mary, wenn sie in einer farblosen Umgebung aufgewachsen ist, funktional farbenblind wäre und daher nicht einfach die phänomenale Erfahrung von Farbe gewinnen könnte, aber über solche Einzelheiten set-zen sich einige Philosophen hinweg, indem sie argumentieren, dass eine solche Mary zwar nicht unbedingt empirisch, aber doch zumindest logisch möglich sei. Allerdings ist ein solches Problem schon vor mehr als 300 Jahren diskutiert worden. Der irische Jurist und Naturwissenschaftler William Molineux (1656–1698) fragte 1693 John Locke, ob ein Blindgeborener, der gelernt habe, durch den Tastsinn einen Würfel von einer Kugel zu unterscheiden, dann, wenn ihm plötzlich das Augenlicht gegeben würde, diesen Unter-schied dann auch sehen könne (s. [166], Essay II 9 §. 8). Auch Leibniz hat sich in seinen in Dialogform geschriebenen „Neuen Abhandlungen über den menschlichen Verstand", in denen er sich mit der Philosophie von Locke auseinandersetzt, mit diesem Problem befasst und seine Dialogfiguren argumentieren lassen, dass dieser plötzlich Sehende seine visuellen Erfahrungen nicht deuten könne, außer wenn es ihm gelänge, eine Korre-lation mit seinen haptischen Erfahrungen herzustellen ([Cassirer], p. 104 ff.) (hier sehen wir wieder das leibnizsche Prinzip der strukturellen Isomorphie am Werk). Auch viele andere Philosophen wie beispielsweise Berkeley haben sich damals mit diesem Pro-blem auseinandergesetzt. Und im 18. Jahrhundert wurde tatsächlich ein Fall eines blind geborenen Mannes geschildert, der später das Augenlicht erlangte. Dieser Mann konnte

anfangs seine visuellen Erfahrungen überhaupt nicht interpretieren und musste mühsam das eigentliche Sehen lernen.)

3. Den Devianten mit umgekehrter bewusster Wahrnehmung. Er ist physikalisch mit mir gleich, empfindet aber stets grün, wenn ich rot sehe. (Allerdings ergibt dieses Beispiel für mich keinerlei Sinn. Auch wenn die phänomenale Erfahrung von rot privat ist, so evoziert sie doch stets die typischen Eigenschaften roter Objekte, und die Empfindung ist von mir im Laufe meiner Erfahrung mit roten Objekten erworben worden, also durch Assoziationen zwischen bestimmten Erregungen der Farbrezeptoren in meiner Netzhaut und diese begleitenden Erfahrungen und mentalen Konstruktionen. Genau dies macht die für rot typische Empfindung aus, s. [191] für eine auf diesem Prinzip aufbauende Theorie des Bewusstseins. Die Erfahrung von grün des Devianten müsste daher funktional analog zu meiner Erfahrung von rot sein, also in jeder Hinsicht eine Erfahrung von rot und nicht von grün.)

4. Den Laplaceschen Dämon, der in einem als vollkommen deterministisch angenommenen Universum die Zukunft vollständig vorhersagen kann, soweit es sich um physikalische Ereignisse handelt, aber, so die Behauptung, nicht in der Lage ist, bewusste Erfahrungen vorherzusagen. (Dies scheint mir allerdings ein klassisches Beispiel einer petitio principii zu sein.)

Die Leute, die solche Geschöpfe konstruieren räumen zwar ein, dass diese nicht unbedingt empirisch möglich sind, aber sie seien, so wird behauptet, wenigstens logisch möglich. Anders ausgedrückt, auch wenn es sie in unserer Welt nicht gibt – den Zombie gibt es vielleicht sogar unter uns –, so könnten sie doch in irgendeiner anderen möglichen Welt vorkommen.

Was bleibt also übrig?

1. Die reflexive Natur des Bewusstseins.
2. Die Einheit des Bewusstseins.
3. Die Konstruktion einer erweiterten Gegenwart (nicht als ausdehnungsloser Zeitpunkt, sondern als Zeitabschnitt der Dauer von ein bis zwei Sekunden, der als gleichzeitig wahrgenommen wird).

Vieles hiervon ist natürlich rein phänomenal. Das Beispiel von sogenannten split brain Patienten, denen das Corpus callosum, die direkte Verbindung zwischen den beiden Hirnhälften, durchtrennt worden ist, zeigt, dass das Bewusstsein neuronal nicht einheitlich sein muss, auch wenn es als solches empfunden wird. Aus einer phänomenalen Perspektive erscheint übrigens die Einheit des Bewusstseins zirkulär, denn was nicht bewusst wahrgenommen wird, ist auch nicht im Bewusstsein, sondern verbleibt außerhalb von ihm. Die Einheit des Bewusstseins spiegelt also eigentlich nur die triviale Tatsache wieder, dass der ganze Rest außerhalb der bewussten Erfahrung liegt. Der Neurophysiologe Libet [164] hat entdeckt, dass die wahrgenommene Zeit, so wie sie in unserem Bewusstsein erscheint, eine aktive (neuronale oder mentale?) Konstruktion ist. Zeit und empfundene zeitliche Reihenfolge entsprechen nicht den zeitlichen Abfolgen der zugrunde liegenden neuronalen Ereignisse. Das klinische Phänomen der Blindsicht zeigt, dass Wahrnehmungen nicht von Empfindungen begleitet sein müssen [122]. Der reflexive Aspekt kann von dem funktionalen Verhalten in einer Umgebung dissoziiert sein. Bei Anwendung von Anästhesie ist das Feuern der C-Fasern, die im Gehirn die Schmerzempfindung auslösen, nicht mehr von einer bewussten Schmerzempfindung begleitet.

Der wesentliche Unterschied zwischen Bewusstsein und Empfindung scheint in der reflexiven Natur des ersteren zu liegen.[4] In diesem Sinne kann eine Wahrnehmung, eine Empfindung oder ein Gedanke erst dadurch bewusst werden, dass er zum Inhalt einer anderen Empfindung oder eines anderen Gedankens wird. „Schmerzen haben" und „Fühlen, dass man Schmerzen hat" entsprechen der obigen Unterscheidung von Sellars. In einer informationstheoretisch gefärbten Terminologie hängt Bewusstsein von der mentalen Fähigkeit ab, andere mentale Ereignisse zum Inhalt eines mentalen Prozesses zu machen. Dies erfordert sowohl ein (Kurzzeit)gedächtnis als auch die Fähigkeit, mit einem ausgedehnten Zeitintervall als mentaler Gegenwart operieren zu können. In diesem Sinne muss das Gehirn sich selbst beobachten. Dies ist prinzipiell nur unvollkommen möglich, unter Verlust von Gehalt und Information. Einerseits erfordert dies eine spezielle mentale Fähigkeit, vielleicht einen funktionalen Modul (ob und wenn ja, wo dieser im Gehirn lokalisiert werden kann, ist eine andere Frage), der den Rest des Gehirns beobachten kann. Andererseits kann eine solche Beobachtung nur unvollständig sein, und ein großer Teil der Gehirnaktivität muss notwendigerweise unbewusst bleiben. Dies muss natürlich genauer untersucht werden. Auch wenn das Prinzip der Selbstbeobachtung und der Selbstrepräsentation iteriert werden kann, so ergeben sich auf jeder Iterationsstufe neue Verluste. Dies vermeidet dann auch den unendlichen Regress, der oft als Einwand gegen die Selbstrepräsentation vorgebracht worden ist.

Der selbstreferentielle Aspekt des Bewusstseins beruht auf dem referentiellen Natur mentaler Prozesse. Hier könnte Quine argumentieren, dass, auch wenn es unsere Beobachtungen der neuronalen Aktivität und der von einem Gehirn empfangenen Sinnesreize uns erlaubten vorherzusagen, was die betreffende Person sagen wird, mittels Vorhersage der Bewegungskontrolle der an der Lautproduktion beteiligten Muskeln, wir trotzdem nicht die Bedeutung dessen, was diese Person sagt, erfassen könnten. Wenn man dies mit den in [51] geäußerten Gedanken verknüpft, könnte eine Lösung – auch wenn Quine hier wohl wieder Einwände erheben würde – darin bestehen, dass es neben den neuronalen Aktivitäten noch ein Netz von Querbezügen gibt. Dieses beruht auf wahrgenommenen Korrelationen, die in Assoziationen überführt worden sind, für deren Repräsentation nicht nur das Gehirn sorgt, sondern auch die Umwelt eingespannt wird.

Die Neurobiologie des Bewusstseins ist inzwischen auch zu einem sehr aktiven Forschungsgebiet geworden. Die entsprechende Diskussion ist allerdings weitgehend von der

---

[4]Hier stellt sich auch die Frage, welche Größe Tononi [234] mit seinem unten diskutierten Φ tatsächlich misst.

philosophischen Diskussion entkoppelt. Es gibt eine Reihe von systematischen neurophysiologischen Ansätzen zur Erklärung des Bewusstseins, z. B. diejenigen von Crick und Koch, s. [152], und von Baars [12–14], weiterentwickelt von Dehaene, Sergent und Changeux [57]. Letztere Theorie sieht als wesentliches Merkmal bewusster Prozesse das Zusammenwirken verschiedener Gehirnareale an, also die globale im Unterschied zu einer lokalen Verarbeitung wie bei automatischen, nicht oder nicht mehr bewussten Abläufen. (Motorische Routinen, die das Bewusstsein nicht benötigen und es daher auch nicht belasten, werden im Wesentlichen im Kleinhirn (Cerebellum) gesteuert, einer Hirnstruktur, die evolutionär älter als die Großhirnrinde (Neocortex) ist. Die Abläufe im Kleinhirn sind lokalisiert und gerichtet, ohne Rückkopplungen.) Diese Theorie kann durch ausgeklügelte kognitionspsychologische Experimente unterstützt werden, s. z. B. [56]. Sie scheint zwar einen wesentlichen Aspekten bewusster Prozesse zu erfassen, dringt aber möglicherweise noch nicht zum eigentlichen Kern der Frage vor, zu den spezifischen qualitativen Aspekten des Bewusstseins.

Der Ansatz des Neurophysiologen Tononi [234] versucht, Zustände mit größtmöglicher Information über ihre Vorgänger und Nachfolger zu identifizieren. Es geht also um inhaltliche Verschränkungen. Solche Zustände müssen also einerseits selbst möglichst viel Information enthalten, andererseits aber auch ohne zu viel Informationsverlust darstellbar sein. Dies beruht auf dem in [235] entwickelten Komplexitätsmaß, welches in [11] in einen größeren Kontext eingebettet worden ist. Das von Tononi in diesem Kontext Φ genannte Komplexitätsmaß kann anscheinend auch bei Patienten, die nicht mehr in der Lage sind, mit der Außenwelt zu kommunizieren, indizieren, inwieweit ihre Gehirntätigkeit noch bewusst ist. Allerdings ist auch dieses Φ nur ein quantitatives Maß, und der Ansatz müsste verfeinert werden, um über eindrucksvolle klinische Anwendungen hinaus auch wesentliche qualitative Aspekte zu erfassen.

Es gibt auch Ansätze, die auf neueren Erkenntnissen aus der Kognitionspsychologie aufbauen, wie die schon erwähnten [185, 191]. Die verschiedenen neurophysiologischen oder kognitionspsychologischen Theorien des Bewusstseins entwickeln aber völlig unterschiedliche Hypothesen. Auch wenn manche vielleicht auf der richtigen Spur sind, zeichnet sich derzeit keinerlei Konsens ab.

15.3   Das Gehirn als Träger des Geistes

Die Einheit der Erfahrung war Ausgangspunkt der cartesischen Philosophie, und ist auch für die leibnizsche Philosophie wesentlich, s. [119], p. 86 f.

Wir hatten oben argumentiert, dass die leibnizsche Einheit der Welt auf dem Konzept der Gleichzeitigkeit und damit auf der Voraussetzung einer instantanen Wirkungsausbreitung beruhe. Vielleicht ist dieser Schluss aber nicht zwingend. Denn die Einheit des Bewusstseins und damit die Einheit der Welterfahrung einer Monade kommt auch emergent zustande, obwohl die Signalübertragung zwischen den Elementen des Gehirns, den Neuronen, auch nicht instantan, sondern mit endlicher Übertragungsgeschwindigkeit und damit zeitverzögert stattfindet. Wie nun diese Einheit zustandekommt, ob beispielsweise durch dynamische Synchronisation [240, 241], ist noch nicht abschließend geklärt. Aber das Phä-nomen als solches ist unbestreitbar, auch wenn Leibniz selbst schon auf die Bedeutung des Unbewussten hingewiesen hat. Wir begeben uns hier allerdings auf gefährliches Ter-rain, denn für die heutige Naturwissenschaft besteht wohl kaum mehr als eine sehr vage Analogie zwischen der Einheit des Bewusstseins und der Einheit der Welt, auch wenn es vielfältige Spekulationen in dieser Hinsicht gegeben hat und weiter gibt. Für Leibniz und viele andere war die Einheit der Welt im Bewusstsein Gottes, der höchsten aller Monaden, verwirklicht, wobei die Ausgestaltung, wie dargelegt, mit dem Konzept der prästabilierten Harmonie durchaus komplex war. Und für Spinoza bestand sogar eine Identität zwischen der Einheit der Welt und dem Bewusstsein Gottes, da dieser mit der Natur identifiziert war. Das wollte Leibniz aber vermeiden. Und heutzutage wollen wir Gott sowieso ganz aus dem Spiel lassen.

Wir haben nun gerade schon eine neurophysiologische Erkenntnis aus dem 20. Jahrhun-dert herangezogen, dass nämlich das Gehirn durch die parallele Dynamik einer Vielzahl einzelner Nervenzellen operiert, die selektiv miteinander gekoppelt sind und daher zeit-verzögert Signale über Synapsen austauschen. Die moderne Hirnforschung im Schnitt von Neurophysiologie und Kognitionspsychologie hat Erkenntnismöglichkeiten eröffnet, die Leibniz nicht zur Verfügung standen. Auch wenn heutzutage in diesem Bereich leider viele voreilige Schlüsse gezogen werden, besitzen die gewonnenen Erkenntnissen nichtsdesto-weniger eine große Sprengkraft für philosophische Systeme.

Insbesondere können nach heutigem Kenntnisstand die Einheit des Bewusstseins und der Erfahrung nicht mehr als nicht weiter hintergehbare Ausgangspunkte des philosophischen Denkens akzeptiert werden. Vielmehr ist eine solche Einheit eine konstruktive Leistung innerhalb eines neurodynamischen Substrats.

Diese Einheit des Bewusstseins war konstitutiv für das cartesische Ich, im Unterschied zur Ausgedehntheit der Materie, und für die leibnizsche Monade, aber die unmittelbare Gege-benheit der Erfahrung war auch der Ausgangspunkt des Empirismus. Es stimmt zwar, dass in der eigenen Erfahrung diese Einheit und diese Unmittelbarkeit nicht hintergehbar sind, aber die moderne Hirnforschung versucht, in der Beobachtung und Analyse von Gehirnen aufzu-weisen, wie diese intern aus der verteilten dynamischen Aktivität von Hirnzellen zustande kommen oder besser aus regelmäßigen Abläufen im Wechselspiel zwischen Eigendynamik und sensorimotorischer Kopplung mit der Umwelt konstruiert werden. Jeder Philosoph, der bereit ist anzuerkennen, dass die Gehirne anderer Personen trotz aller Individualität der Per-sönlichkeit und der Einmaligkeit aller Erfahrung nach den gleichen Prinzipien wie das eigene funktionieren, kann an diesen neurobiologischen Befunden nicht vorbeikommen. Und diese Befunde stellen Probleme sowohl für den Empirismus als auch für den Rationalismus dar.

Gegen den Empirismus bleibt der gegen das Lockesche Diktum „Es gibt nichts im Ver-stand, was nicht zuvor in den Sinnen war" von Leibniz erhobene Einwand „außer der Verstand selbst" weiterhin gültig. Das Gehirn bildet nicht Sinnesdaten ab, sondern kon-struiert aus sensorischen Impulsen, die in den Code des Gehirns, also eine Abfolge und dynamische Kopplung von Feueraktivitäten vieler Neuronen, übersetzt werden, sein Bild der Außenwelt. Erst auf dieser Basis und wohl erst in der Interaktion mit Mitmenschen können sich Verstand und Selbstbewusstsein entwickeln. Diese sind zwar, in einer der genaueren Spezifikation bedürftigen Weise, im Aufbau des menschlichen Gehirns angelegt, aber sie können sich erst durch Interaktionen mit Um- und Mitwelt herausbilden. Zwar mag der Philosoph nun einwenden, dass man zwischen Genese und Gültigkeit unterscheiden müsse – übrigens ein von Leibniz konzipiertes Argument (s. o.) –, aber es scheint mir trotzdem problematisch zu sein, etwas universelle Geltung zuzuschreiben, von dem man immer besser erkennt, auf welche mühsame und verwickelte Weise es sich aus dem dynamischen Zusammenwirken relativ simpler biophysikalischer Elemente herausbildet. Insbesondere ist die Einheit des Bewusstseins überhaupt nicht mehr ausgemacht. Wie schon erwähnt, zeigen dies nicht nur Untersuchungen an Personen, bei denen die direkte Verbindung zwischen den beiden Gehirnhälften, das *corpus callosum,* durchtrennt ist, sondern auch schon Experimente mit instabilen Wahrnehmungen wie beim Neckerwürfel. In der zugrundeliegenden Gehirndynamik gibt es dabei nicht die „richtige" Wahrnehmung, sondern allenfalls eine statistische Verteilung möglicher Wahrnehmungen, von denen dann jeweils eine dominant wird. Die Interpretation der sensorischen Daten ist mehrdeutig, aber weil wir nur eindeutige Handlungen ausführen können, brauchen wir ein zwischengeschaltetes Bewusstsein, um aus den vielen Interpretationsmöglichkeiten eine als die plausibelste auszuwählen und alle anderen zu verwerfen, so eine der heutigen Thesen [185] zur Rolle des Bewusstseins.[5] Auch beispielsweise die zeitliche Reihenfolge von Geschehnissen, wie wir sie üblicherweise empfinden, entspricht keineswegs der internen Reihenfolge der Prozesse im Gehirn [164], sondern ist wieder eine Interpretationsleistung des Gehirns zur Abstimmung mit der Außenwelt. Husserl [123] hat in seiner Phänomenologie analysiert, wie die erfahrene Gegenwart sich aus der Verschränkung von Vergangenheit und Zukunft, durch Retention und Protention ergibt. Hierauf sind wir schon in Fußnoten zu Abschn. 13.3 eingegangen.

Wenn man dies durchdenkt, wird ein Grundprinzip wohl jeder Philosophie, und insbesondere auch der leibnizschen, in Frage gestellt, nämlich der Identitätssatz. Schon Descartes ging in seinem berühmten Spruch „Ich denke, also bin ich" davon aus, dass das Ich, das in diesem Satz ja zweimal vorkommt,[6] etwas mit sich selbst Identisches ist. Auch Leibniz setzt in seiner Begründung der Ontologie aus dem logischen Prinzip der Identität voraus, dass die Monaden mit sich selbst auch im Zeitverlauf identische Einheiten sind. Auch wenn eine Monade andere Monaden dominieren kann, so wie der Körper seine Organe oder Zellen, so ist eine Monade als mit sich selbst identische Einheit nicht zerlegbar.

---

[5]Auch wenn sowohl im quantenmechanischen Messprozess als auch, dieser Theorie zufolge, im Bewusstsein aus einer Wahrscheinlichkeitsverteilung möglicher Zustände ein einziger ausgewählt wird, wollen wir zwar auf die Analogie hinweisen, aber keineswegs irgendeine physikalische Verbindung zwischen diesen Vorgängen behaupten. Ein und dasselbe formale Prinzip kann in der Natur durchaus mehrfach und unabhängig voneinander eingesetzt werden. Die mendelsche Kombinatorik der Gene hat auch nichts mit den Kombinationsregeln in der Elementarteilchenphysik zu tun.

[6]Interessanterweise tritt im Original „Cogito, ergo sum" das Personalpronomen „ego" nach den Regeln der lateinischen Grammatik überhaupt nicht explizit auf.

Aber für die moderne Neurobiologie ist die Einheit des Bewusstseins ein emergentes, nicht ursprüngliches Phänomen auf der Basis verteilter neuronaler Dynamiken. Dass die verschiedenen Neuronen in einer Hirnschale zusammenwirken, konstituiert noch keine ursprüngliche Einheit. Und dass eine solche Einheit als Bewusstsein seiner selbst auch den Zeitablauf überdauert, ist nicht selbstverständlich. Die beteiligten Moleküle bleiben nicht die gleichen, sondern werden in Stoffwechselprozessen ständig ersetzt. Es gibt also kein gleichbleibendes materielles Substrat – was allerdings für Leibniz auch nicht erforderlich gewesen wäre, denn sein Monadenbegriff soll ja gerade über ein solches materielles Substrat hinausgehen –, sondern die Identität resultiert nur aus der Kontinuität der Dynamik einerseits und dem individuellen Gedächtnis andererseits, welches aktuelle Vorgänge in einem sich fortlaufend vollziehenden Überlagerungsprozess mit vergangenen in Beziehung setzen kann.[7] Ein Bewusstseinsinhalt wie derjenige eines spezifischen Objektes mit seinen Eigenschaften oder die Empfindung einer Farbe mit all ihrem emotionalen Gehalt korrespondiert der synchronisierten oder anderweitig dynamisch korrelierten Aktivität von Neuronengruppen in verschiedenen Gehirnarealen, wobei beim Menschen wohl der präfrontale Kortex eine besondere Rolle spielt. Wenn man in den Kategorien von Substanzen und Eigenschaften denken will, so würden die Eigenschaften spezifischen Erregungen bestimmter Neuronengruppen entsprechen, während sich die Substanz erst aus der Synchronisation verschiedener derartiger spezifischer Dynamiken ergeben würde, wobei allerdings umgekehrt durch eine solche kollektive Dynamik dann wiederum weitere Neuronengruppen angeregt werden. Einerseits regen also spezifische Kombinationen sensorischer Signale durch eine solche Integration kollektive Dynamiken an, generieren also die Empfindung einer Substanz, und andererseits führt eine solche kohärente Dynamik dann zur Evokation weiterer Eigenschaften. Die Empfindung von Objekten und ihren Eigenschaften vollzieht sich also in einem dynamischen Wechselspiel, bei der keine der beiden Seiten Priorität besitzt. Damit die Inhalte nicht disintegrieren, ist zudem die sensomotorische Kopplung an die Umwelt wichtig. Überhaupt „sehen" wir, was wir glauben zu sehen, d. h. was uns das Gehirn vorhersagt. Dies hat bemerkenswerter schon Leibniz herausgestellt, der in den „Neuen Abhandlungen" ([Cassirer], p. 103) schreibt: „die Ideen, die aus der Sinnlichkeit stammen, oft durch das Urteil des Geistes unvermerkt geändert werden. Die Idee einer Kugel von gleichmäßiger Farbe stellt sich uns als flacher Kreis von verschiedener Schattierung und Beleuchtung dar. Aber da wir gewohnt sind, die Bilder der Körper und die Veränderungen der Lichtreflexe nach der Gestaltung ihrer Oberfläche zu unterscheiden, so setzen wir an Stelle der Erscheinung das, was wir als die Ursache des Bildes ansehen und vermischen so das Urteil mit dem Anblick". Wir ändern eine solche Interpretation oder Konstruktion der Sinneswahrnehmung nur dann, wenn ein neues sensorisches Signal eintrifft, das mit einer solchen Vorhersage nicht verträglich ist. In diesem Fall passt das Gehirn seine Vorhersage an, und wir „sehen" plötzlich etwas anderes. Wenn ein aktuelles Signal die Dynamik in eine schon eingefahrene Bahn

---

[7] Diese Aspekte werden in der Theorie der Autopoiesis von Maturana und Varela [177] hervorgehoben. Auch hier kann man eine Verbindung zu leibnizschen Gedanken ziehen. Dies wird beispielsweise aus der Lektüre von [225] klar.

lenken und dadurch eine in der Vergangenheit eingeschliffene Dynamik in Gang setzen und reproduzieren kann, dann werden im aktuellen Erleben Gegenwärtiges und Vergangenes miteinander verknüpft, und sie führen zu jeweils gleichem Zukünftigem. Dies entspricht der phänomenologischen Verschränkung von Vergangenheit und Zukunft durch Retention und Protention [123]. Dies konstituiert eine, sich allerdings ständig dynamisch verändernde Identität. Die Gegenwart kann dabei von der Vergangenheit nur durch die Kopplung an die Umwelt unterschieden werden. Im Detail ist dies alles höchst knifflig.

Philosophisch kann man dann aber nicht mehr dasjenige Ich, das über sich nachdenkt, mit demjenigen Ich, über das es nachdenkt, identifizieren, sondern muss zumindest dialektisch postulieren, dass das sich reflektierende Ich in diesem Reflektionsvorgang schon ein anderes als das in diesem Vorgang reflektierte Ich ist. Die Identität löst sich also in einem und in einen dialektischen Prozess auf. Damit wären wir also bei Fichte und Hegel. Allerdings wird dort aus der Einheit die Vielheit entwickelt, während sich hier der Sachverhalt eher umgekehrt darstellt. Und die Einsicht, dass die Wirklichkeit, so wie sie sich uns darstellt, eine Konstruktionsleistung des Gehirns ist, führt zur Transzendalphilosophie Kants, allerdings in der hier skizzierten Perspektive nur, wenn man den Verstand mit den im Gehirn ablaufenden neuronalen Dynamiken identifiziert. Aber hier ergibt sich wieder ein Problem. Jedenfalls ist Kant unter heutigen Neurophilosophen recht populär. Weniger bekannt scheint die Phänomenologie von Husserl zu sein, obwohl einige Gedanken Husserls in diesem Kontext auch relevant zu sein scheinen.

In der skizzierten neurotheoretischen Perspektive werden also philosophisch grundlegende Begriffe wie Subjekt und Prädikat, Substanz und Form, Ich und Bewusstsein zu emergenten Konstrukten neuronaler Dynamiken. Der reflexive Zirkel wird dadurch vermieden, dass diese Beobachtung nicht mehr das Ich an sich selbst vollzieht, sondern der Experimentator an anderen Menschen oder, wenn invasiv, an anderen Säugern. Dass solche Experimente oft in wenig reflektierter Form von meist nicht explizierten theoretischen Prämissen geleitet sind, ist ein anderes Problem.

Überhaupt lehrt uns die moderne Neurowissenschaft, dass das menschliche Denken sich nicht logisch, sondern assoziativ vollzieht. Das Gehirn arbeitet nicht mittels logischer Schlussregeln, sondern sucht assoziative Verknüpfungen (Details werden in [144] beschrieben). Es bringt das, was am wahrscheinlichsten ist, als gesichert ins Bewusstsein, es suggeriert seine Vorhersagen und Interpolationen als aus Sinnesdaten gewonnene Tatsachen. Auf diese Weise können wir uns effizient in unserer Umwelt zurechtfinden. Für eine eingehendere Diskussion s. [137]. Diese Prinzipien bestimmen derzeit auch die Anwendungen in der Konstruktion von Robotern und intelligenten Algorithmen. Der ursprüngliche Ansatz der Künstlichen Intelligenz, die Wirklichkeit durch explizite Kategorisierung zu repräsentieren und auf dieser Grundlage Handlungsanweisungen mittels logischer Schlussregeln abzuleiten, hatte sich als völliger Fehlschlag herausgestellt. Stattdessen arbeitet man heute mit verkörperter Intelligenz, d. h. man versucht, die physikalischen Eigenschaften der Umwelt so geschickt wie Lebewesen auszunutzen, um Energie und Rechenkraft zu sparen, und man arbeitet mit assoziativen anstelle von logischen Verfahren. Derzeit sind die Deep Neural

Networks besonders erfolgreich, die statt der sechs Schichten des menschlichen Neocortex oft Hunderte von Schichten verwenden, deren Verknüpfungen in unüberwachten und im Detail dann nicht mehr nachvollziehbaren Lernprozessen an die jeweilige Aufgabe angepasst werden. Es entsteht hier also ein Denken, das sich selbst nicht mehr transparent, aber äußerst leistungsfähig ist. S. [138] für eine ausführliche Diskussion.

Inwieweit man aber auch denjenigen Neurobiologen folgen soll, die das Bewusstsein als eine reine Illusion, eine eigentlich überflüssige Begleiterscheinung deterministisch ablaufender Gehirnprozesse abtun und insbesondere auch die menschliche Willensfreiheit abstreiten, weiß ich nicht. Leibniz glaubt noch, Determinismus und Willensfreiheit miteinander verbinden zu können, durch eine Verknüpfung von Wirk- und Finalursachen mittels einer prästabilierten Harmonie. Das überzeugt heute nicht mehr, genauso wenig wie andere philosophische Lösungsversuche, zwischen der physikalischen Determiniertheit der Welt und unserem subjektiven Empfinden von Freiheit zu vermitteln. Aber abzustreiten, dass es da überhaupt ein Problem gibt, ist wohl auch keine Lösung. Jedenfalls kann die Behauptung der vollständigen Determiniertheit unseres Denkens und Handelns schon durch die Bemerkung widerlegt werden, dass wir die Zukunft modellieren und planen können und daher auch die Möglichkeit besitzen, Voraussagen über unser Handeln zu widerlegen. Jedenfalls darf auch eine auf neurobiologischen Erkenntnissen aufbauende Argumentation nicht die Tatsache übersehen, dass aus der Perspektive des jeweiligen Subjektes seine Handlungen als frei erscheinen. Ob dies nun aber alleine eine Frage der Perspektive ist, scheint mir offen zu sein. Auch sollte eine Bewertung von Leibniz' Analyse des Freiheitsproblems bedenken, dass sich unser Verständnis von Willensfreiheit seit Leibniz' Zeiten verändert hat. Wie im Abschn. 12.2 dargelegt, bestand für Leibniz wie auch für Kant Freiheit wesentlich darin, das Richtige zu erkennen und zu tun. Das heutige Denken hat hier andere Ausgangspunkte.

Es gibt aber nicht nur ein einzelnes Bewusstsein in der Welt, mein eigenes, sondern auch andere, mir prinzipiell gleichartige. Zumindest ziehe ich diesen Schluss aus meiner täglichen Erfahrung. Wahrscheinlich könnte sich auch ein isoliertes sich seiner selbst bewusstes Bewusstsein überhaupt nicht herausbilden, sondern ein solches Bewusstsein kann erst durch die Spiegelung in anderen Bewusstseinen entstehen. Man kommt zum Bewusstsein seiner selbst erst dadurch, dass man sich von anderen unterscheidet, wie schon oben angesprochen. Nun interagieren verschiedene Bewusstseine aber nicht im Modus des Bewusstseins, sondern nur indirekt, über Wahrnehmungen und Kommunikationen, die in einem ganz anderen Medium als dem der eigenen Gehirntätigkeit stattfinden. In diesem Sinne ist sich ein Bewusstsein immer nur seiner selbst bewusst und kann nur vermuten, dass andere dies auch sind.

15.4 Noch einmal zu Leibniz

Wir wollen nun noch einmal einige leibnizsche Argumente rekapitulieren. Einige Einsichten von Leibniz sind, so meine These, auch heute noch relevant und könnten mit einigem

Unfug aufräumen, den man heute in der philosophischen Diskussion des Geistes und des Bewusstseins häufig lesen muss. Natürlich hatte Leibniz keinen Zugang zu irgendwelchen substantiellen neurobiologischen Erkenntnissen, weil diese zu seiner Zeit noch nicht verfügbar waren. Er hat auch keine voreiligen Schlüsse gezogen, wie Descartes, der die Zirbeldrüse als die einzige unpaarige Struktur im Gehirn als dasjenige Organ ansah, mit dem der Geist mit dem Körper in Verbindung treten konnte.

Wir erinnern uns an die Darlegungen im Kap. 1. Monaden können Träger von Bewusstsein sein. Monaden sind fensterlos, in sich geschlossen, und die Relationen zwischen Monaden sind nicht real, sondern phänomenal. Modern gesprochen ist ein Bewusstsein in sich eingeschlossen und kann nicht in direkten Austausch mit anderen Bewusstseinen treten, sondern nur indirekt, über physikalische Interaktion und Kommunikation in einem anderen Medium, insbesondere dem der Sprache. Hier sind wir zunächst nahe an Interpretation 1. Monaden spiegeln die Welt wieder, und da die Welt aus anderen, ebenfalls spiegelnden Monaden besteht, spiegeln sie indirekt auch sich selbst wieder. Nach Interpretation 2 konstituiert sich eine Monade erst in dieser Widerspiegelung. Dies ist das Konzept der universellen Harmonie. Ähnlich kommt nach moderner Ansicht ein Bewusstsein seiner selbst erst durch die Spiegelung in anderen zustande. Allerdings ist die Herausbildung der eigenen Identität ein langwieriger Prozess. Die Widerspiegelung der Welt, und damit insbesondere auch diejenige ihrer selbst in den Monaden (mit Ausnahme der höchsten Monade, Gott, aber der kann an dieser Stelle unberücksichtigt bleiben) ist prinzipiell unvollkommen, verworren. Deswegen ist kein vollkommenes Bewusstsein seiner selbst möglich. Leibniz war vielleicht der erste, der die Existenz des Unbewussten erkannte und dessen Bedeutung würdigte, insbesondere in seiner Auseinandersetzung mit der Philosophie von Locke. Insbesondere erinnern wir an das in Abschn. 15.3 vorgetragene Zitat aus den „Neuen Abhandlungen", in dem Leibniz darlegt, dass das, was wir sehen, auf einer aktiven (uns aber normalerweise nicht bewussten) Konstruktionsleistung des Gehirns beruht. Das Unbewusste wird zwar heute primär als ein psychologisches Phänomen angesehen, folgt aber logisch aus der Unvollkommenheit der Widerspiegelung, denn dem sich in der Spiegelung des Selbst, sei diese direkt oder indirekt, findenden Bewusstsein muss ein Teil dieses Selbst verborgen bleiben. Und eine Monade ist kein Zustand und kein physikalischer Körper, sondern ein Prozess. Genauso ist auch das Bewusstsein kein Zustand und nicht als physikalischer Körper fassbar, sondern ein dynamischer Prozess, der sich in den kollektiven Feuermustern von Neuronen manifestiert, auch wenn noch nicht klar ist, wie das genau vor sich geht. Dieser Prozess hat also ein materiales Substrat, so wie es auch eine Monade hat, ohne auf dieses Substrat reduzierbar zu sein. In ihrem Entwicklungsgesetz verknüpft die Monade in der Gegenwart Vergangenheit und Zukunft. Dies tut auch das Bewusstsein. Und in der Hirnforschung reift die Erkenntnis, dass das Gehirn nicht etwa Außenereignisse abbildet, sondern auf der Basis des im (strukturell in synaptischen Verknüpfungen und dynamisch in eingeschliffenen Feuermustern realisierten) Gedächtnis Verfügbaren Vorhersagen über zukünftige Inputs macht (und diese nur gelegentlich oder particll mit aktuellen Inputs abgleicht). Das Gehirn reagiert nicht auf Inputs, sondern bringt den Körper und damit auch sich selbst proaktiv in erwartbare Situationen.

Diese Theorie ist wesentlich von Friston [92] entwickelt worden, bedarf aber meiner Ansicht nach einer Ergänzung durch ein exploratives Prinzip [137] und einer Einbettung in eine in gewisser Hinsicht dialektische Theorie eines Wechselspiels zwischen externer und interner Komplexität [130].

Leibniz hat den cartesischen Dualismus überwunden, auch wenn dieser, wie wir gesehen haben, auch in zeitgenössischen philosophischen Debatten noch herumgeistern kann. Allerdings ist seine Lösung, aus einer aristotelisch inspirierten Auffassung von Materie als Potentialität in seinem Monadenbegriff eine prinzipielle Gleichartigkeit von elementaren physikalischen, belebten und bewussten Entitäten zu postulieren, wohl aus heutiger Sicht nicht mehr adäquat. Glücklicherweise kombiniert er dies aber mit einer eher (neo)platonisch inspirierten Auffassung von der durchgängigen Logizität der Welt, aus welcher er grandiose Schemen struktureller Entsprechungen ableiten kann. Auch wenn letztere Grundthese vielleicht dem kantianischen Ansatz weichen muss, kann man mit seiner strukturellen Methode auch noch für heutige Debatten relevante Einsichten gewinnen. Es kommt nicht auf die einzelnen Elemente an, sondern auf die strukturellen Beziehungen zwischen ihnen. So sagt Leibniz, dass, wenn das Gehirn so stark vergrößert würde, dass man wie in einer Fabrik hindurchspazieren könnte, man trotzdem noch keine Gedanken sehen würde. Dieses Argument nimmt das Chinesische Zimmer von Searle [221] vorweg, auch wenn Searle daraus andere Schlüsse als Leibniz zieht.

Allerdings ist die Diskussion inzwischen über die Einheit und die Unhintergehbarkeit des Bewusstseins hinausgegangen. Dass (zumindest höhere Formen des) Bewusstseins den Menschen auszeichnen, bleibt wohl akzeptiert. Ob aber auch Maschinen prinzipiell Bewusstsein entwickeln könnten, ist unklar. Die vorstehenden Argumente schränken aber zumindest die Bedingungen, unter denen dies möglich sein könnte, sehr stark ein.

Es war nicht das Ziel dieser Ausführungen, Leibniz als Vorläufer der Allgemeinen Relativitätstheorie, der Quantenmechanik oder der modernen Kognitionspsychologie zu reklamieren. Mit den Mitteln und Erkenntnissen, die ihm in seiner Zeit zur Verfügung standen oder die er auf einer solchen Grundlage entwickeln konnte, war dies nicht möglich. Sein System können wir heute nicht mehr akzeptieren, sondern nur noch als einen in seiner Kohärenz und seiner Reichweite durchaus beeindruckenden Versuch ansehen, die Welt als Ganzes zu erfassen. Wir wissen heute viel mehr, aber wir sind auch in unseren Erklärungsansprüchen bescheidener geworden.

Durch die Entwicklung der Infinitesimalrechnung in ihrer im Wesentlichen heute noch gebräuchlichen Form hat Leibniz die moderne mathematische Analysis begründet. Seine Überlegungen zur Logik und zur Geometrie waren ihrer Zeit weit voraus und haben wesentliche Aspekte der Strukturmathematik des 19. und 20. Jahrhunderts vorweggenommen. Durch seine Dynamik, also den Ansatz, physikalische Körper als von ihrer inneren Energie getrieben anzusehen, und durch sein darauf aufbauendes Postulat der Energieerhaltung und die Konzeption von Optimalitätsprinzipien hat er zentrale Paradigmen der modernen Physik entwickelt.

Mit seinem Monadenbegriff wollte Leibniz wohl zuviel erreichen, die Permanenz der letztendlichen, nicht weiter reduzierbaren Träger physikalischer Kräfte, die Kontinuität der Träger des Lebens und die Einheit des Bewusstseins in einem einzigen Begriff erfassen und damit dann deren Unsterblichkeit erweisen. Nach der heutigen Physik sind die elementarsten Konstituenten der Materie vielleicht tatsächlich permanent und unzerstörbar, und sie zeigen sich nur in verschiedenen Erscheinungsformen, wie den unterschiedlichen Anregungszuständen der Strings, oder sie formieren sich zu wechselnden Kombinationen, so wie aus Protonen und Neutronen die Atomkerne verschiedener Elemente gebildet werden können. (Aber auch dies ist nicht klar, und die verschiedenen Interpretationen der Quantenmechanik durch mögliche Welten oder die in der Quantenfeldtheorie in den Feynmanschen Diagrammen stets entstehenden und wieder vergehenden virtuellen Teilchen können dies durchaus in Frage stellen.)

Die Kontinuität des Lebens manifestiert sich dagegen nicht in der Kontinuität seiner einzelnen Träger, sondern im Prozess der Fortpflanzung. Diese Sichtweise blieb Leibniz durch sein Monadenkonzept letztendlich verwehrt. Auch dass die Monaden autonom sind in dem Sinne, dass sie ihre Entwicklung vollständig in sich tragen wie ein Subjekt seine Prädikate und nur durch eine prästabilierte Harmonie miteinander abgestimmt sind, entspricht nicht mehr heutigen systemtheoretischen Vorstellungen einer Wechselwirkung zwischen System und Umwelt sowohl in der Biologie als auch in der Kognition. Und an die Unsterblichkeit der Seele glaubt man heute meist nicht mehr.

Eine andere Frage, die sich heute in einer auch durch die Erkenntnisse der Logik und Komplexitätstheorie des 20. Jahrhunderts geschärften Form stellt, ist, inwieweit das menschliche Denken sich selbst durchschauen kann, ob also der menschliche Geist die Funktionsweise seines eigenen Gehirns vollständig verstehen kann. Die naive Antwort wäre wohl, dass dies prinzipiell unmöglich ist. Aber so einfach ist es nicht. Unter „menschlichem Geist" muss man hier nämlich nicht ein Individuum verstehen, sondern man kann damit beispielsweise auch die Gemeinschaft der Gehirnforscher meinen. Und dass diese kollektiv das Funktionieren eines menschlichen Gehirns verstehen können, erscheint nicht von vorneherein ausgeschlossen. Dabei muss aber vorausgesetzt werden, dass die verschiedenen menschlichen Gehirne einigermaßen gleichartig funktionieren, dass also ein einzelnes Gehirn kollektiv für die Gesamtheit aller Gehirne stehen kann, trotz aller unbestreitbaren individuellen Unterschiede. Ähnlich wie man auch von der Sequenzierung des menschlichen Genoms spricht, obwohl man eigentlich nur die Genome einzelner Individuen sequenziert hat. Auf einer abstrakteren Ebene lässt sich das Problem auch so fassen, ob ein geeignet gekoppeltes Netzwerk genügend komplexer, aber gleichartiger Elemente eines, und damit alle, dieser Elemente vollständig analysieren und verstehen kann. Noch abstrakter stellt sich die Frage, ob ein komplexes System mit einer genügend großen Symmetrie (hier Invarianz unter Permutation seiner Elemente) diese Symmetrie, also innere Gleichartigkeit, benutzen kann, um sich selbst zu verstehen, indem es eines seiner Elemente als einen Prototypen versteht. Dies ist deswegen subtil, weil, wenn die verschiedenen Elemente unterschiedliche Aspekte des Prototypen verstehen, sie damit auch wieder ungleichartig werden, da sie eben intern verschiedene Strukturen abbilden. Für Leibniz hat sich dieses Problem wohl deswegen prinzipiell nicht gestellt, weil er von der Einzigartigkeit jeder Monade ausging. Trotzdem scheint mir dieses Problem interessant und wichtig zu sein. Und der Gedanke struktureller Entsprechungen ist, wie ich herauszuarbeiten versucht habe, eines der wesentlichen Motive des leibnizschen Denkens.

Monaden sind nach Leibniz' berühmtem Ausdruck „fensterlos", lassen also die äußere Wirklichkeit nicht einfach in sich hinein. Sie sind der Perzeption (Wahrnehmung) fähig, manche auch der Apperzeption (Reflektion dieser Wahrnehmung). Sie sind erst einmal auf sich selbst bezogen. Menschen können notwendige Wahrheiten erkennen. Kontingente

Wahrheiten erschließen sich ihnen nur in einem unendlichen Prozess, nach Art einer konvergenten mathematischen Reihe. Menschen können auch das Gute erkennen und entsprechend ethisch handeln. Nur Gott überschaut die Wirklichkeit vollständig, steht aber (im Gegensatz zu der Vorstellung Spinozas) außerhalb oder über dieser. Inwieweit der leibnizsche Gott sich selbst erkennt, weiß ich nicht. Man könnte hier im Prinzip mit der Unendlichkeit argumentieren, denn ein Unendliches kann sich selbst in nicht trivialer Weise als Teil enthalten, auch wenn man dabei angesichts der Russellschen Paradoxie vorsichtig sein muss. Ein unendliches Wesen könnte sich also möglicherweise im Prinzip selbst vollständig begreifen. Man kann sich hier aber wohl leicht in den Problematiken verfangen, die die Logik des 20. Jahrhunderts aufgedeckt hat. Da Leibniz aber, wie am Ende von Abschn. 8.1 geschildert, etwas Unendliches nicht als etwas Ganzes ansehen will, weil er es gerade für paradox hält, dass es sich selbst als einen Teil enthalten kann, hätte er ein solches Argument wohl sowieso nicht akzeptiert.

Andere Monaden können sich jedenfalls nicht vollständig selbst erkennen, und bemerkenswerter Weise hat Leibniz schon das Vorhandensein des Unbewussten erkannt. Aufgrund seines anders konzipierten Ansatzes, desjenigen der Individualität und Einzigartigkeit aller Monaden, war für ihn das oben skizzierte Symmetrieargument nicht anwendbar, und er hat sogar den prinzipiellen Einwand geäußert, dass es nach dem Satz vom zureichenden Grunde zwei völlig identische Monaden nicht geben könne. Aber wenn er anders angesetzt hätte, mit einer Entfaltung der diversen und heterogenen Wirklichkeit aus einer ursprünglichen Symmetrie, so wie es die heutige Physik anstrebt, wie im Kap. 7 erläutert, hätte er ein solches Argument sicher gesehen und benutzt. Und gerade die Kontrastierung mit diesem Argument wirft ein weiteres Licht darauf, wie tief durchdacht sein Ansatz war, auch wenn wir ihm heute vielleicht nicht mehr folgen möchten.

Auch in diesen und anderen Bereichen, in denen wir seine Antworten nicht mehr vollständig akzeptieren können, bleiben die Fragen, die Leibniz gestellt hat, aktuell. Wir können meist auch keine besseren Antworten finden, und die Fragen bleiben weiter offen. Die Weise, in der sich Leibniz mit diesen Fragen auseinandergesetzt hat, hat uns tiefe Einsichten eröffnet, die auch in der heutigen Diskussion gültig bleiben. Allerdings darf man nicht übersehen, dass auch Fragen ihren historischen und systematischen Kontext haben, und dass Begriffe und Konzepte nur in einem Gewebe anderer Begriffe und Kontexte ihren Sinn erhalten; unter den Philosophen hat insbesondere Quine [199] dies hervorgehoben, und in der Wissenschaftsgeschichte ist dies sogar ein Leitprinzip der Forschung. Es ist deshalb eine Balance zwischen als bleibend angesehenem sachlichem Gehalt und historischer Kontextualisierung erforderlich, auch bei der Bewertung des leibnizschen Systems.

Das systematische, prinzipiengeleitete Denken, das Aufsuchen struktureller Entsprechungen bei materialer Verschiedenheit und die darauf basierende Übersetzung wissenschaftlicher Sachverhalte in einen formalen Kalkül haben nicht nur Leibniz selbst zu herausragenden wissenschaftlichen Leistungen geführt, sondern sind auch bleibend gültige Richtlinien der wissenschaftlichen Forschung.

Anhang A: Zur Literatur

In vielen Fällen sind nicht die Originalschriften zitiert, sondern leichter zugängliche, neuere oder systematisch kommentierte Ausgaben. Die Schriften von Leibniz sind durch die nachstehenden Kürzel identifiziert, andere Werke in alphabetischer Reihenfolge der Autoren durchnummeriert. Da dieser Essay eine große Anzahl von Themen berührt, kann hier allerdings keine umfassende Bibliographie angeboten werden. Stattdessen verweise ich für eine Reihe von Themen auf meine eigenen diesbezüglichen Schriften, in welchen sich dann weitere Literaturhinweise finden. Auch ist nicht an jeder Stelle vermerkt, was ich aus systematischen Darstellungen wie [2, 5, 9, 44, 60, 210] etc. gelernt habe.

© Springer-Verlag GmbH Deutschland, ein Teil von Springer Nature 2019
J. Jost, *Leibniz und die moderne Naturwissenschaft,* Wissenschaft und
Philosophie – Science and Philosophy – Sciences et Philosophie,
https://doi.org/10.1007/978-3-662-59236-6

Anhang B: Die Schriften von Leibniz

- **G.:** Die philosophischen Schriften von Gottfried Wilhelm Leibniz, hrsg. v. Carl Immanuel Gerhardt, Berlin 1875–1990; Nachdruck Georg Olms Verlag, Hildesheim, New York, 2008
- **GM:** Leibnizens mathematische Schriften, hrsg. v. Carl Immanuel Gerhardt, Bde. I u. II, Berlin, 1849-50; Bde. III-VII, Halle a.d.S. 1855–1860; Nachdruck Georg Olms Verlag, Hildesheim, New York, 1971
- **C:** Opuscules et fragments inédit de Leibniz, hrsg. v. L. Couturat, Paris 1903, Nachdruck Georg Olms Verlag, Hildesheim, 1966
- **Cassirer** G.W. Leibniz, Philosophische Werke in vier Bänden, in der Zusammenstellung von Ernst Cassirer, Neuausgabe, Felix Meiner, Hamburg, 1996
- **Specimen:** G.W. Leibniz, Specimen Dynamicum, Lateinisch-Deutsch, Felix Meiner Verlag, Hamburg, 1982
- **Charakteristik:** G.W. Leibniz, la caractéristique géométrique, hrsg. v. J. Echeverría, VRIN, Paris, 1995
- **Parallel:** V. De Risi, Leibniz on the parallel postulate and the foundations of geometry. The unpublished manuscripts, Birkhäuser, 2016
- **Math.Z:** G.W. Leibniz, Die mathematischen Zeitschriftenartikel. Übersetzt und kommentiert von H.-J. Heß u. M.-L. Babin, Georg Olms Verlag, Hildesheim, Zürich, New York, 2011
- **Quadratur:** G.W. Leibniz, De quadratura arithmetica circuli ellipseos et hyperbolae. Übersetzt von O. Hamborg, hrsg. v. E. Knobloch, Klassische Texte der Wissenschaft, Springer, 2016
- **Stahl:** The Leibniz-Stahl controversy translated, edited, and with an introduction by Francois Duchesneau and Justin E. H. Smith, Yale University Press, New Haven, Conn., London, 2016

© Springer-Verlag GmbH Deutschland, ein Teil von Springer Nature 2019
J. Jost, *Leibniz und die moderne Naturwissenschaft,* Wissenschaft und
Philosophie – Science and Philosophy – Sciences et Philosophie,
https://doi.org/10.1007/978-3-662-59236-6

- **binär:** Die Hauptschriften zur Dyadik von G.W. Leibniz: Ein Beitrag zur Geschichte des binären Zahlsystems. Hrsg. v. H. Zacher, Vittorio Klostermann, Frankfurt/M., 1973
- **Protogaea** Gottfried Wilhelm Leibnitzens Protogaea, oder Abhandlung von der ersten Gestalt der Erde und den Spuren der Historie in den Denkmaalen der Natur. Aus seinen Papieren herausgegeben von Christian Ludwig Scheid, aus dem lateinischen ins teutsche bersetzt. Leipzig und Hof: bey Johann Gottlieb Vierling, 1749
- **Sinica:** G.W. Leibniz, Novissima Sinica (1697). Das Neueste von China. Hrsg., übersetzt u. erläutert v. H.-G. Nesselrath und H. Reinbothe, Nachdruck der Ausg. v. 1979, ergänzt v. G. Paul u. A. Grünert, Iudicium Verlag, München, 2010
- **China:** Leibniz korrespondiert mit China. Hrsg. v. R. Widmaier, Vittorio Klostermann, Frankfurt/M., 1990
- **Chinois:** G.W. Leibniz, Discours sur la théologie naturelle des Chinois. Hrsg. v. W.C. Li u. H. Poser, Vittorio Klostermann, Frankfurt/M., 2002
- **Logik:** G.W. Leibniz, Generales Inquisitiones de Analysi Notionum et Veritatum, in: Band VI4A der Akademie-Ausgabe, N. 165, S. 739–788, verfügbar unter http://www. uni-muenster.de/Leibniz/; deutsche Übersetzung in: F. Schupp, Generales Inquisitiones de Analysi Notionum et Veritatum. Allgemeine Untersuchungen über die Analyse der Begriffe und Wahrheiten, Felix Meiner, Hamburg, 1982

Literatur

1. Aiton, E.J.: The Vortex Theory of Planetary Motions. American Elsevier Publishing Company, New York (1972)
2. Aiton, E.J.: Leibniz. Eine Biographie (Übersetzung aus dem Englischen). Insel-Verlag, Frankfurt a. M. (1991)
3. Alberts, B., Johnson, A., Walter, P., Lewis, J., Raff, M., Roberts, K.: Molecular Biology of the Cell. Garland Science, New York, ^{5}(2007)
4. Amundson, R.: The Changing Role of the Embryo in Evolutionary Theory. Roots of evo-devo. Cambridge University Press, Cambridge (2005)
5. Antognazza, M.R.: Leibniz. An Intellectual Biography. Cambridge University Press, Cambridge (2009)
6. Antognazza, M.R. (Hrsg.): The Oxford Handbook of Leibniz. Oxford University Press, Oxford (2018)
7. Antognazza, M.R.: Leibniz as historian, S. 591–608 in [6]
8. Appel, T.: The Cuvier-Geoffroy Debate: French Science in the Decades Before Darwin. Oxford University Press, Oxford (1987)
9. Arthur, R.: Leibniz. Polity, Cambridge (2014)
10. Arthur, R.: Monads, Composition and Force. Oxford University Press, Oxford (2018)
11. Ay, N., Olbrich, E., Bertschinger, N., Jost, J.: A geometric approach to complexity. Chaos **21**, 037103 (2011)
12. Baars, B.: A Cognitive Theory of Consciousness. Cambridge University Press, Cambridge (1988)
13. Baars, B.: In the Theater of Consciousness. Oxford University Press, Oxford (1997)
14. Baars, B.: The conscious access hypothesis: origins and recent evidence. Trends Cogn. Sci. **6**(1), 47–52 (2002)
15. Balian, R.: From Microphysics to Macrophysics. Springer, Berlin (1991)
16. Bartels, A.: Der ontologische Status der Raumzeit in der allgemeinen Relativitätstheorie. In: Esfeld, M. (Hrsg.) Philosophie der Physik, S. 32–49. Suhrkamp, Frankfurt a. M. ^{2}(2012)
17. Bell, A.: Christian Huygens. E. Arnold, London (1947)
18. Bell, J.S.: On the Einstein Podolsky Rosen Paradox. Physics **1**, 195–200 (1964)
19. Bell, J.S.: Speakable and Unspeakable in Quantum Mechanics. Cambridge University Press, Cambridge ^{2}(2004)

© Springer-Verlag GmbH Deutschland, ein Teil von Springer Nature 2019
J. Jost, *Leibniz und die moderne Naturwissenschaft,* Wissenschaft und
Philosophie – Science and Philosophy – Sciences et Philosophie,
https://doi.org/10.1007/978-3-662-59236-6

20. Bennett, M.: The Idea of Consciousness. Harwood Academic, Amsterdam (1997)
21. Bernoulli, J.: Wahrscheinlichkeitsrechnung (Ars conjectandi). Dritter und vierter Theil. Übers.
    u. Hrsg. v. R. Haussner. W. Engelmann, Leipzig (1899)
22. Bertoloni Meli, D.: Equivalence and Priority. Newton versus Leibniz. Oxford University Press,
    Oxford (1993)
23. Bertschinger, N., Rauh, J., Olbrich, E., Jost, J., Ay, N.: Quantifying unique information. Entropy
    16, 2161–2183 (2014). https://doi.org/10.3390/e16042161
24. Blumenberg, H.: Paradigmen zu einer Metaphorologie, komm. v. A. Haferkamp. Suhrkamp,
    Frankfurt a. M. (2013)
25. Boi, L.: Plasticity and complexity in biology: topological organization, regulatory protein net-
    works, and mechanisms of genetic expression. In: Terzis, G., Arp, R. (Hrsg.) Information and
    Living Systems, S. 205–250. MIT Press, Cambridge (2011)
26. Borges, J.L.: Fiktionen. Fischer, Frankfurt a. M. (1994)
27. Braudel, F.: Histoire et sciences sociales: La Longue durée, Annales. Economies, Sociétés,
    Civilisations **13**, 725–853 (1958)
28. Breger, H.: Über den von Samuel König veröffentlichten Brief zum Prinzip der kleinsten Wir-
    kung. In: Hecht, H. (Hrsg.) Pierre Louis Moreau de Maupertuis. Eine Bilanz nach 300 Jahren,
    S. 363–381. Springer, Berlin (1999)
29. Breidbach, O.: Das Organische in Hegels Denken. Studie zur Naturphilosophie und Biologie
    um 1800. Königshausen + Neumann, Würzburg (1982)
30. Breidbach, O.: Goethes Metamorphosenlehre. Fink, München (2006)
31. Breidbach, O., Jost, J.: Working in a multitude of trends. Species balancing populations. J. Zool.
    Res. Evol. Syst. **42**, 202–207 (2004)
32. Bronisch, J.: Der Kampf um Kronprinz Friedrich. Wolff gegen Voltaire. Landt, Berlin (2011)
33. Brunschvicg, L.: Les étapes de la philosophie mathématique. Presses Universitaires de France,
    Paris [3](1947)
34. Burtt, E.A.: The Metaphysical Foundations of Modern Science, Nachdruck der 2. Aufl. Dover,
    Mineola (2003)
35. Busso, R., Susskind, L.: Multiverse interpretation of quantum mechanics. Phys. Rev. D **85**,
    045007 (2012)
36. Bussotti, P.: The Complex Itinerary of Leibnizs Planetary Theory. Physical Convictions, Meta-
    physical Principles and Keplerian Inspiration. Birkhäuser, Basel (2015)
37. Cajori, F.: A History of Mathematical Notations. Dover, Mineola [2](1993)
38. Cantor, G.: Über unendliche, lineare Punktmannigfaltigkeiten V. Mathematische Annalen **21**,
    545–591 (1883) (wiederabgedruckt in: Cantor, G.: Gesammelte Abhandlungen mathematischen
    und philosophischen Inhalts, Hrsg. v. Zermelo, E., Springer, S. 165–209 (1932, 1980))
39. Carnap, R.: Die alte und die neue Logik. Erkenntnis **1**, 12–26 (1930/1931)
40. Carrier, M.: Raum-Zeit. De Gruyter, Berlin (2009)
41. Carrier, M.: Die Struktur der Raumzeit in der klassischen Physik und der allgemeinen Relativi-
    tätstheorie. In: Esfeld, M. (Hrsg.) Philosophie der Physik, S. 13–31. Suhrkamp, Frankfurt a. M.
    [2](2012)
42. Carroll, S.: Endless Forms Most Beautiful. Norton, New York (2005)
43. Caspar, M.: Johannes Kepler. Kohlhammer, Stuttgart, [2](1950)
44. Cassirer, E.: Leibniz' System in seinen wissenschaftlichen Grundlagen, 1902. Felix Meiner,
    Hamburg (1998)
45. Cassirer, E.: Das Erkenntnisproblem in der Philosophie und Wissenschaft der neueren Zeit,
    Zweiter Band, [3]1922. Nachdruck Wiss. Buchges., Darmstadt (1974)
46. Cassirer, E.: Zur modernen Physik. Wiss. Buchges., Darmstadt [5](1980)

47. Castañeda, H.-N.: Leibniz's syllogistico-propositional calculus. Notre Dame J. Formal Logic **17**, 481–500 (1976)
48. Castañeda, H.-N.: Leibniz's complete propositional logic. Topoi **9**, 15–28 (1990)
49. Chaitin, G.J.: On the length of programs for computing finite binary sequences. J. ACM **13**(4), 547–569 (1966)
50. Chalmers, D.: The Character of Consciousness. Oxford University Press, Oxford (2010)
51. Clark, A.: Supersizing the Mind. Embodiment, Action, and Cognitive Extension. Oxford University Press, Oxford (2011)
52. Clark, C.: Time and Power. Princeton University Press, Princeton (2019)
53. Couturat, L.: La logique de Leibniz, d'après des documents inédits. Alcan, Paris (1901). Nachdruck Georg Olms, Hildesheim (1961)
54. Darwin, C.: The Origin of Species, John Murray 1859. Penguin, London (1968)
55. Dedekind, R.: Was sind und was sollen die Zahlen? Stetigkeit und Irrationale Zahlen, mit einem Kommentar herausgegeben von S. Müller-Stach, Klassische Texte der Wissenschaft. Springer, Wiesbaden (2017)
56. Dehaine, S.: Consciousness and the Brain. Penguin, New York (2014)
57. Dehaene, S., Sergent, C., Changeux, J.-P.: A neuronal network model linking subjective reports and objective physiological data during conscious perception. Proc. Natl. Acad. Sci. **100**(14), 8520–8525 (2003)
58. Deleuze, G.: Le pli. Leibniz et le baroque, Les Éditions de Minuit, Paris, 1988, deutsche Übersetzung durch U. Schneider: Deleuze, G., Die Falte. Leibniz und der Barock. Suhrkamp, Frankfurt (2000)
59. de Padova, T., Leibniz, Newton und die Erfindung der Zeit. Piper, München ³(2016)
60. De Risi, V.: Geometry and Monadology: Leibniz's Analysis Situs and Philosophy of Space. Birkhäuser, Basel (2007)
61. De Risi, V.: Leibniz on Relativity. The Debate between Hans Reichenbach and Dietrich Mahnke on Leibnizs Theory of Motion and Time, in New essays on Leibniz reception in philosophy of science 1800–2000 , S. 143–185. Hrsg. Ralf Krömer, Yannick Chin-Drian. Basel/Boston, Birkhäuser (2012)
62. De Risi, V.: Leibniz on the Parallel Postulate and the Foundations of Geometry. The unpublished manuscripts. Birkhäuser, Basel (2016)
63. De Risi, V.: Leibniz on the Continuity of Space. In: Leibniz and the Structure of Sciences. Modern Perspectives on the History of Logic, Mathematics, Epistemology, Boston Studies in the Philosophy and History of Science. Berlin, Springer (2020)
64. De Risi, V.: Analysis Situs, the Foundations of Mathematics, and a Geometry of Space, S. 247–258 in [6]
65. Dijksterhuis, E.J.: De mechanisering van het wereldbeeld. J.M. Meulenhoff, Amsterdam (1950); deutsche Übersetzung: Die Mechanisierung des Weltbildes, Berlin etc., Springer, 1956, Nachdruck 1983
66. Dowe, P.: Physical Causation. Cambridge University Press, Cambridge (2000)
67. Driesch, H.: Die Biologie als selbständige Grundwissenschaft und das System der Biologie, W. Engelmann, Leipzig ²(1911)
68. Duchesneau, F.: la dynamique de Leibniz. VRIN, Paris (1994)
69. Duchesneau, F.: Leibniz le vivant et l'organisme. VRIN, Paris (2010)
70. Duhem, P.: Le système du Monde. Histoire des doctrines cosmologiques de Platon à Copernic, 5 Bde. HACHETTE LIVRE, Paris (1914–1917)
71. Earman, J.: World Enough and Space-time. MIT Press, Cambridge (1989)
72. Earman, J., Norton, J. What price spacetime substantivalism? The hole story. Brit. J. Phil. Sci. **38**, 515–525 (1987)

73. Eco, U.: La ricerca della lingua perfetta. Editori Laterza, Roma-Bari (1993)
74. Einstein, A.: Zur Elektrodynamik bewegter Körper. Ann. d. Phys. **17** (1905), nachgedruckt in: Lorentz, H.A., Einstein, A., Minkowski, H.: Das Relativitätsprinzip, S. 26–53. Wiss. Buchges., Darmstadt [8](1982)
75. Einstein, A.: Über den Einfluß der Schwerkraft auf die Ausbreitung des Lichtes. Ann. d. Phys. **35** (1911), nachgedruckt in: Lorentz, H.A.: Einstein, A., Minkowski, H.: Das Relativitätsprinzip, S. 72–80. Wiss. Buchges., Darmstadt, [8](1982)
76. Einstein, A.: Feldgleichungen der Gravitation. Sitzber. Preuss. Akad. Wiss. **II**, 844–847 (1915)
77. Einstein, A.: Die Grundlage der allgemeinen Relativitätstheorie, Ann. d. Phys. **49**, 769–822 (1916), nachgedruckt in: Lorentz, H.A., Einstein, A., Minkowski, H.: Das Relativitätsprinzip, S. 81–124. Wiss. Buchges., Darmstadt [8](1982)
78. Einstein, A., Podolsky, B., Rosen, N.: Kann die quantenmechanische Beschreibung der physikalischen Realität als vollständig betrachtet werden? Originaltext und Kommentar von Claus Kiefer. Springer, Berlin (2015)
79. Eranos, Yi Jing (I Ging). Das Buch der Wandlungen, übers. u. hrsg. v. R. Ritsema und H.Schneider, Zweitausendeins, Frankfurt a. M. (2000)
80. Esfeld, M.: Naturphilosophie als Metaphysik der Natur. Suhrkamp, Frankfurt a. M. (2008)
81. Esfeld, M. (Hrsg.): Philosophie der Physik. Suhrkamp, Frankfurt a. M. (2012)
82. Everett III, H.: „Relative state" formulation of quantum mechanics. Rev. Mod Phys. **29**, 454–462 (1957)
83. Falconer, K.: Geometry of Fractal Sets. Cambridge University Press, Cambridge (1986)
84. Falkenburg, B.: Particle Metaphysics: A Critical Account of Subatomic Reality. Springer, Berlin (2007)
85. Foucault, M.: Les mots et les choses. Gallimard, Paris (1966), deutsche Übersetzung durch U. Köppen, Die Ordnung der Dinge. Suhrkamp, Frankfurt a. M. (1971)
86. Foucault, M.: Sécurité, Territoire, Population. Le Seuil, Paris (2004); deutsche Übersetzung durch Brede-Konersmann, C.: Sicherheit, Territorium, Bevölkerung. Geschichte der Gouvernementalität I. Suhrkamp, Frankfurt a. M. (2006)
87. v. Freytag-Löringhoff, B.: Wilhelm Schickards Tübinger Rechenmaschine Tübingen [5](2002)
88. Friebe, C., Kuhlmann, M., Lyre, H., Näger, P., Passon, O., Stöckler, M.: Philosophie der Quantenmechanik. Springer, Berlin (2014)
89. Friedman, M.: Kant's Construction of Nature. Cambridge University Press, Cambridge (2013)
90. Friedmann, G.: Leibniz et Spinoza. Gallimard, Paris [2](1962)
91. Frisch, U.: Turbulence. The Legacy of A.N. Kolmogorov. Cambridge University Press, Cambridge (1995)
92. Friston, K.: The free-energy principle: a unified brain theory? Nat. Rev. Neurosci. **11**, 127–138 (2010)
93. Futch, M.: Leibnizs Metaphysics of Time and Space. Springer, Dordrecht (2008)
94. Garber, D.: Descartes' Metaphysical Physics. Chicago University Press, Chicago (1992)
95. Garber, D.: Leibniz: Body, Substance, Monad. Oxford University Press, Oxford (2009)
96. Gell-Mann, M., Lloyd, S.: Information measures, effective complexity, and total information. Complexity **2**, 44–52 (1996)
97. Gödel, K.: Über formal unentscheidbare Sätze der Principia Mathematica und verwandter Systeme I. Monatsh. Math. Physik **38**, 173–198 (1931)
98. Goldenbaum, U.: Appell an das Publikum, 2 Bde. Akademie, Berlin (2004)
99. Goldenbaum, U.: Ein gefälschter Leibnizbrief? Plädoyer für seine Authentizität, Hefte der Leibniz-Stiftungsprofessur, Bd. 6. Wehrhahn Verlag, Hannover (2016)
100. Gould, S.J.: The Structure of Evolutionary Theory. Belknap (Harvard University Press), Cambridge (2002)

101. Granet, M.: La penseé chinoise. La Renaissance du Livre, Paris (1934); dt. Übers. durch M. Porkert, Das chinesische Denken. Piper, München (1963)
102. Gueroult, M.: Dynamique et métaphysique leibniziennes. Les Belles Lettres, Paris (1934)
103. Gurwitsch, A.: Leibniz – Philosophie des Panlogismus. De Gruyter, Berlin (1974)
104. Haakonssen, K. (Hrsg.): The Cambridge History of Eighteenth Century Philosophy, Bd. I. Cambridge University Press, Cambridge (2006)
105. Halder, G., Callaerts, P., Gehring, W.: Induction of ectopic eyes by targeted expression of the eyeless gene in Drosophila. Science **267**, 1788–1792 (1995)
106. Handsteiner, J. et al.: Cosmic bell test: measurement settings from milky way stars. Phys. Rev. Lett. **118**, 060401 (2017)
107. Hartz, G.: Leibniz's Final System. Monads, Matter and Animals. Routledge, London (2007)
108. Hausdorff, F.: Grundzüge der Mengenlehre. De Gruyte, Berlin (1914)
109. Hawking, S., Ellis, G.: The Large Scale Structure of Space-time. Cambridge University Press, Cambridge (1973)
110. Hegel, G.W.F.: Phänomenologie des Geistes, Bd. 3 G.W.F. Hegel, Werke in 20 Bänden, Frankfurt, 1969–1971 (Red. E. Moldenhauer u. K.M. Michel), Nachdruck Suhrkamp, [5](1981)
111. Heisenberg, W.: Quantentheorie und Philosophie, Hrsg. v. J. Busche, Ph. Reclam jun., Stuttgart (1979)
112. Hendry, R.: Philosophy of chemistry, in: Stanford Encyclopedia of Philosophy. https://stanford.library.sydney.edu.au/entries/chemistry/ (2011)
113. Herder, J.G.: Wahrheiten aus Leibniz, Bd. XXXII. In: Herder, J.G., Sämtliche Werke, Hrsg. v. B. Suphan, Berlin (1877–1913)
114. Herder, J.G.: Über Leibnizens Grundsätze, Bd. XXXII. In: Herder, J.G., Sämtliche Werke, Hrsg. v. B. Suphan, Berlin (1877–1913)
115. Hilbert, D.: Die Grundlagen der Physik. Nachr. Kgl. Ges. Wiss., Göttingen (Math.-phys. Kl., 1915, 395–407)
116. Hilpinen, R.: Deontic logic, Kap. 8. In: Goble, L. (Hrsg.) The Blackwell Guide to Philosophical Logic, S. 159–182, Blackwell, Oxford (2001)
117. Historisches Wörterbuch der Philosophie: Bd. 1, Hrsg. v. J. Ritter, Artikel „Bewußtsein". Schwabe & Co., Basel (1971)
118. Holz, H.H.: Dialektik. Problemgeschichte von der Antike bis zur Gegenwart. 5 Bde., insbesondere Bd. III: Neuzeit 1. Wiss. Buchgesellschaft, Darmstadt [2](2011)
119. Holz, H.H.: Leibniz. Das Lebenswerk eines Universalgelehrten, Hrsg. v. J. Zimmer. Wiss. Buchgesellschaft, Darmstadt (2013)
120. Holz, H.H.: Leibniz in der Rezeption der klassischen deutschen Philosophie, Hrsg., v. J. Zimmer. Wiss. Buchgesellschaft, Darmstadt (2015)
121. Hughes, G., Cresswell, M.: A New Introduction to Modal Logic. Routledge, London (1996)
122. Humphrey, N.: Seeing Red. A Study in Consciousness. Harvard University Press, Harvard (2006)
123. Husserl, E.: Ideen zu einer reinen Phänomenologie. In: Husserl, E., Gesammelte Schriften, Hrsg. v. E. Ströker, Bd. 5. Felix Meiner, Hamburg (1992)
124. Israel, J.: Radical Enlightenment. Philosophy and the making of modernity. Oxford University Press, Oxford (2001)
125. Jablonka, E. Lamb, M.: Evolution in Four Dimensions. MIT Press, Cambridge (2005)
126. Jones, M.: Reckoning with Matter. Chicago University Press, Chicago (2016)
127. Joos, E., Zeh, H.D., Kiefer, C., Giulini, D., Kupsch, J., Stamtescu, I.-O.: Decoherence and the Appearance of a Classical World in Quantum Mechanics. Springer, Berlin [2](2003)
128. Jost, J.: Bosonic Strings. American Mathematical Society & International Press, Providence (2001)

129. Jost, J.: On the notion of fitness, or: the selfish ancestor. Theory Biosc. **121**, 331–350 (2003)
130. Jost, J.: External and internal complexity of complex adaptive systems. Theory Biosci. **123**, 69–88 (2004)
131. Jost, J.: Postmodern Analysis. Springer, Berlin ³(2005)
132. Jost, J.: Dynamical Systems. Springer, Berlin (2005)
133. Jost, J.: Geometry and Physics. Springer, Berlin (2009)
134. Jost, J.: Partial Differential Equations. Springer, Berlin ³(2013)
135. Jost, J.: Mathematical Methods in Biology and Neurobiology. Springer, Berlin (2014)
136. Jost, J.: Mathematical Concepts. Springer, Berlin (2015)
137. Jost, J.: Sensorimotor contingencies and the dynamical creation of structural relations underlying percepts. In: Strüngmann Forum Reports 18, The pragmatic turn: toward action-oriented views in cognitive science, Hrsg. v. A. Engel, K. Friston, D. Kragic, S. 121–138. MIT Press, Cambridge (2016)
138. Jost, J.: Object oriented models vs. data analysis – is this the right alternative? In: Carrier, M., Lenhard, J. (Hrsg.) Mathematics as a Tool. Tracing New Roles of Mathematics in the Sciences, S. 253–286. Springer, Boston (2017)
139. Jost, J.: Knowledge. Theory Biosci. **136**, 1–17 (2017)
140. Jost, J.: Relations and dependencies between morphological characters. Theory in Biosci. **136**, 69–83 (2017)
141. Jost, J.: Riemannian Geometry and Geometric Analysis. Springer, Berlin ⁷(2017)
142. Jost, J.: Leibniz and the calculus of variations, erscheint. In: De Risi, V. (Hrsg.) Leibniz and the Structure of Sciences. Modern Perspectives on the History of Logic, Mathematics, Dynamics, Boston Studies in Philosophy and History of Science. Springer, Berlin (2019)
143. Jost, J.: Biologie und Mathematik. Springer, Berlin (2019)
144. Jost, J.: Mathematical Neurobiology. Concepts, Tools, and Questions. Monographie, in Vorbereitung
145. Jost, J., Scherrer, K.: Information theory, gene expression, and combinatorial regulation: a quantitative analysis. Theory Biosci. **133**, 1–21 (2014)
146. Katz, M., Sherry, D.: Leibniz's laws of continuity and homogeneity. Notices AMS **59**(11), 1550–1558 (2012)
147. Kelsen, H.: Reine Rechtslehre, Reine, Studienausg. der 2 Aufl. 1960, Hrsg., v. M. Jestaedt, Mohr Siebeck, Tübingen (2017)
148. Kepler, J.: Astronomia Nova. Neue, ursächlich begründete Astronomie. In der Übersetzung von Max Caspar. Hrsg. u. eingel. von F. Krafft. Marix, Wiesbaden (2005)
149. Kepler, J. Was die Welt im Innersten zusammenhält. Antworten aus Keplers Schriften. Hrsg. u. eingel. von F. Krafft. Marix, Wiesbaden (2005)
150. Kircher, A.: Musaeum celeberrimum, Amsterdam, 1678; nachgedruckt in: Athanasius Kircher, Hauptwerke, Bd. 11, Hrsg. v. A. Eusterschulte, O. Breidbach, W. Schmidt-Biggemann. Olms-Weidmann, Hildesheim (2019)
151. Knobloch, E.: Determinant theory, symmetric functions, and dyadic, S. 225–246 in [6]
152. Koch, C.: The Quest for Consciousness. A Neurobiological Approach. Foreword by F. Crick, Roberts and Co., Englewood (2004)
153. Kolmogorov, A.N.: Three approaches to the quantitative definition of information. Prob Info Trans **1**(1), 1–7 (1965)
154. König, J.: Das System von Leibniz. In: König, J. Vorträge und Aufsätze. Hrsg. v. H. Patzig. Alber, Freiburg (1978)
155. Kondylis, P.: Die Aufklärung im Rahmen des neuzeitlichen Rationalismus. Klett, Stuttgart (1981); dtv, München (1986)
156. Koyré, A.: From the Closed World to the Infinite Universe. Johns Hopkins, Baltimore (1957)

157. Kripke, S.: Semantical analysis of intuitionistic logic I. In: Crossley, J., Dummett, M. (Hrsg.) Formal Systems and Recursive Functions, S. 92–130. North-Holland, Oxford (1962)
158. Kripke, S.: Naming and Necessity. Blackwell, Oxford (1980); deutsch: Kripke, S., Name und Notwendigkeit. Suhrkamp, Frankfurt a. M. (1981)
159. Lenzen, W.: Das System der leibnizschen Logik. De Gruyter, Berlin (1990)
160. Lenzen, W.: Calculus Universalis. Studien zur Logik von G. W. Leibniz. mentis, Paderborn (2004)
161. Lewis, D.: Counterfactuals. Blackwell, Malden ^{2}(2001)
162. Li, M., Vitanyi, P. M. B.: An Introduction to Kolmogorov Complexity and its Applications. Springer, Berlin ^{2}(1997)
163. Li, W.-H.: Molecular Evolution. Sinauer Ass., Sunderland, Mass. (1997)
164. Libet, B.: Unconscious cerebral initiative and the role of conscious will in voluntary action. Behav. Brain Sci. **8**, 529–66 (1985)
165. Ljungqvist, L., Sargent, T.: Recursive Macroeconomic Theory. MIT Press, Cambridge ^{2}(2004)
166. Locke, J.: Essay concerning human understanding, ^{2}, London (1694); Leibniz benutzte wohl die franz. Übers., Essai philosophique concernant l'entendement humain òu l'on montre, quelle est l'étendue de nos connoissances certaines et la manière dont nous y parvenous, Amsterdam (1700)
167. Longo, G., Montévil, M.: Protention and retention in biological systems. Theory Biosci. **130**, 107–117 (2011)
168. Lull, R.: Ars brevis. Felix Meiner, Hamburg (2001)
169. Lullus, R.: Die neue Logik. Logica Nova, Lateinisch-Deutsch, Hrsg. v. C. Lohr, übers. v. V. Hösle u. W. Büchel, eingef. v. V. Hösle. Felix Meiner (1985), Nachdruck Wiss. Buchges. (2002)
170. Macchia, G.: On spacetime coincidences. In: Graziani, P., Guzzardi, L., Sangoi, M. (Hrsg.) Open Problems in Philosophy of Sciences, S. 187–216. College, London (2012)
171. Maier, A.: Das Problem der intensiven Größe in der Scholastik. Verlag Heinrich Keller, Leipzig (1939)
172. Maier, A.: Die Impetustheorie der Scholastik. A. Schroll & Co., Wien (1940)
173. Maier, A.: An der Grenze von Scholastik und Naturwissenschaft. Essener Verlagsanstalt, Essen (1943) Roma, ^{2}1952
174. Maier, A.: Die Vorläufer Galileis im 14. Jahrhundert. Studien zur Naturphilosophie der Spätscholastik, Roma (1949)
175. Maier, A.: Metaphysische Hintergründe der spätscholastischen Naturphilosophie. Edizioni Di Storia E Letteratura, Roma (1955)
176. Maier, A.: Zwischen Philosophie und Mechanik. Studien zur Naturphilosophie der Spätscholastik, Roma (1958)
177. Malink, M., Vasudevan, A.: The logic of Leibnizs Generales Inquisitiones de analysis notionum et veritatum. Rev. Symbolic Logic **9**, 686–751 (2016)
178. Mandelbrot, B.: The Fractal Geometry of Nature. W. H. Freeman, New York (1982)
179. March, A.: Das neue Denken der modernen Physik, rde 37. Rowohlt, Hamburg (1957)
180. Maturana, H., Varela, F.: The Tree of Knowledge. Shambala, Boston (1992)
181. Mayer, J.R.: Bemerkungen über die Kräfte der unbelebten Natur. Liebigs Ann. Chem. **42**, 233–240 (1842)
182. Mayr, E.: The biological meaning of species. Bio. J. Linn. Soc. **1**, 311–320 (1969)
183. Minkowski, H.: Raum und Zeit. B. G. Teubner, Leipzig (1908)
184. Misner, C., Thorne, K., Wheeler, J.A.: Gravitation. Freeman, San Francisco (1973)
185. Morsella, E., Godwin, C. A., Jantz, T. J., Krieger, S. C., Gazzaley, A. Homing in on consciousness in the nervous system: An action-based synthesis. Behavioral and Brain Sciences (im Druck)

186. Mugnai, M.: Leibniz' Theory of Relations. Steiner, Stuttgart (1992)
187. Mugnai, M.: Ars characteristica, logical calculus, and natural languages. In: Antognazza, M.R. (Hrsg.) The Oxford Handbook of Leibniz, S. 177–207. Oxford University Press, Oxford (2018)
188. Mugnai, M.: Besprechung von: Marko Malink., Anubav Vasudevan, The Logic of Leibniz's Generales inquisitiones de analysi notionum et veritatum. Rev. Symbolic Logic 9(4), 686–751 (December 2016)
189. Noether, E.: Invariante Variationsprobleme, Göttinger Nachr. Math.-Phys. Kl. 1918, 235–257 (1918)
190. Nomura, Y.: Physical theories, eternal inflation, and the quantum universe. JHEP 11, 063 (2011)
191. O'Regan, K., Noë, A.: A sensorimotor account of vision and visual consciousness. Behav. Brain Sci. 24, 939–973 (2001)
192. Penrose, R.: The question of cosmic censorship, Kap. 5 in: Black holes and relativistic stars, Robert Wald, (Hrsg.): nachgedruckt. J. Astrophys. Astr. 1999(20), 233–248 (1994)
193. Planck, M.: Das Princip der Erhaltung der Energie. B. G. Teubner, Leipzig (1887)
194. Platon, Σοφισ της. Der Sophist, übersetzt v. F.Schleiermacher, in: Platon, Werke, Bd. VI, hrsg. v. G. Eigler, Wiss. Buchges. (1970)
195. Polchinski, J. String Theory, 2 Bde., Cambridge University Press, Cambridge (1998)
196. Price, H.: Time's Arrow and Archimedes' Point. New Directions for the Physics of Time. Oxford University Press, Oxford (1996)
197. Prinz, W.: Open Mind. The Social Making of Agency and Intentionality. MIT Press (2012); deutsch: Prinz, W., Selbst im Spiegel. Die soziale Konstruktion von Subjektivität. Suhrkamp, Frankfurt a. M. (2013)
198. Quine, W.V.O.: Ontological Relativity and Other Essays. New York (1969); dt. Übers. durch W. Spohn, Ontologische Relativität und andere Schriften. Klostermann, Frankfurt a. M. (2003)
199. Quine, W.V.O.: Two dogmas of empiricism. Zwei Dogmen des Empirismus, in: Quine, W.V.O., From a logical point of view. Von einem logischen Standpunkt aus. Drei ausgewählte Aufsätzem, hrsg. v. R. Bluhm u. C. Nimtz, Reclam, Stuttgart, S. 56–127 (2011)
200. Ricci Curbastro, G.: Résumé de quelques travaux sur les systèmes variables de fonctions associés une forme différentielle quadratique. Bull. Sci. Mathé. 2(16), 167–189 (1892)
201. Ricci, G., Levi-Civita, T.: Méthodes de calcul différentiel absolu et leurs applications. Math. Ann. 54(1–2), 125–201 (1900)
202. Riemann, B.: Ueber die Hypothesen, welche der Geometrie zu Grunde liegen. Abh. Ges. Math. Kl. Gött. 13, 133–152 (1868); mit einem Kommentar herausgegeben von J. Jost, Klassische Texte der Wissenschaft. Springer, 2013; erweiterte englische Ausgabe in: Classic Texts in the Sciences. Birkhäuser (2016)
203. Riskin, J.: The Restless Clock. Chicago University Press, Chicago (2016)
204. Rorty, R.: Philosophy and the mirror of nature. Princeton University Press, Princeton (1979) (Dt. Übers.: Der Spiegel der Natur. Eine Kritik der Philosophie, Suhrkamp stw 686. Frankfurt a. M. 1987)
205. Rossi, P.: Clavis universalis: Arti della memoria et logica combinatoria da Lullo a Leibniz. Società editrice il Mulino, Bologna (1983)
206. Rossi, P.: La nascità della scienza moderna in Europa. G. Laterza et Figli (2000), Engl. Übers.: The birth of modern science. Blackwell, Oxford [2](2007)
207. Rowlands, M.: The Nature of Consciousness. Cambridge University Press, Cambridge (2001)
208. Russell, B., The Philosophy of Leibniz. Cambridge, 1900, [2](1937), wiederabgedruckt 2008, Spokesman, Nottingham
209. Ruthenberg, K., van Brakel, J. (Hrsg.) Stuff: The Nature of Chemical Substances. Königshausen & Neumann, Würzburg (2008)

210. Rutherford, D.: Leibniz and the Rational Order of Nature. Cambridge University Press, Cambridge (1995)

211. Sabra, A.I.: Theories of Light from Descartes to Newton. Cambridge University Press, Cambridge ^{2}(1981)

212. Schelling, F.W.J.: Erster Entwurf eines Systems der Naturphilosophie, 1799, in: Schelling, F.W.J., Ausgewählte Schriften, Bd. I. Suhrkamp, Frankfurt a. M. (1985)

213. Scherrer, K., Jost, J.: The gene and the genon concept: a functional and information-theoretic analysis. Mol. Sys. Biol. **3**:87 (Epub 2007 Mar 13: EMBO and Nature Publishing Group)

214. Scherrer, K., Jost, J.: Gene and genon concept: Coding vs. regulation. Theory Biosci. **126**, 65–113 (2007)

215. Schmidt-Glintzer, H.: Geschichte der chinesischen Literatur. Scherz, Bern (1990)

216. Schneider, M.: Das Weltbild des 17. Jahrhunderts. Wiss. Buchges., Darmstadt (2004)

217. Schramm, M.: Natur ohne Sinn? Das Ende des teleologischen Weltbildes. Verlag Styria, Graz (1984)

218. Schummer, J.: Philosophie der Chemie. In: Lohse, S., Reydon, T. (Hrsg.) Grundriss Wissenschaftsphilosophie, S. 229–251. Felix Meiner, Hamburg (2017)

219. Schwarzschild, K.: Über das Gravitationsfeld eines Massenpunktes nach der Einsteinschen Theorie, S. 189 ff. Reimer, Berlin (1916) (Sitzungsberichte der Königlich-Preussischen Akademie der Wissenschaften; 1916)

220. Schwarzschild, K.: Über das Gravitationsfeld einer Kugel aus inkompressibler Flüssigkeit, S. 424–434. Reimer, Berlin (1916) (Sitzungsberichte der Königlich-Preussischen Akademie der Wissenschaften; 1916)

221. Searle, J.: Minds, brains, and programs. Behav. Brain Sci. **3**, 417–457 (1980)

222. Searle, J.: How to study consciousness scientifically. Phil. Trans. R. Soc. Lond. B **353**, 1935–1942 (1998)

223. Sellars, W.: Science, Perception, and Reality. Ridgeview, London, (1963)

224. Serres, M.: Le système de Leibniz et ses modèles mathématiques. Presses Universitaires de France, Paris (1968)

225. Smith, J.: Divine Machines: Leibniz and the Sciences of Life. Princeton University Press, Princeton (2011)

226. Smullyan, R.: Gödel's incompleteness theorems, Kap. In: Goble, L. (Hrsg.) The Blackwell Guide to Philosophical Logic, S. 72–89. Blackwell, Oxford (2001)

227. Solomonoff, R.J.: A formal theory of inductive inference: parts 1 and 2. Inf. Control 7:1–22 und 224–254 (1964)

228. Stein, E., Kopp, F.-O.: Konstruktion und Theorie der leibnizschen Rechenmaschinen im Kontext der Vorläufer, Weiterentwicklungen und Nachbauten. Mit einem Überblick zur Geschichte der Zahlensysteme und Rechenhilfsmittel, Studia Leibnitiana **42**, 1–128 (2010)

229. Strawson, P.: Introduction to Logical Theory. Methuen, London (1952)

230. Susskind, L., Lindesay, J.: An Introduction to Black Holes, Information and the String Theory Revolution. The Holographic Universe. World Scientific, Singapore (2005)

231. Tarski, A.: The semantic conception of truth. Philos. Phenomenological Res. **4**, 341–376 (1944)

232. Teilhard de Chardin, P.: Le phénomène humain, Éd. du Seuil, Paris (1955); deutsch: Teilhard de Chardin, P., Der Mensch im Kosmos. Beck, München (1960)

233. Teilhard de Chardin, P.: Le groupe zoologique humain. Albin Michel, Paris (1956); deutsch: Teilhard de Chardin, P., Die Entstehung des Menschen. Beck, München (1961)

234. Tononi, G.: Consciousness as integrated information: a provisional manifesto. Biol. Bull. **215**, 216–242 (2008)

235. Tononi, G., Sporns, O., Edelman, G.M.: A measure for brain complexity: relating functional segregation and integration in the nervous systems. Proc. Natl. Acad. Sci. USA **91**, 5033–5037 (1994)
236. von Uexküll, J.J.: Umwelt und Innenwelt der Tiere, Hrsg., Bd. F. Mildenberger, B. Herrmann. Klassische Texte der Wissenschaft, Springer, Berlin (2014)
237. M.van Atten, A note on Leibniz's argument against infinite wholes. In: van Atten, M. (Hrsg.) Essays on Gödel's reception of Leibniz, S. 23–32. Husserl & Brouwer, Springer (2015)
238. van Brakel, J.: The chemistry of substances and the philosophy of mass terms. Synthese **69**, 291–324 (1986)
239. van Brakel, J.: Philosphy of chemistry: Between the manifest and the scientific image. Leuven University Press, Leuven (2000)
240. von der Malsburg, C.: Self-organization of orientation-sensitive cells in the striate cortex. Kybern. **14**, 85–100 (1973)
241. von der Malsburg, C., Phillips, W., Singer, W. (Hrsg.): Dynamic Coordination in the Brain. MIT Press, Cambridge (2010)
242. von Mackensen, L.: Zur Vorgeschichte und Entstehung der ersten digitalen 4-Spezies-Rechenmaschine von Gottfried Wilhelm Leibniz. Forschungsinst. (1970)
243. von Mackensen, L.: Leibniz als Ahnherr der Kybernetik: ein bisher unbekannter Leibnizscher Vorschlag einer „Machina arithmetica dyadicae". Steiner, Wiesbaden (1974)
244. von Weizsäcker, C.F.: Aufbau der Physik. dtv, München [3](1994)
245. von Wright, G.H.: Deontic logic. Mind **60**, 1–15 (1951)
246. Wagner, G.: Homology, Genes, and Evolutionary Innovation. Princeton University Press, Princeton (2014)
247. Wehner, R., Gehring, W.: Zoologie. Georg Thieme, Stuttgart [24](2007)
248. Westfall, R.: Force in Newton's Physics. Elsevier, New York (1971)
249. Weyl, H.: Raum, Zeit, Materie, Berlin etc. Springer, 1918, [7](1988) (hrsg. v. J. Ehlers); kommentierte Neuausgabe von [5]1923 durch D. Giulini und E. Scholz in Vorbereitung
250. Weyl, H.: Philosophie der Mathematik und Naturwissenschaft. Oldenbourg, München [6](1990)
251. Wilhelm, R., Ging, I.: Das Buch der Wandlungen. Eugen Diederichs, Jena (1924)
252. Wille, M.: Gottlob Freges ,Begriffsschrift', historisch und philosophisch kommentiert, mit einer Bibliographie zum Werk, Klassische Texte der Wissenschaft. Springer, Berlin (2017)
253. Williams, P., Beer, R.: Nonnegative Decomposition of Multivariate Information. arXiv:1004.2515v1 (2010)
254. Williamson, T.: Knowledge and its Limits. Oxford University Press, Oxford (2000)
255. Wüthrich, C.: Philosophie der Physik. In: Lohse, S., Reydon, T. (Hrsg.) Grundriss Wissenschaftsphilosophie, S. 201–228. Felix Meiner, Hamburg (2017)
256. Yates, F.: The Art of Memory. Routledge & Kegan Paul, London (1966)

Stichwortverzeichnis

Printed in the United States
By Bookmasters